U0098724

p5.js

演算創作

林信良

序

這是一本關於 p5.js 的書！從狹義的範圍來說，p5.js 能在網頁進行繪圖、創造互動，能透過視覺化來學習程式設計；廣義而言，p5.js 是創作者表達想法的一種工具，可以從事創意寫碼（creative coding）、生成藝術（generative art）的利器。

本書會談到如何使用 p5.js，然而是基於想創作的主題，擷取 p5.js 裡適當的元素來使用，畢竟使用 p5.js 目的在於創作，而不是想迷失在瑣碎的功能細節裡。

這是一本關於演算法的書！雖然透過 p5.js，任意地寫點程式草稿，弄點隨機、摻些顏色、簡單互動，就能完成乍看效果不錯的塗鴨，然而若沒有進一步的靈感來源，多數人就是失去了興致！

本書會談到一些演算法，會談到一個創作主題，該怎麼分解為數個子任務，讓子任務職責清晰、易於在書裡逐一表達是最主要的目標，因此有些演算法會略為捨棄效能，認識這些演算法，目的是獲取知識，因為知識是靈感的來源，在使用社群實現的相關程式庫時，也能因為掌握相對應的概念而更加得心應手。

這是一本有關數學的書！知識是靈感的來源，而知識來源之一是數學，或許你過去的經驗裡，數學索然無味也無用武之處，然而演算創作的世界，可是數學的伸展台。

本書會談到三角函式、向量、一點點的矩陣以及曲線，這些數學是人類試圖描述自然規律下誕生的產物，因此本書會試著從它們描述了哪些規律來說明，如此一來，才能在掌握了這些數學後，去描述你的創作。

這是一本有關創作的書！無論是 p5.js、演算法或是數學，都是用來描述創作者內心想法的工具、流程或形式，本書藉由一系列的主題，逐步地示範這些知識如何組合，讓心中的想法成形，然而本書只是個開端。

在本書之後，可以看看其他人創作了什麼，不要單純地看著作品，期待靈光一現，可以試著探索別人的作品，從中獲得更多的知識，知道這些知識的應用或組合方式，這個過程等同於探索、累積知識、構造經驗的過程，而這會是從事演算創作時最美妙的部分！

導讀

這份導讀可讓你更了解如何使用本書。

JavaScript

p5.js 是從事演算創作時易於表述想法的一個工具，它是基於 JavaScript，也因此你必須能夠閱讀、撰寫 JavaScript 程式碼；就本書範圍而言，需要知道 JavaScript 變數的使用、運算子、基本的流程語法、物件、陣列、解構語法、函式以及類別，不需要知道原型、繼承、非同步、模組等進階議題。

本書不包含 JavaScript 入門說明，畢竟想從事演算創作的人來自各個領域，每個人需要的入門截然不同；如果你對於 JavaScript 沒有太多或是零經驗，最好的方式是去一趟書局，翻閱幾本 JavaScript 書籍，選擇一本看得懂、讀得下的書。

字型

本書內文中與程式碼相關的文字，使用等寬字型來加以呈現，以與一般名詞做區別。例如 p5.js 是一般名詞，而 `const` 為程式碼相關文字，使用了等寬字型。

程式範例

你可以在碁峰的《p5.js 演算創作》網頁下載範例檔案：

- http://books.gotop.com.tw/download/ACL067700

本書許多的範例示範，都使用完整程式實作來展現，當你看到以下程式碼示範時：

random-circles _tTgxOrxK.js

```
function setup() {
  createCanvas(400, 400);
  // 每秒重新繪製一次
  frameRate(1);
}
```

```
function draw() {
  background(220);

  for(let i = 0; i < 200; i++) {
    const x = random(width);      // 畫布中隨機的 x 座標
    const y = random(height);     // 畫布中隨機的 y 座標
    // 畫筆是隨機的 RGB
    stroke(random(255), random(255), random(255));
    // 畫個圓
    circle(x, y, random(60));
  }
}
```

方才範例一開頭左邊看到 random-circles 名稱，表示可在範例檔的 **samples** 資料夾中各章節資料夾，找到對應的 random-circles 範例資料夾，裡頭就有 _tTgxOrxK.js 原始碼檔案，本書可觀賞作品的範例放在 p5.js 官方 Web 編輯器的網站，以便於展現顏色、動畫等效果，範例的網址開頭都會是：

- editor.p5js.org/justin_here/sketches/

之後接著**作品短碼**，例如接著**_tTgxOrxK** 短碼（不用.js），就可以執行、觀看範例效果。

為了便於尋找本書的範例，我也基於各章建立了作品集：

- editor.p5js.org/justin_here/collections

範例裡若有較多的程式碼，會使用粗體來標示出特別需要觀注的程式碼。若使用以下的程式碼呈現，表示它是完整的程式內容，但不是專案的一部分，主要用來展現完整內容如何撰寫：

```
let capture;

function setup() {
  createCanvas(100, 100);
  capture = createCapture(VIDEO);
  capture.hide();
}

function draw() {
  image(capture, 0, 0, width, width * capture.height / capture.width);
  filter(INVERT);
}
```

如果使用以下的方式呈現，表示它是程式片段，主要展現程式撰寫時需要特別注意的部分，或者是完整範例的片段：

```
// 平面圖片轉菱形圖片
function diamondTransform(img, x, y) {
  push();
  imageMode(CENTER);  // x、y 對齊圖片中心
  scale(1, 0.5);      // 接下來畫的圖寬縮放為 1、高縮放為 0.5
  rotate(45);         // 接下來畫的圖都旋轉 45 度
  image(img, x, y);
  pop();
}
```

對話框

本書會出現以下的對話框：

提示 >>> 針對課程中提到的觀念，提供一些額外資源或思考方向，暫時忽略這些提示對課程進行沒有影響，然而有時間的話，針對這些提示多做思考或討論是有幫助的。

目錄

3 創作裡的數學

4 螺線與曲線

5 圖片處理

6 像素風格

10 拼接之碼

11 空間劃分

12 力的運用

13 音與影

p5.js 起步走

1

CHAPTER

學習目標

- 初試 p5.js
- 使用 Web 編輯器
- HTML 編輯與執行
- 座標轉換
- 事件與動畫

1.1 初試 p5.js

正如畫家 Jackson Pollock 曾經說過的：

It's all a big game of construction - some with a brush - some with a shovel - some choose a pen.

如果想從事創作，任何的東西都可以，只不過我選擇使用程式碼罷了！

1.1.1 Hello, p5.js

如果你選擇程式碼作為創作工具，p5.js[1]就是工具箱，名稱上的 **p5**，是來自於 proce55ing.net 這個網域名稱，從 proce55ing 取開頭的 p 與中間的 5，結尾加上 **.js**，就是 p5.js 名稱的由來！

名稱上既然有.js，表示就技術而言，p5.js 是個 JavaScript 程式庫，可以在瀏覽器上運行，這表示你的作品，只要放上 Web 網站，就可以對全世界展示。

---

1 p5.js：p5js.org

只是為什麼要從 proce55ing 中取名呢？55 只是為了看起來像 ss，這表示了 p5.js 與 Processing[2]之間的關係，proce55ing.net 只是 Processing 舊有的網域名稱。

根據維基百科〈Processing〉條目，Processing 是專門為電子藝術和視覺互動設計而建立的程式庫，目的是透過視覺化的方式輔助程式設計教學，使用 Java 程式語言作為基礎，透過簡單指令繪製圖形來作為完成任務的回饋，讓程式設計的學習，成為一個具有成就感、饒富樂趣的過程。

p5.js 是基於 Processing 的概念與架構，採用語法上更簡單的 JavaScript，以電腦裝置幾乎都會配備的瀏覽器作為執行環境，進一步降低了創作門檻，想馬上試試第一個 p5.js 創作嗎？只要使用瀏覽器連接 **editor.p5js.org**，這是官方網站提供 p5.js Web 編輯器：

圖 1.1　p5.js Web 編輯器

上圖的程式碼第 7 行、第 8 行是開啟 p5.js Web 編輯器後再加入的，程式碼意圖看來很直覺，建立寬、高為 400 像素畫布，背景顏色設為灰階度 220，文字大小設為 50 像素，文字內容為`'Hello, p5.js'`，位置是畫布寬度 `width` 的

2 Processing：processing.org

五分之一、高度 `height` 的二分之一，接著按一下▶，右邊的 Preview 區域就會看到繪製成果了！

提示 ››› p5.js Web 編輯器的介面文字可以顯示中文，只要在右上角「English」下拉，選擇「正體中文」語系。

`setup` 與 **`draw`** 是撰寫 p5.js 創作時的兩個基礎函式，`setup` 用來撰寫繪圖開始前的初始設定，只會被執行一次，之後會不斷地執行 `draw`，預設是每秒執行 60 次，簡單來說，每執行一次繪製出來的畫面，就是一個影格（frame）。

其實對人類來說，每秒 24 次就會覺得是順暢的動畫了，而且有些像是投影片切換之類的效果，並不需要每秒 60 個影格，若要調整，可以透過 `frameRate` 設置每秒執行幾次 `draw`。

如果不希望 `draw` 不停地被呼叫，可以呼叫 `noLoop`，後續可以透過呼叫 `redraw` 來控制何時呼叫 `draw`，可以呼叫 `loop` 設定為重複執行 `draw`，稍後你會看到一些範例。

如果沒有撰寫 `createCanvas`，p5.js 預設會建立 100x100 的畫布，p5.js 提供的內建函式，可以在官方網站的〈Reference[3]〉查詢，函式數量非常多，後續章節會在使用到時適當地說明。

1.1.2　創意寫碼／生成藝術

方才程式碼第 7 行、第 8 行的數字設定是怎麼來的呢？只是隨意地設定，透過試誤的過程，最後看來像是置中繪製罷了！這不是玩笑話，很多時候我的作品，就真的是從這種隨意撰寫的草稿開始，實際上 p5.js 就是將創作時使用到的原始碼等檔案稱為**草稿（Sketch）**。

如果使用程式碼作為創作工具，就會接觸到**創意寫碼（Creative coding）／生成藝術（Generative art）**之類的概念。

[3] Reference | p5.js：p5js.org/reference/

創意寫碼

就創意寫碼而言，根據維基百科〈Creative coding〉條目，它是一種程式設計，目的在於表現某個事物而不在於實現某些功能。

從程式設計者的觀點來舉例，就像你想到某個有趣的圖案或動畫，可以使用某個方式實現，於是，很快地寫了個程式，最後結果很酷很炫，把你心中所想的表現出來了，就這樣！

就這樣？是的！由於現今軟體越來越龐大，從學習程式設計的一開始，程式設計者就不斷地被教導著，必須這樣做、那樣做、遵守某些模式、架構、使用什麼工具…一堆有的沒的，目的是為了能控制程式碼的複雜度、促進開發者間的溝通與合作，這一切令程式設計不單只是程式設計了，我們可能也忘了程式碼的本質，是為了表達某些概念。

創意寫碼基本上不太在意這些，胡亂寫個草稿，難以閱讀沒關係，效能不好也沒關係，最終能表達出心中的想法就好，因而也有開發者將創意寫碼視為一種方法論，在不需要那些限制的場合下，直接以不設限的方式實現想法又何妨，也許你就是想隨意地散佈一些彩色的圈圈，看看效果如何？

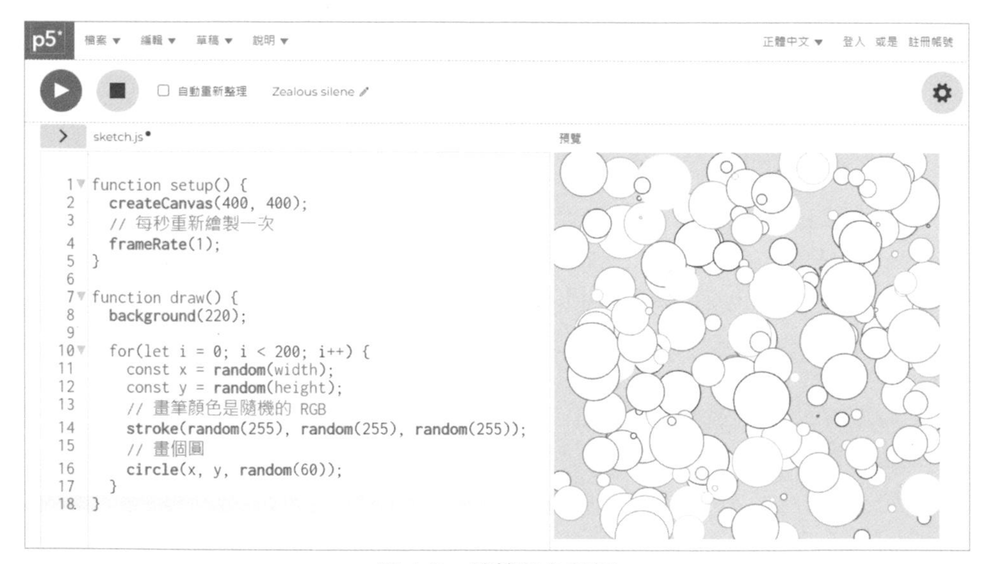

圖 1.2 隨機彩色圈圈

雖說不用考慮太多，可以從胡亂寫個草稿開始，不過，有些繪師隨手畫畫，也已經是新手們難以企及的境界，因此創意寫碼的隨意，其實也是基於目前自身的能力，隨意地將自己的想法表現出來，你的能力到哪，你就能表現到哪！

其實這會是一種正向的回饋，當你在創意寫碼上取得了樂趣，漸漸地，就會想要創作更多、挑戰更多，會去思考這些東西該怎麼做，那種效果該如何實現等問題，甚至於有了生成藝術的概念。

生成藝術

生成藝術也是透過程式碼來表現，不過，更著重程式本身的自主性，可以在少部分或完全沒有互動的情況下，由程式自動創作藝術作品，最常見的是模擬自然生態，例如被攪和過的泡泡。

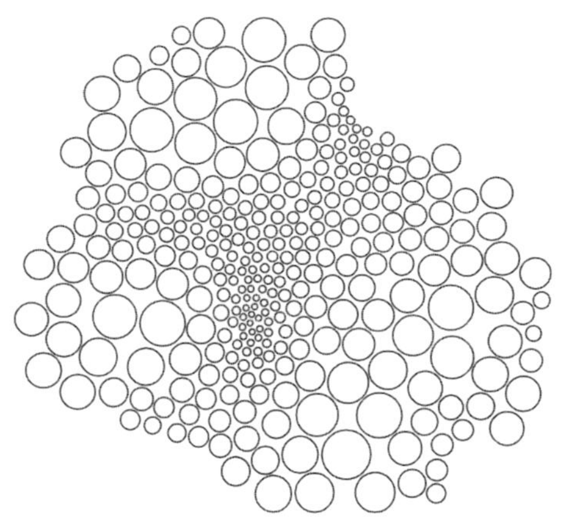

圖 1.3　被攪和過的泡泡

你要說這也是隨機圈圈也可以，不過想完成這種既隨機又像是自然現象的創作，顯然需要一些具挑戰性的演算，這是從事創意寫碼／生成藝術的樂趣之一，因為心中有了想法，找出可能的做法，然後逐一實現，你就有了越來越多的表現方式，可以進行更加多元化的創作，而且這些演算方式，也可以進一步為你的作品增添可述說的故事，成為作品的靈魂內涵。

不用急著知道圖 1.3 使用了什麼演算，本書第 12 章會談到，在那之前也會談到一些有趣的演算，這些演算可以增加你更多的創作題材。

1.1.3 p5.js Web 編輯器

方才談到，p5.js 官方網站提供 Web 編輯器，這真的是把玩 p5.js 最簡單的方式了，本書的創作成果，程式碼基本上都可以貼到 Web 編輯器中運作；如果想將創作儲存在網站，以便提供網址給其他人觀賞，可以註冊帳號，這是個簡單的操作，就不多加說明了。

在註冊及登入 Web 編輯器後，在 ✎ 圖示按下，可以編輯你的創作名稱，上方選單有個「草稿」選項，可以新增資料夾或檔案，以便你管理創作過程中使用到的資源，你可以在按下編輯器的 > 圖示，就可以看到相關的草稿檔案，若執行選單「檔案／儲存」，或是按鍵盤 Ctrl+S，就可以儲存草稿。

圖 1.4 儲存草稿檔案

儲存之後可以察看網址列，這就是可以分享給其他人觀賞作品的網址；如果想管理曾經儲存過的全部草稿呢？在登入後，下拉右上角帳號處選單，就可以點選「我的草稿」，管理曾經儲存過的草稿，Web 編輯器提供了簡單的「作品集」、「資產」管理等功能，操作上很簡單，可以自行嘗試。

草稿 作品集 資產

新草稿 搜尋草稿...

草稿	建立日期▾	更新日期
random circles	2022-06-07 下午 3:17:40	2022-06-07 下午 3:17:40
Hello, p5.js	2022-06-07 下午 3:02:56	2022-06-07 下午 3:03:37

圖 1.5 管理草稿檔案

1.1.4 HTML 編輯與執行

對於初學者或程式設計領域玩票性質的使用者而言，p5.js Web 編輯器是蠻夠用的了，不過對於熟悉前端，或者是對 p5.js 想做更多細節控制的開發者而言，一開始可能會想知道的是，如何在自行編輯的 HTML 中執行？如何指定畫布的位置？

官方網站的 Download[4] 可以下載 p5.js 程式庫，如果選擇下載 **Complete Library** 版本，會是個 zip 檔案，其中有 **p5.js** 原始碼檔案，這是未壓縮的版本，可用來研究 p5.js 原始碼，將來你想放到網站上時，可以用 **p5.min.js**，這是壓縮版本，檔案比較小一些，或者也可以選擇從線上的 CDN 引用程式庫。

本書使用的 p5.js 版本是 **1.4.2**，至於編輯器，就依各人所好，畢竟會想要自行編輯 HTML 的話，你應該早就有偏好的編輯器了，沒有的話，可以選擇使用簡單的 NotePad++[5]，或者功能較為齊全且可外掛的 Visual Studio Code[6]。

接著，可以建立一個草稿資料夾，例如 hello-p5js，在其中放置下載的 p5.js 原始碼檔案，並建立 sketch.js，撰寫程式碼：

hello-p5 sketch.js

```
function setup() {
  createCanvas(400, 400);
}

function draw() {
  background(220);
  textSize(50);
  text('Hello, p5.js', width / 5, height / 2);
}
```

4 Download | p5.js：p5js.org/download/
5 NotePad++：notepad-plus-plus.org
6 Visual Studio Code：code.visualstudio.com

這是圖 1.1 看過的程式碼，不用多做說明了吧！接著需要一個 HTML 檔案，內容編輯如下：

hello-p5 index.html

```
<!DOCTYPE html>
<html lang="zh-tw">
  <head>
    <script src="p5.js"></script>
    <meta charset="utf-8" />
  </head>
  <body>
    <script src="sketch.js"></script>
  </body>
</html>
```

記得使用 `script` 標籤引入 p5.js 原始碼檔案，就這個簡單的 HTML 而言，畫布位置就是 sketch.js 引入的位置，使用瀏覽器載入執行時，p5.js 會自動建立 `main` 標籤，在其中安排 `canvas` 標籤：

```
<main><canvas id="defaultCanvas0" class="p5Canvas" width="800" height="800"
style="width: 400px; height: 400px;"></canvas></main>
```

繪製出來的畫面，就是圖 1.1 右邊預覽區的結果了，現在問題來了，如果不想要畫布位置就是 sketch.js 引入的位置，而是想自行指定畫布位置呢？

可以透過程式碼來指定，例如，想以 HTML 網頁 `id` 屬性為`"hello-p5js"`的 `div` 標籤作為父節點放置畫布：

hello-p5 sketch2.js

```
function setup() {
  createCanvas(400, 400).parent('hello-p5js');
}

function draw() {
  background(220);
  textSize(50);
  text('Hello, p5.js', width / 5, height / 2);
}
```

createCanvas 會傳回 p5.Renderer 實例，只要呼叫 parent 方法設定 'hello-p5js'就可以了，然後 HTML 裡要有對應的標籤：

hello-p5 index2.html

```
<!DOCTYPE html>
<html lang="zh-tw">
  <head>
    <script src="p5.js"></script>
    <meta charset="utf-8" />
  </head>
  <body>
    <div id="hello-p5js"></div>

    <script src="sketch2.js"></script>
  </body>
</html>
```

以下的作法，也適用於 p5.js Web 編輯器，如圖 1.4 看到的，可以選擇左側「草稿檔案」對應的檔案來進行編輯。

提示 >>> 同一個 HTML 裡建立多個畫布是做得到的，然而需要運用更多 JavaScript 方面的技巧，有興趣可以參考〈建立多個畫布[7]〉。

1.2 座標／事件／動畫

透過電腦從事繪圖創作的好處是，可以精確地指定圖像繪製的位置，可以與使用者互動，可以進行動畫控制，使用 p5.js 處理這些需求非常容易，目的是為了讓創作者更容易發揮。

1.2.1 座標轉換

談到位置指定，自然想到座標系統，大家最熟悉的都是直角座標，p5.js 也是採取直角座標，不過座標原點在畫布左上角，往右為 x 軸正方向，往下為 y 軸正方向：

[7] 建立多個畫布：openhome.cc/Gossip/P5JS/GettingStarted2.html

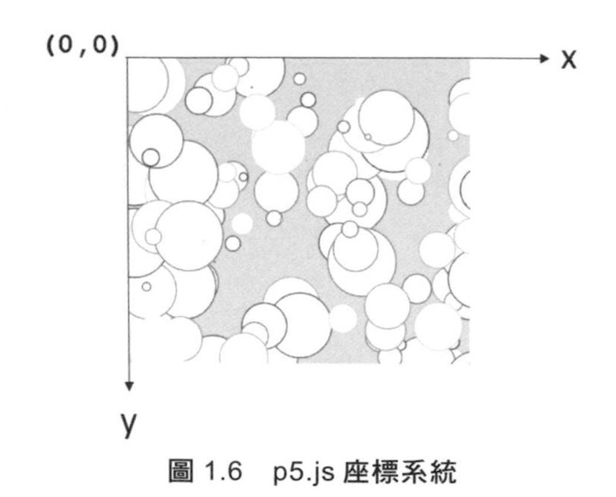

圖 1.6 p5.js 座標系統

座標的單位是像素，createCanvas 可以指定的兩個參數分別是畫布在 x 方向與 y 方向的像素長度，可以分別透過 width 與 height 變數取得，知道這些之後，想要如上圖隨機地在畫布中放置圈圈，就是很簡單的一件事：

random-circles _tTgxOrxK.js

```
function setup() {
  createCanvas(400, 400);
  // 每秒重新繪製一次
  frameRate(1);
}

function draw() {
  background(220);

  for(let i = 0; i < 200; i++) {
    const x = random(width);      // 畫布中隨機的 x 座標
    const y = random(height);     // 畫布中隨機的 y 座標
    // 畫筆是隨機的 RGB
    stroke(random(255), random(255), random(255));
    // 畫個圓
    circle(x, y, random(60));
  }
}
```

random 是產生隨機數的函式，會產生 0 到指定引數間值；stroke 可以指定畫線時的畫筆顏色，接受三個值，分別用來指定 RGB，也就是紅色光、綠色光、藍色光的值，RGB 的值是 0 到 255，顏色是由這三種光混合而成，值越大表示該色光的成分越多；circle 函式可用來畫圓，其中三個引數分別指定了圓心 x、y 以及直徑。

本書會提供程式碼檔案下載，方才範例一開頭左邊看到 random-circles 名稱，表示可在範例檔的 **samples** 資料夾中各章節資料夾，找到對應的 random-circles 範例資料夾，裡頭就有_tTgxOrxK.js 原始碼檔案，本書可觀賞作品的範例都放在 p5.js 官方 Web 編輯器的網站，以便於展現顏色、動畫等效果，範例的網址開頭都會是：

- editor.p5js.org/justin_here/sketches/

之後接著**作品短碼**，例如接著 **_tTgxOrxK** 短碼（不用.js），就可以執行、觀看圖 1.6 的範例效果。

為了便於尋找本書的範例，我也基於各章建立了作品集：

- editor.p5js.org/justin_here/collections

隨機置放可以建立錯落的感覺，現在來試著控制繪圖的位置，例如，想在正方形畫布上，使用 `point` 從左上到右下逐一畫點，只要 x 與 y 相同就可以了：

points i56elg4zr.js

```
function setup() {
  createCanvas(300, 300);
  strokeWeight(10); // 筆刷大小
}

function draw() {
  background(220);
  for(let i = 0; i < width; i += 10) {
    point(i, i);     // 在座標(i, i)畫點
  }
}
```

就數學上來說，「點」沒有形狀，只有位置資訊，不過繪圖上，經常會將點表現為一個圓，就像是筆戳在紙上留下的痕跡，`point` 就是如此，可以指定點的 x、y 座標，預設的筆刷大小是 1 個像素，也就是直徑 1 的圓點，可以透過 `strokeWeight` 來改變，繪圖結果如下：

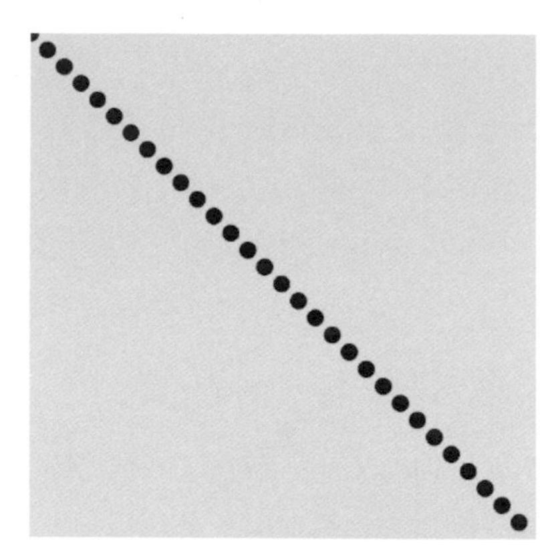

圖 1.7 左上至右下的點排列

translate

指定座標位置直接繪圖是個方式，另一種方式是基於座標系統的平移轉換，這可以透過 translate 來達成。

就上例而言，繪製的另一個方式是，在目前座標系統的原點畫個點，將座標系統往右往下平移 10 個像素，然後在新的座標系統原點再畫個點，接著將座標系統往右往下平移 10 個像素...

translated-points 1AeHq9rxa.js

```
function setup() {
  createCanvas(300, 300);
  strokeWeight(10);
}

function draw() {
  background(220);
  for(let i = 0; i < width; i += 10) {
    point(0, 0);
    translate(10, 10); // 平移座標系統
  }
}
```

繪圖的結果與圖 1.7 是相同的，至於下圖，是將每次繪圖時的座標系統標示出來，便於理解 **translate** 的作用：

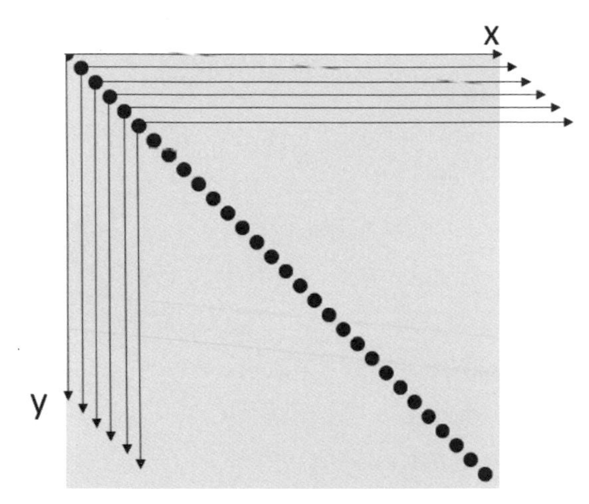

圖 1.8　平移座標系統後繪圖

有時平移座標系統後繪圖，會比直接計算座標位置來得方便，在 p5.js 中，translate 是個蠻常運用的函式，另一個常用的轉換函式是 **rotate**。

rotate

想想看你要怎麼用 point 讓點構成一個圓？想計算出每個點的位置的話，可以基於極座標，然後將極座標轉為直角座標，這會需要用到 cos、sin…嗯…數學！

喔！第 3 章會聊一些繪圖會用到的基本數學，其中 3.1 就會談到一些三角函式，因此不用太擔心，而且在創作中加點數學，可以讓你的作品更有變化、更有故事。

不過在那之前，基於 rotate 也可以實現目前的需求，如果圓半徑是 r，你只要在座標(r,0)處畫點，轉動座標系統，在新座標系統的(r,0)處畫點，轉動座標系統...

circle-points　csK_Sjfyw.js

```
function setup() {
  createCanvas(200, 200);
  angleMode(DEGREES); // 使用角度
```

```
  strokeWeight(10);
}

function draw() {
  background(220);
  const r = 60;

  // 平移座標系統原點至畫布中心
  translate(width / 2, height / 2);
  for(let i = 0; i < 20; i++) {
    point(r, 0);
    rotate(18);         // 轉動座標系統 18 度
  }
}
```

指定給 rotate 的值，預設會被當成是徑度（radian），轉一圈是 2π，如果想要使用角度（degree），也就是轉一圈是 360 度，可以透過 angleMode 指定 DEGREES（指定 RADIANS 就是使用徑度），對於這個需求而言，我想要整數的度數，因此使用角度，不過有些場合使用徑度會很方便，如果想將徑度轉角度，可以使用 degrees 函式，如果想將角度轉徑度，可以使用 radians 函式。

rotate 指定正值，會以**順時針**旋轉座標系統，如果想要逆時針旋轉就是指定負值；因為希望畫出來的結果會是在畫布中心，先使用了 translate 平移座標系統，將原點置於畫布中心，繪製結果如下：

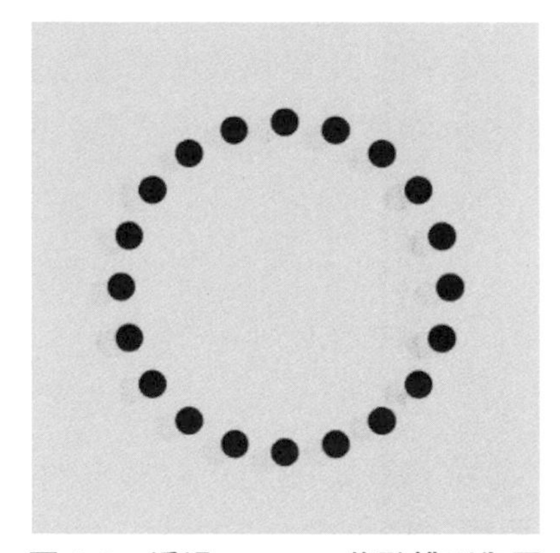

圖 1.9　透過 rotate 將點排列為圓

下圖是個第一次繪點、旋轉座標系統、繪點時的示意圖，實線座標軸是第一次繪點時的座標軸，虛線是旋轉後的座標軸：

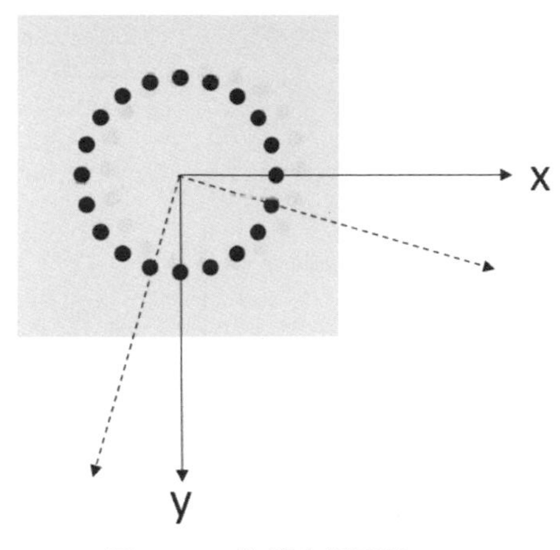

圖 1.10　旋轉座標系統

push 與 pop

有時候，你會希望以某個座標系統為基礎來進行轉換，若對該座標系統平移、旋轉了，是不是還得想辦法記錄平移、旋轉的量，後續才有辦法旋轉、平移回復座標系統的狀態呢？不用這麼麻煩，**push** 函式可以保存目前座標系統的資訊，後續想回復，只要執行 **pop** 函式就可以了。

座標系統的狀態，會像置入箱子中堆疊，這就是為什麼使用 push、pop 為名稱的原因，pop 取出的座標系統狀態，會是最近一次置入的座標系統。

例如，可以將方才畫點成圓的範例封裝起來：

```
// 在(x,y)處以半徑 r 畫 n 點成圓
function circlePoints(x, y, r, n) {
  angleMode(DEGREES);
  const aStep = 360 / n;

  push();    // 保存目前座標系統資訊
  translate(x, y)
  for(let i = 0; i < n; i++) {
    point(r, 0);
    rotate(aStep);
  }
  pop();     // 回復最近一次座標系統資訊
}
```

這麼一來，circlePoints 就是個可以重複使用的繪圖函式了，可以將之前範例的 point 換成 circlePoints：

circle-circles V5bmHefY0.js

```
function setup() {
  createCanvas(300, 300);
  angleMode(DEGREES);
  strokeWeight(5);
  frameRate(3);  // 每三秒繪製一次
}

function draw() {
  background(220);

  const r = 80;
  translate(width / 2, height / 2);
  for(let i = 0; i < 10; i++) {
    // 隨機顏色
    stroke(random(255), random(255), random(255));
    circlePoints(r, 0, 20, 15);
    rotate(36)
  }
}

// 在(x,y)處以半徑 r 畫 n 點成圓
function circlePoints(x, y, r, n) {
  angleMode(DEGREES);
  const aStep = 360 / n;

  push();    // 保存目前座標系統資訊
  translate(x, y)
  for(let i = 0; i < n; i++) {
    point(r, 0);
    rotate(aStep);
  }
  pop();     // 回覆目前座標系統資訊
}
```

為了增加點趣味，範例中每三秒繪製一次，並採用隨機顏色，如此就可以畫出隨機顏色霓虹燈泡的效果了：

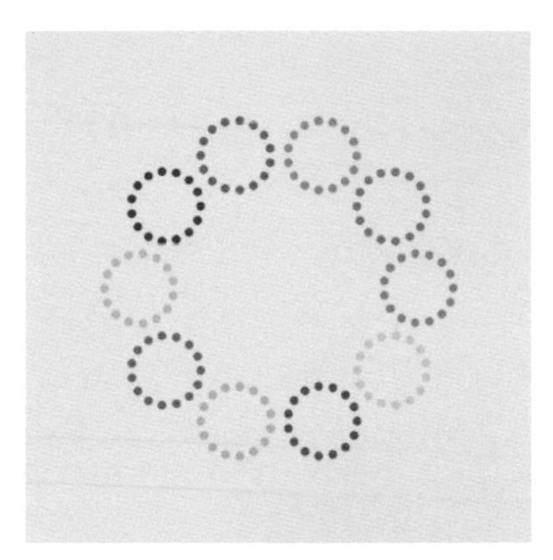

圖 1.11　隨機顏色霓虹燈泡

`translate`、`rotate`、`push`、`pop` 是座標系統轉換時，經常使用的幾個函式，另外還有 `scale` 可以進行縮放，`shear` 可以進行切變，如果你明白 `translate`、`rotate` 的使用方式，配合官方的〈Reference[8]〉說明，使用上就不會是難事。

1.2.2　事件處理

作為一個互動藝術的工具，p5.js 自然少不了事件處理相關的特性，其中以滑鼠事件處理的類型最為豐富，瞭解如何處理滑鼠事件，其他事件處理就不是難事。

在滑鼠事件中，最基本的資訊就是滑鼠游標在畫布中的位置，這可以透過 **`mouseX`**、**`mouseY`** 來得知，例如，來做個跟屁球：

follower ZEcBCVhqO.js

```
let x = 0;
let y = 0;
function setup() {
  createCanvas(300, 300);
}
```

8　Reference | p5.js：p5js.org/reference/

```
function draw() {
  background(220);

  x = lerp(x, mouseX, 0.05);   // 取得 x 與 mouseX 間 0.05 倍處的內插值
  y = lerp(y, mouseY, 0.05);   // 取得 y 與 mouseY 間 0.05 倍處的內插值

  circle(x, y, 50);
}
```

這個範例會讓圓跟隨著游標，為了讓互動更有趣一些，圓靠近游標時可以做點減速效果，方式之一是每次重繪時，會從 x、y 位置往目前游標位置靠近 0.05 倍，想要取得兩個數間的內插值，可以透過 `lerp` 函式，例如 `(mouseX - x) * 0.05 + x` 可以透過 `lerp(x, mouseX, 0.05)` 來計算，程式看來簡潔許多。

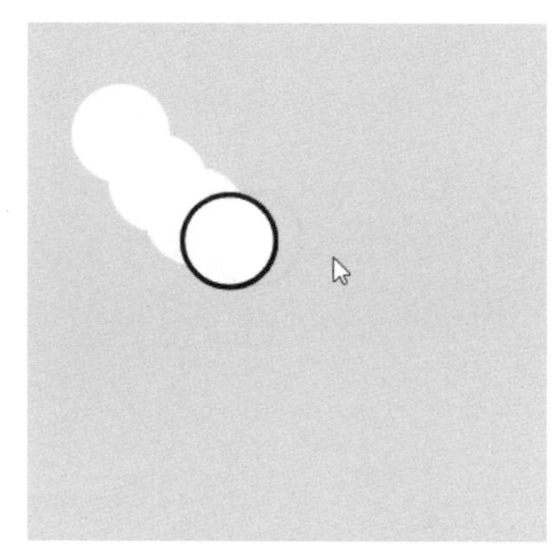

圖 1.12　跟屁球

如果想知道滑鼠是否按下，方式之一是透過 `mouseIsPressed`，它的值在滑鼠按下時會是 `true`，例如，做個簡單的塗鴉版：

graffiti YjB_TVj47.js

```
function setup() {
  createCanvas(300, 300);
  background(200);
  strokeWeight(10);
}

function draw() {
  if(mouseIsPressed) {
    // 隨機畫筆顏色
    stroke(random(255), random(255), random(255));
    point(mouseX, mouseY);
  }
}
```

background 函式執行時，會將整個畫布以指定的顏色填滿，也就會構成清除畫布的效果，在繪圖或動畫的製作上，多數情況下這是必要的；然而這邊為了能構成塗鴨的效果，每次 draw 執行時，不重新設定背景，才能保留先前繪製結果，這邊也使用了隨機畫筆顏色，讓塗鴨看來色彩繽紛：

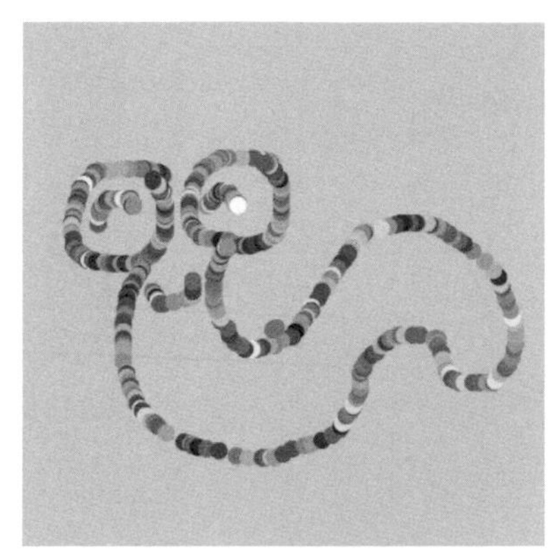

圖 1.13 簡易塗鴨

雖然 p5.js 有 mouseIsPressed，然而並沒有 mouseIsDragged、mouseIsReleased 之類的變數，若要在滑鼠拖曳、放開按鍵時能做點有趣的事，可以實作事件函式，例如實作 mouseDragged、mouseReleased 函式：

radiation sQg6qKsAz.js

```
let startX = 0;
let startY = 0;
let endX = 0;
let endY = 0;
function setup() {
  createCanvas(300, 300);
  background(220);
  noLoop();          // 不重複呼叫 draw
}

function draw() {
  stroke(random(255), random(255), random(255));
  line(startX, startY, endX, endY);
}

// 滑鼠按下時會呼叫
function mousePressed() {
  startX = mouseX;
  startY = mouseY;
}
```

```
// 滑鼠拖曳時會呼叫
function mouseDragged() {
  endX = mouseX;
  endY = mouseY;
  redraw();         // 要求重繪一次
}

// 放開滑鼠按鈕時呼叫
function mouseReleased() {
  background(220);   // 放開滑鼠按鍵時清除畫面
}
```

這個範例執行了 noLoop 函式，因此不會重複呼叫 draw，而是在滑鼠按下時記錄起始位置，在拖曳滑鼠時記錄當時游標位置，然後使用 redraw 函式要求重繪，line 函式可以指定起始與結束位置畫線，由於 draw 時沒有清除背景，拖曳過程畫出來每條線會被保留，呈現出放射的效果，只有在放開滑鼠按鈕時才會清除背景：

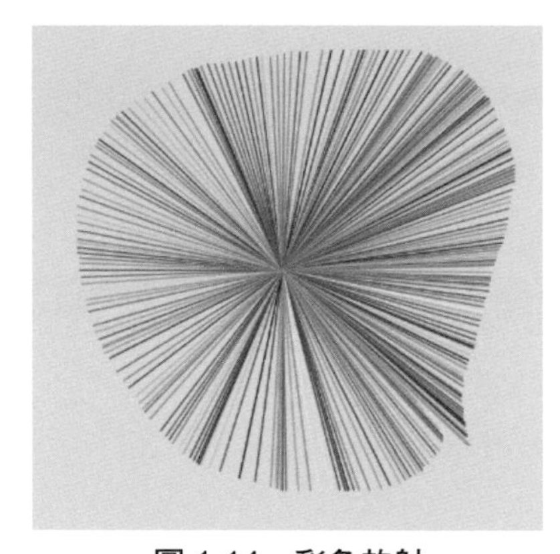

圖 1.14 彩色放射

事件處理的方式主要就是以上幾種，如果想要瞭解更多，可以進一步參考官方的〈Interactivity[9]〉文件。

9 Interactivity：p5js.org/learn/interactivity.html

1.2.3 動畫控制

在 p5.js 中，預設會不斷地呼叫 draw 函式，想製作動畫，基本上就是在 draw 實作每個影格的繪圖，例如，來讓正方形轉圈圈：

rotating-squares 8bflkXnW-.js

```
function setup() {
  createCanvas(300, 300);
  background(200);
  noStroke();           // 不使用畫筆
  angleMode(DEGREES);
  frameRate(15);        // 每秒重繪 15 次
}

let angle = 0;
function draw() {
  const r = 50;

  // 隨機填滿的顏色
  fill(random(255), random(255), random(255));

  translate(width / 2, height / 2);
  rotate(angle);
  square(r, 0, 30);  // 畫正方形

  angle = (angle + 10) % 360; // 每 360 度歸零
}
```

noStroke 可以設定不使用畫筆，fill 可以設定形狀要填滿的顏色，square 可以指定 x、y 位置與邊長，這邊沒有清除背景，執行時會有個不斷變換顏色、繞圓轉動的彩色正方形：

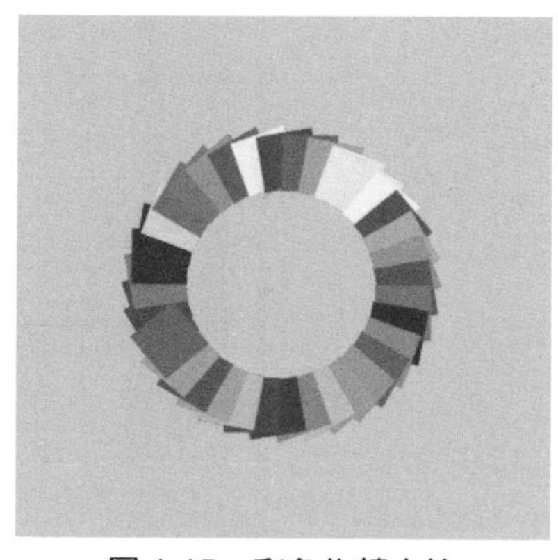

圖 1.15　彩色旋轉方塊

p5.js 其實也提供了 **clear** 函式，它會將畫布全部的像素重置為白色，只不過通常你會偏好某個背景顏色，因此更常看到使用 background 函式。

要不要清除背景，主要是看想完成什麼動畫效果，可以在以上範例的 draw 開頭加上 clear 或 background，這時每次都會清除畫面，也就只會看到一個不斷變換顏色的方塊在繞圈圈。

在 1.1.1 談過，如果不希望 draw 不停地被呼叫，可以呼叫 noLoop，後續可以透過呼叫 redraw 來控制何時呼叫 draw，方才談事件處理時已經看過應用了，必要時也可以呼叫 loop 設回重複執行 draw。

以下是個綜合應用，結合了背景清除、noLoop、loop、redraw 與事件處理來控制動畫，製作出每秒計數的效果：

clock 8bflkXnW-.js

```
function setup() {
  createCanvas(300, 300);
  strokeWeight(2);
  angleMode(DEGREES);
  frameRate(60); // 每秒重繪 60 次
}

let angle = 0;
function draw() {
  if(angle == 0) {
    // 每秒清除一次
    background(200);
  }

  const r = 60;

  // 隨機畫筆顏色
  stroke(random(255), random(255), random(255));

  translate(width / 2, height / 2);
  rotate(angle);
  line(r, 0, r + 30, 0); // 畫線

  angle = (angle + 6) % 360; // 每360度歸零
}

// 利用滑鼠控制
function mousePressed() {
  if(mouseButton === LEFT) {
    noLoop();
```

```
  } else if(mouseButton === CENTER) {
    loop();
  } else if(mouseButton === RIGHT) {
    noLoop();
    redraw();
  }
}
```

這個範例可以透過滑鼠左鍵、中鍵、右鍵來控制動畫的暫停、播放或者是步進，由於每秒更新 60 個畫面，也就是 1/60 秒畫一條線，而在 `angle` 為 0 時會清除畫面，看來就有讀秒的效果：

圖 1.16　讀秒器

對 p5.js 的基本認識，到這邊就可以了，接下來就是實際做些東西，在下一章，要來看看一些可作為創作題材來源的東西，像是重複、隨機，以及一點點的數學。

規律與隨機

2

CHAPTER

學習目標

- 運用規律設計圖樣
- 透過觀察尋找規律
- 迭代或遞迴實作規律
- 在規律中穿插隨機

2.1 構築規律

當你手邊有了程式碼作為工具，創作的題材從何而來呢？程式設計本質上，就是觀察人們進行運算的過程，找出規律，使用程式碼加以描述，如果這份規律與圖像有關聯，那就會是創作題材的來源。

2.1.1 魔幻方塊

想建立規律與圖像的關聯，首先要思考的是，**用來建立規律的基本圖像**是什麼，這類基本圖像往往並不複雜，例如，具有互補色的兩個方框：

```
function twoSquare(x, y, width, r, g = r, b = r) {
  push();

  noFill();
  // 外框
  translate(x + width / 5, y + width / 5);
  stroke(r, g, b);
  square(0, 0, width * 4 / 5);

  // 內框
  // 設為互補色
  stroke(255 - r, 255 - g, 255 - b);
  translate(width / 5, width / 5);
  square(0, 0, width * 2 / 5);
```

```
  pop();
}
```

這個 twoSquare 函式可以指定位置與 RGB 值，指定 RGB 時如果只指定 r 參數，那麼就以 r 作為 g 與 b 的值，也就是灰階了，例如，若使用 twoSquare(0, 0, 200, 255)，會畫出以下的黑白方框：

圖 2.1　簡單的黑白方框

接下來**套用某種規律**，例如方塊由上而下、由左而右排列呢？

```
for(let y = 0; y < n; y++) {
  for(let x = 0; x < n; x++) {
    twoSquare(x * w, y * w, w, 0);
  }
}
```

這個程式片段中，n 每邊的方塊數，w 是方塊的邊長，這會呈現出以下的結果：

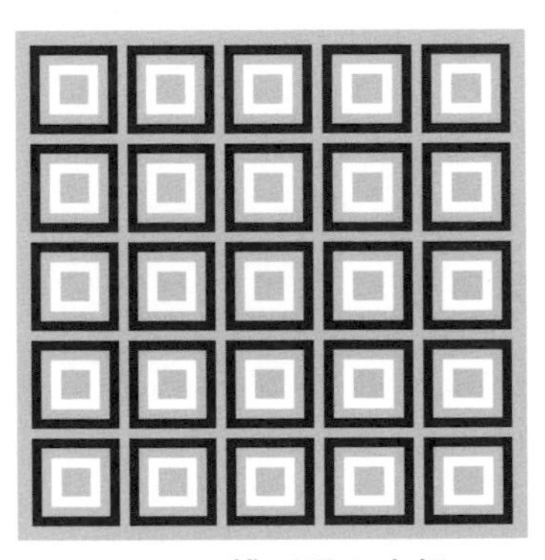

圖 2.2　排列黑白方框

在規律上再加上有規律的變化會如何呢？例如，如果 `x+y` 是偶數，外框設為灰階度 0，若是奇數就設為 255 呢？

magic-squares phq8wG6n4.js

```
const n = 5;    // 每邊的方塊數
const w = 50;   // 方塊邊長

function setup() {
  createCanvas(n * w + w / 5, n * w + w / 5);
  strokeWeight(5);
  frameRate(2);
}

let flag = 1;
function draw() {
  background(200);;
  for(let y = 0; y < n; y++) {
    for(let x = 0; x < n; x++) {
      const g = (x + y + flag) % 2 === 0 ? 0 : 255; // 奇偶變換
      twoSquare(x * w, y * w, w, g);
    }
  }
  flag = ~flag;
}

function twoSquare(x, y, width, r, g = r, b = r) {
  push();

  noFill();
  // 外框
  translate(x + width / 5, y + width / 5);
  stroke(r, g, b);
  square(0, 0, width * 4 / 5);

  // 內框
  // 設為互補色
  stroke(255 - r, 255 - g, 255 - b);
  translate(width / 5, width / 5);
  square(0, 0, width * 2 / 5);

  pop();
}
```

在這個範例中，額外又加上一個 `flag` 變數，令每次影格繪製時 `flag` 的值會是 0 與 1 交相變換，從而達到奇偶數判斷變換的效果，如此一來畫面就會不斷地變動，看來就有魔幻方塊的風格，下圖是將交相變換的兩個影格放在一起的示意：

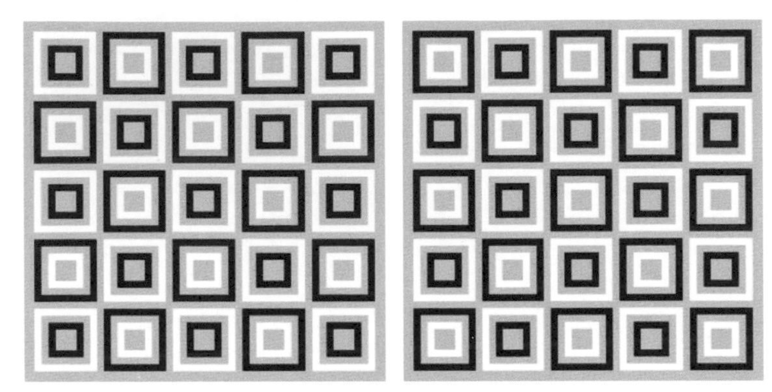

圖 2.3　交換變換的兩個影格

看起來會魔幻，是因為大腦產生錯覺，以為方塊會錯落歪斜，其實每個方塊都是端正地擺放；如果想要更魔幻，可以用 0 到 255 的隨機值作為 `twoSquare` 的 `r`、`g`、`b` 參數值，你可以自行嘗試，看看會有什麼效果！

2.1.2　線的交織

用來建立規律的基本圖像往往並不複雜，就算是直線也可以，規律一開始也不用複雜，單純地從由上而下畫水平線也可以：

圖 2.4　單純由上而下繪製

由左而右畫出垂直線也可以：

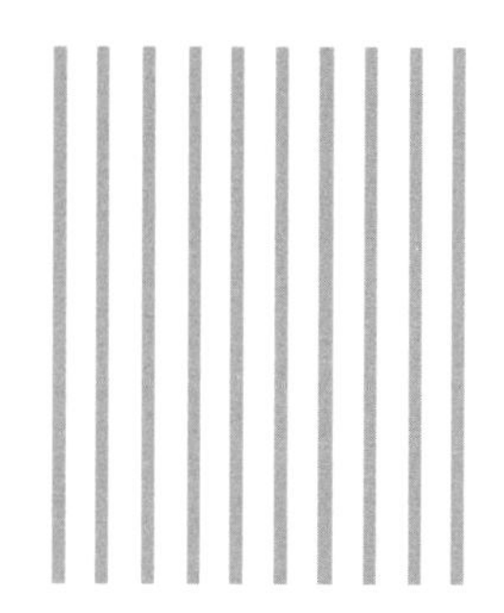

圖 2.5　單純由左而右繪製

設計一個簡單的圖案，然後以一定的規律排列，本身就能構成美麗的圖樣，也許你覺得單純地直線與橫線不夠美？那就將兩種規律疊加在一起吧！

lines iY2iTEh93.js

```
const weight = 10;
const halfWeight = weight / 2;

function setup() {
  createCanvas(400, 400);
  noLoop();
  strokeWeight(weight);
}

function draw() {
  background(200);
  for (let i = 0; i < height; i += 20) {
    // 畫水平線
    stroke(255, 0, 0);
    line(0, i + halfWeight, width, i + halfWeight);

    // 畫垂直線
    stroke(0, 255, 0);
    line(i + halfWeight, 0, i + halfWeight, height);
  }
}
```

跟「點」一樣，「線」在數學上並沒有寬度，不過繪圖上會用筆刷概念，透過筆刷大小來設定畫出的線寬，`line` 函式的四個參數分別是起點的 x、y 與終點的 x、y，範例完成的效果會呈現編織般的美感：

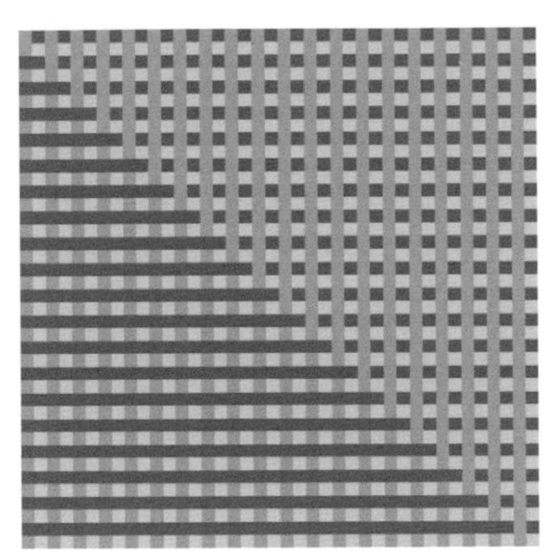

圖 2.6 交織的線

基本的規律構成基本的圖樣，規律與規律之間的組合，會構成新的圖樣，有本《Pattern Design 圖解圖樣設計》就專門討論了這類設計，有興趣可以研究一下。

你也許看過許多 p5.js 的精采作品，出發點其實都是簡單的圖樣，**逐步加入規律**，讓圖樣逐步變化，更多的情況下是嘗試，在不經意間發現可呈現美的作品。

例如，在方才編織般美感的範例上，進一步加上動畫變化如何？這並不難，只要改一下迴圈的邊界就可以了：

lines2 jp8bFZaYQ.js

```
const weight = 10;
const halfWeight = weight / 2;

function setup() {
  createCanvas(400, 400);
  strokeWeight(weight);
  frameRate(24);
}

let to = 0;
function draw() {
  background(200);
  to = (to + 20) % height; // 迴圈邊界
```

```
  for (let i = 0; i <= to; i += 20) {
    stroke(255, 0, 0);
    line(0, i + halfWeight, width, i + halfWeight);

    stroke(0, 255, 0);
    line(i + halfWeight, 0, i + halfWeight, height);
  }
}
```

改變迴圈邊界是程式上的說法，從另一個觀點來說，是改變在畫布上繪圖的範圍，一開始是畫 20 x 20，接著是 40 x 40，再來是 60 x 60、80 x 80… 把一連串的畫框接連播放，就會有漂亮的動畫了，下圖是擷取動畫過程中的兩個影格作為示意：

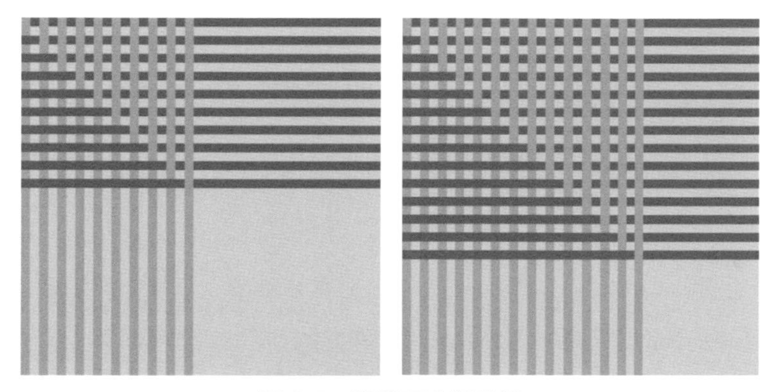

圖 2.7　變動而交織的線

隨意做些變化，還可能還會有驚喜，例如，若不清除前一次的繪圖結果會如何呢？試著將範例中的 background 該行註解掉看看吧！

2.1.3　謝爾賓斯基三角形

剛開始試著使用程式碼作為創作工具時，不用想太多，只需要多嘗試一些規律的組合與變化，有些你心中可能已經知道一些方式，例如先前試過的奇偶變換，有時需要一些運氣，有時需要一些**觀察**，從中發現一些意外的驚喜，例如，試著在底下這個程式片段「?」處可以隨便放上一些運算子，將運算結果用文字畫出來之類的：

```
const n = 32;
const w = 10;
for(let y = 0; y < n; y++) {
```

```
    for(let x = 0; x < n; x++) {
      text(x ? y, x * w, y * w);
    }
  }
```

例如在「?」處依序放上+、-、*、/、^、&、|、%，分別會畫出以下的圖案：

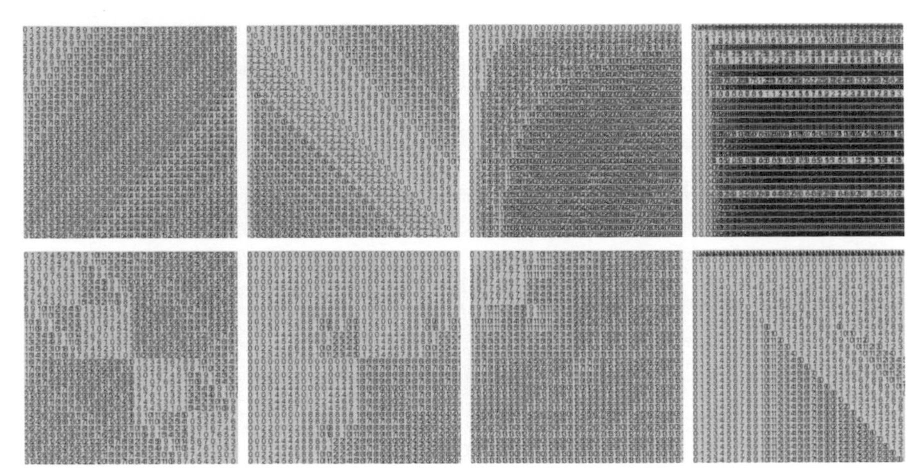

圖 2.8 觀察規律

是不是有觀察到什麼規律呢？明顯而有趣的規律之一是左下那張圖，也就是使用^運算子的時候，比較疏的文字都是小於 10 的數字，試著只在這些位置畫個方塊會如何呢？

link aEXHszH_J.js

```
function setup() {
  createCanvas(320, 320);
}

function draw() {
  background(200);
  const n = 64;
  const w = 5;
  for(let y = 0; y < n; y++) {
    for(let x = 0; x < n; x++) {
      // 小於 10 的結果畫個方塊
      if((x ^ y) < 10) {
          square(x * w, y * w, w);
      }
    }
  }
}
```

這會畫出像是鎖鏈般的圖案：

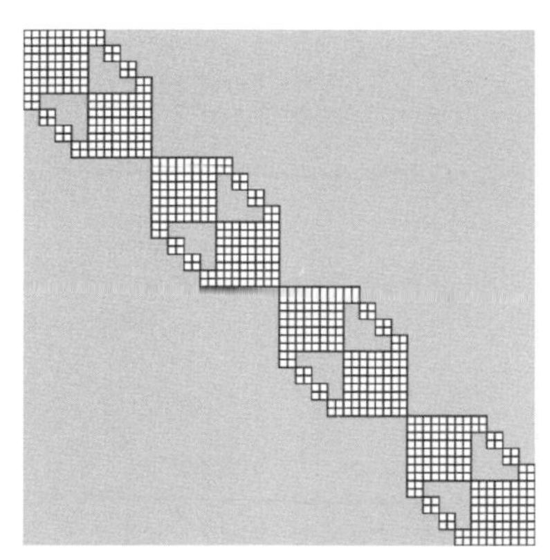

圖 2.9　意外獲得的鎖鏈

另一個有趣的圖案是圖 2.8 左下第二張圖，也就是使用&運算子時，其中許多文字都是 0，如果只在 0 的位置畫方塊會如何呢？

sierpinski-triangle WQmeTFJSV.js

```
function setup() {
  createCanvas(320, 320);
}

function draw() {
  background(200);
  const n = 64;
  const w = 5;
  for(let y = 0; y < n; y++) {
    for(let x = 0; x < n; x++) {
      // 針對 0 處畫方塊
      if((x & y) === 0) { {
          square(x * w, y * w, w);
      }
    }
  }
}
```

這會形成一個特別的三角形：

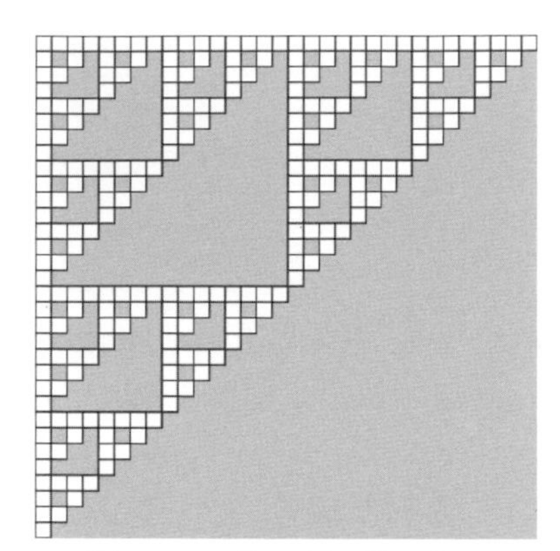

圖 2.10 謝爾賓斯基三角形

這個三角形有個特別的名稱「謝爾賓斯基三角形（Sierpinski triangle）」，這是波蘭數學家謝爾賓斯基在 1915 年提出的一種圖樣，通常要繪製這種三角形，會採用遞迴（recursion）的方式，遞迴是一種將規律實作為程式碼的方式，稍後也會來聊聊，本書後續也會用到一些遞迴技巧。

方才的程式碼，只是採用**迭代**來實作謝爾賓斯基三角形的一種方式，雖然可以解釋為何 `x&y` 等於 0 時畫方塊，為何能構成謝爾賓斯基三角形，不過這邊的重點在於**規律的嘗試、觀察**，而**將資料以視覺化的方式展現出來，有利於發覺資料中的規律**，有時就是這麼意外地發現了規律，才回頭探索其中的道理。

其實從古至今，這些道理不斷地累積，有些成為數學的一部分，有些構成了某些演算法，如果你一開始就知道一些數學或演算法，就可以直接運用來構築你的創作，本書後續會談到一些數學及演算，就是為了這個目的。

2.1.4 嵌套的圓

方才談到了**遞迴**，它是用來描述、實作規律的一種方式，你只要說明就目前指定的狀態來說，應該做什麼，至於接下來該做什麼，你就不用管了！

例如，你想要指定直徑，若直徑大於某值，就在畫布一半高與指定的 `x` 處畫圓，然後在圓中各畫兩個小圓：

```
function circles(x, d, min_d = 1) {
  if(d > min_d) {
    fill(map(d, min_d, width / 2, 100, 150));
    circle(x, height / 2, d);

    circle(x - d / 4, height / 2, d / 2);
    circle(x + d / 4, height / 2, d / 2);
  }
}
```

這邊看到了 **map** 函式，它用來做範圍的映射，map(d, min_d, width / 2, 100, 150) 表示，對於 min_d 與 width/2 這個範圍間的值 d，將之對應至 100 至 150 這個範圍裡對應的值，100 到 150 是我想使用的灰階值範圍，因為不想讓畫出來的圓太黑或太白。

如果以 circles(width / 2, width, 10) 呼叫，就會畫出以下的圖案：

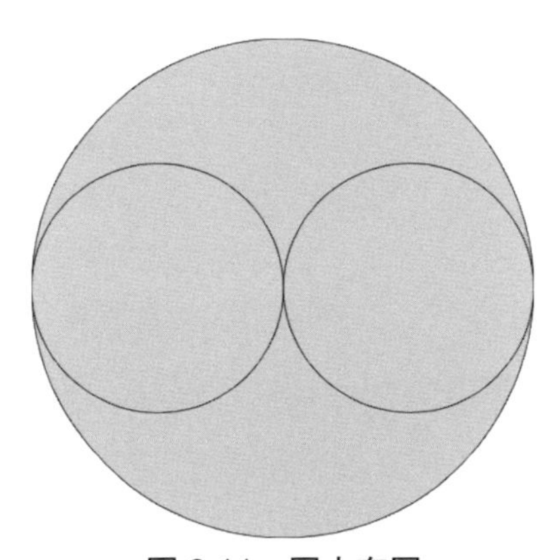

圖 2.11　圓中有圓

如果小圓中也要有兩個小圓呢？這你就不用管了，再呼叫一次 circles 函式，讓它自己處理就可以了：

recursive-circles _TagSbjLa.js

```
function setup() {
  createCanvas(400, 400);
}

function draw() {
  background(255);
  circles(width / 2, width, 10);
}

function circles(x, d, min_d = 1) {
```

```
    if(d > min_d) {
      fill(map(d, min_d, width / 2, 100, 150));
      circle(x, height / 2, d);

      // 接下來畫圓就交給你了
      circles(x - d / 4, d / 2, min_d);
      circles(x + d / 4, d / 2, min_d);
    }
}
```

每次都要求 circles 處理接下來的圓繪製？這會構成什麼結果呢？

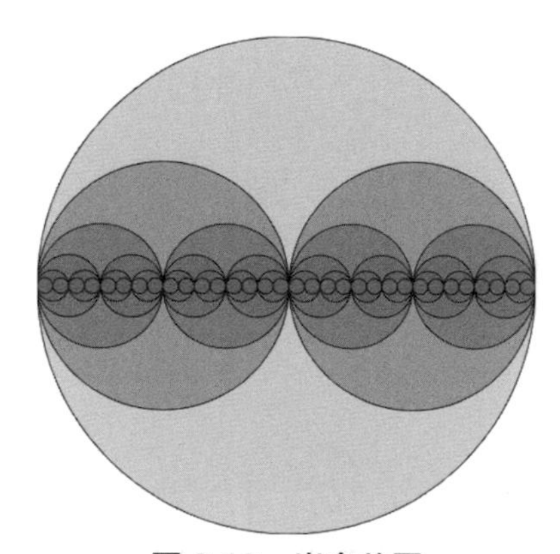

圖 2.12 嵌套的圓

許多初學程式的人，都覺得遞迴很難，其實那並不是正確的認知，如果你覺得用遞迴描述有困難，八成是因為你就目前指定的狀態來說，要做的事情太多，或者是因為你在下一次要辦事時，還得去想上一次做了什麼。

只要掌握一次只做一件事，而且不要考慮上次狀態時做了什麼，遞迴就不是困難之事，在一些場合，使用遞迴來描述規律，會遠比迭代來得簡單。

提示 ››› 程式設計的初學者，應該有接觸過河內塔[1]吧！使用遞迴來實作河內塔，就遠比迭代來得簡單！

---

1 河內塔：openhome.cc/zh-tw/algorithm/basics/hanoi-tower/

2.2 穿插隨機

運用規律的構築來建立圖像，可以創造出各種圖樣，不過畢竟是有規律的圖樣，看久了可能略嫌單板，有時會想在規律圖樣中穿插一些意外性，呈現多樣化的美感，當這樣的多樣化以動畫呈現時，更會是一種不錯的效果！

2.2.1 斜紋布

如果畫布切割為大小相同的小正方形，每個正方形畫上對角的斜線會如何？會是個漂亮的圖樣嗎？

slash snp4puBlp.js

```
const w = 20; // 方形的邊長
function setup() {
  createCanvas(300, 300);
}

function draw() {
  background(200);
  for(let x = 0; x < width; x += w) {
    for(let y = 0; y < width; y += w) {
      slash(x, y, w);
    }
  }
}

// 在 x、y 處的方形繪製對角線
function slash(x, y, w) {
  line(x, y, x + w, y + w);
}
```

畫出來感覺只是單純的斜紋：

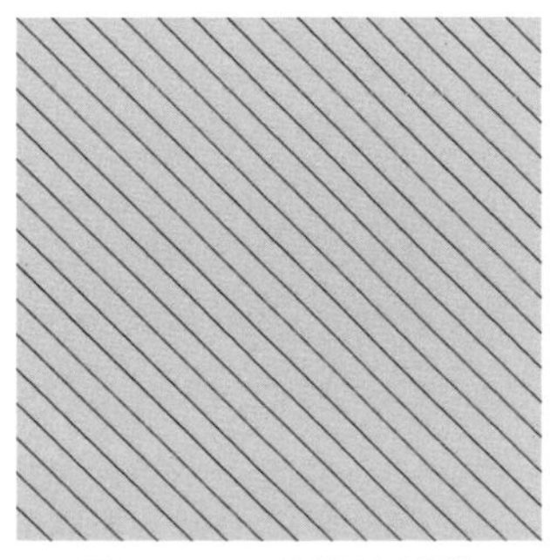

圖 2.13　規律的斜線

如果對角線是斜線與反斜線規律地穿插呢？

slash-back-slash dPxwHFJfk.js

```
const w = 20; // 方形的邊長

function setup() {
  createCanvas(300, 300);
}

function draw() {
  background(200);
  let slashFlag = true; // slashFlag 為 true 時繪製斜線
  for(let x = 0; x < width; x += w) {
    for(let y = 0; y < width; y += w) {
      if(slashFlag) {
        slash(x, y, w);
      } else {
        backSlash(x, y, w);
      }
    }
    slashFlag = !slashFlag;
  }
}

// 在 x、y 處的方形繪製斜線
function slash(x, y, w) {
  line(x, y, x + w, y + w);
}

// 在 x、y 處的方形繪製反斜線
function backSlash(x, y, w) {
  line(x + w, y, x, y + w);
}
```

這會產生波浪狀的圖樣：

圖 2.14　波浪般的圖樣

如果斜線與反斜線隨機地穿插呢？

tiled-lines 4Wz8suHUX.js

```
const w = 20;
function setup() {
  createCanvas(300, 300);
  frameRate(1); // 每秒一個影格
}

function draw() {
  background(200);
  for(let x = 0; x < width; x += w) {
    for(let y = 0; y < width; y += w) {
      // 隨機選擇 true 或 false
      if(random([true, false])) {
        slash(x, y, w);
      } else {
        backSlash(x, y, w);
      }
    }
  }
}

function slash(x, y, w) {
  line(x, y, x + w, y + w);
}

function backSlash(x, y, w) {
  line(x + w, y, x, y + w);
}
```

random 函式如果指定清單，它會隨機地從清單中選取元素，這邊指定了 [true, false]，也就會隨機地選出 true 或 false 的結果；令人驚喜地，在規律中穿插隨機，呈現出特別的圖樣，以下擷取了其中兩個隨機圖樣：

圖 2.15　隨機的斜紋布圖樣

2.2.2 Truchet 拼接

方才斜紋布的畫法，其實是一種 **Truchet 拼接（Truchet_tiles）**[2]，可以將圖樣看成是許多小方塊，每個方塊只有兩種圖樣，通常會是兩個具有對角關係的圖樣，例如方才的斜線與反斜線，如果這兩種圖樣是以下的四分之一圓弧構成呢？

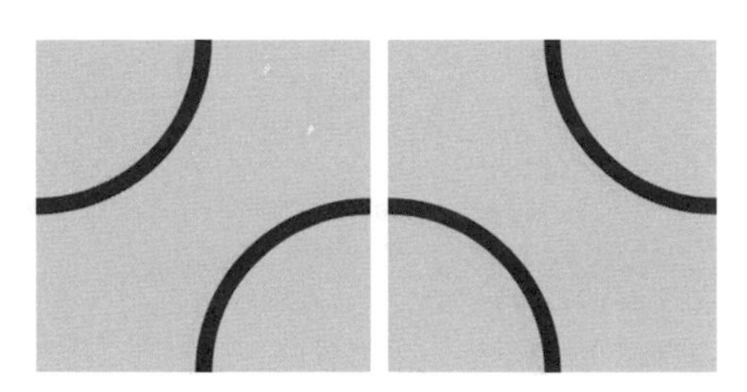

圖 2.16 Truchet 拼接塊

若想將方才的範例用這兩個拼接塊取代的話，圓弧的繪製可以使用 `arc` 函式來實作：

truchet-tiles 4Wz8suHUX.js

```
const w = 20;
function setup() {
  createCanvas(300, 300);
  frameRate(1); // 每秒一個影格
  angleMode(DEGREES);
  noFill();      // 繪製圖時不填滿
}

function draw() {
  background(200);
  for(let x = 0; x < width; x += w) {
    for(let y = 0; y < width; y += w) {
      // 隨機選擇 true 或 false
      if(random([true, false])) {
        tile1(x, y, w);
      } else {
        tile2(x, y, w);
      }
    }
  }
```

---

[2] Truchet 拼接：en.wikipedia.org/wiki/Truchet_tiles

```
}

function tile1(x, y, w) {
  arc(x, y, w, w, 0, 90);
  arc(x + w, y + w, w, w, 180, 270);
}

function tile2(x, y, w) {
  arc(x + w, y, w, w, 90, 180);
  arc(x, y + w, w, w, 270, 360);
}
```

arc 函式可以指定 x、y 位置、弧佔有的矩形寬高，以及弧的張角，下圖是繪製出來的兩個結果：

圖 2.17　Truchet 拼接

明明就是隨機，Truchet 拼接的結果為什麼如此神奇？你看得出隨機中的規律嗎？其實就在於拼接塊設計時，角落可以接合就可以了，例如，在方才的兩種圓弧拼接塊上，再增加兩種拼接塊：

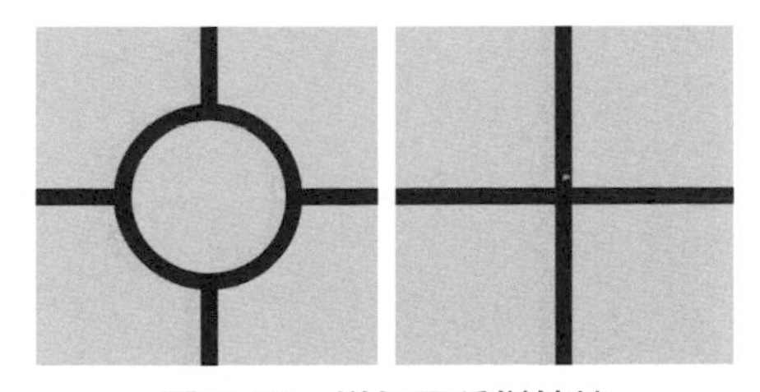

圖 2.18　增加兩種拼接塊

因為現在有四種拼接塊了，可以隨機地選擇數字 1 到 4，配合 switch 來決定要繪製哪種拼接塊：

truchet-tiles2 KXzaJIAIM.js

```
const w = 20;

function setup() {
  createCanvas(300, 300);
  frameRate(1); // 每秒一個影格
  angleMode(DEGREES);
  noFill();      // 繪製圖時不填滿
}

function draw() {
  background(200);

  for(let x = 0; x < width; x += w) {
    for(let y = 0; y < width; y += w) {
      // 隨機選擇 1 到 4
      switch(random([1, 2, 3, 4])) {
        case 1:
            tile1(x, y, w);
            break;
        case 2:
            tile2(x, y, w);
            break;
        case 3:
            tile3(x, y, w);
            break;
        case 4:
            tile4(x, y, w);
      }
    }
  }
}

function tile1(x, y, w) {
  arc(x, y, w, w, 0, 90);
  arc(x + w, y + w, w, w, 180, 270);
}

function tile2(x, y, w) {
  arc(x + w, y, w, w, 90, 180);
  arc(x, y + w, w, w, 270, 360);
}

// 增加兩種拼接塊
function tile3(x, y, w) {
  line(x + w / 2, y, x + w / 2, y + w);
```

```
  line(x, y + w / 2, x + w, y + w / 2);
}

function tile4(x, y, w) {
  push();
  line(x + w / 2, y, x + w / 2, y + w);
  line(x, y + w / 2, x + w, y + w / 2);
  fill(200);
  circle(x + w / 2, y + w / 2, w / 2);
  pop();
}
```

以下擷取其中兩個繪製的影片，看看效果如何：

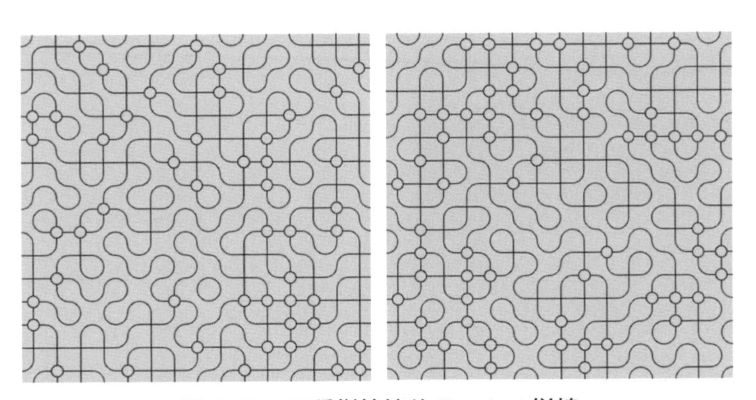

圖 2.19　四種拼接塊的 Truchet 拼接

2.2.3 日本刺繡

有些隨機看似隨機然而不是隨機，特別是你在結合隨機的時候，會因為某種巧合而出現意外的驚喜。

例如，來丟硬幣吧！在紙上由左而右記下每一次硬幣的正反面結果，如果硬幣是正面，從上而下逐格畫垂直的虛線，若是反面，空一格再從上而下逐格畫垂直的虛線，例如：

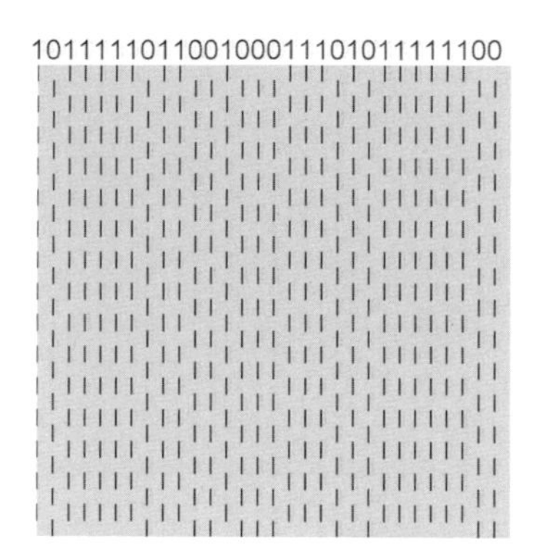

圖 2.20　垂直虛線

上圖中 1 代表正面，0 代表反面，現在再次丟一輪硬幣，不過這次要畫水平的虛線：

圖 2.21　水平虛線

如果在一次繪圖中，結合這兩種虛線，結果就會形成以下的圖案：

圖 2.22　日本刺繡

這是個不插電的程式設計！？也是啦！這種圖樣的構造方式，其實是一種日本刺繡法（hitomezashi stitching），可以用布與針線完成圖 2.20，再用針線完成圖 2.21，就會構成具有美麗刺繡的布了。

如果要使用 p5.js 來繪製的話，當然也是可以，底下的程式碼透過動畫來展現不同的結果，每秒會變換圖樣一次：

hitomezashi-titching 1-ImJuYSv.js

```
const w = 10;

function setup() {
  createCanvas(300, 300);
  frameRate(1);  // 每秒一個影格
}

function draw() {
  background(220);
  const n = width / w;

  // 丟硬幣畫垂直虛線
  for(let x = 0; x < width; x += w) {
    if(random([true, false])) {
      vDashLine(x, 0, w);
    }
    else {
      vDashLine(x, w, w);
    }
  }

  // 丟硬幣畫水平虛線
  for(let y = 0; y < height; y += w) {
    if(random([true, false])) {
      hDashLine(0, y, w);
    }
    else {
      hDashLine(w, y, w);
    }
  }
}

// 從 sx、sy 處繪製垂直虛線，線段長為 leng
function vDashLine(sx, sy, leng) {
  for(let y = 0; y < height; y = y + 2 * leng) {
    line(sx, sy + y, sx, sy + y + leng);
  }
}

// 從 sx、sy 處繪製水平虛線，線段長為 leng
```

```
function hDashLine(sx, sy, leng) {
  for(let x = 0; x < width; x = x + 2 * leng) {
    line(sx + x, sy, sx + x + leng, sy);
  }
}
```

隨機與隨機的組合，可以產生美妙的圖樣並不是偶然，先前談到 Truchet 拼接，其實是一種編碼的方式，每個格子得到的編碼可以是 0 或 1（配合兩種拼接塊），或者是 1 到 4（配合四種拼接塊）。

方才的丟硬幣也是一種編碼的方式，水平與垂直的編碼，會賦予每個交錯處的格子一個編碼，就每個格子而言，可能得到的編碼會有 16 種可能性，最後就是看你要賦予編碼什麼樣的意義。

後續在探討迷宮生成或王氏磚時，你還會看到這種使用編碼的方式，也會進一步瞭解其原理，就目前來說，就先當成是規律與隨機交織而成的神奇結果吧！

創作裡的數學

3

CHAPTER

學習目標

- 繪圖用的三角函式
- 認識極座標
- 向量基本運算
- 矩陣的應用

3.1 三角函式

規律是創作的來源之一，隨意組合指令來嘗試規律、藉由觀察來找出規律等，可以是創作的方式，不過從古至今早已發現許多規律，有些被成為數學的一部分，只要擷取來善加利用，作品就能擁有更多的可能性。

第 2 章曾經談過，視覺化有助於發現資料中的規律，視覺化也是認識數學的一大利器，例如，用來認識三角函式。

3.1.1 sin／cos／tan

使用程式進行繪圖創作時，就算面對複雜的圖像繪製，也會分解為多個小任務，以便透過程式碼來實作，這些小任務若需要用到三角函式，多半也就很簡單了，就我的經驗來說，**認識 sin、cos、tan 函式可說是最好的投資**，就可以從事許多創作了。

提示 »» 其實有些看來冗長而嚇人的數學公式，也是由許多簡單的數學公式組成，認識複雜公式的組成過程，有時就像在拆解程式碼呢！

首先，從下圖的直角三角形開始，鄰邊的長為 x、y，斜邊的長為 r，x 邊與 r 邊夾角為 a：

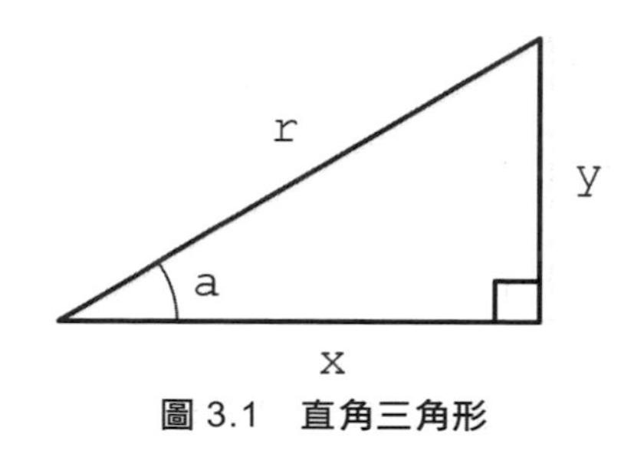

圖 3.1 直角三角形

有個函式若指定 a 作為引數，得到的值會等於 y 除以 r，這個函式是 **sin** 函式，也就是 sin(a)=y/r，從另一方面來說，如果給你直角三角形斜邊長，以及度數 a，透過 sin 函式就計算對邊 y 的長度，因為 y=r*sin(a)。

當然，在 a 大於 90 度時，就不是直角三角形了，若是在直角座標系裡，例如下圖（為了配合 p5.js，已經使用繪圖座標表示）：

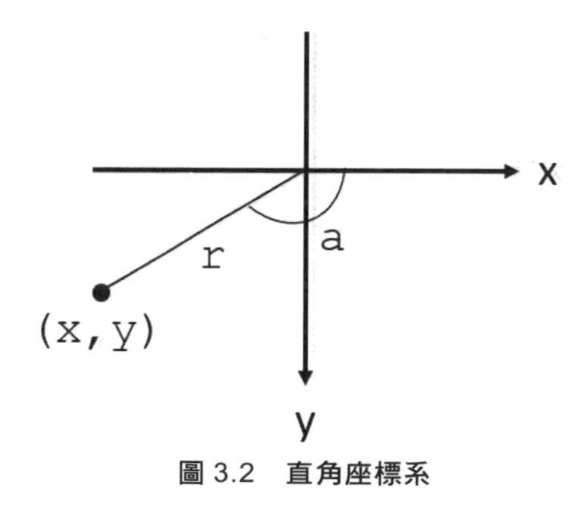

圖 3.2 直角座標系

(x,y)是某點座標，a 是與 x 軸的順時針角，r 是點與原點的距離，r 不小於 0，sin(a)的值會等於 y/r，如果有 r 與 a，透過 sin 函式就可以得到 y 的值，因為 y=r*sin(a)。

若拿每個不同的 a 得到的 y 值來畫出垂直線，可以得到什麼呢？

sin-wave lln98F5oj.js

```
function setup() {
  createCanvas(360, 300);
  angleMode(DEGREES); // 角度模式
}

function draw() {
  background(220);

  const r = height / 2;

  translate(0, r);      // 轉換座標系統原點至(0, r)
  for(let a = 0; a < 360; a += 2) {
    const y = r * sin(a); // 計算 y
    line(a, 0, a, y);
  }
}
```

依 angleMode 的設定，sin 函式指定的引數可以是徑度或角度，這邊用 line 函式來呈現 y 的長度，結果就是畫出 sin 波：

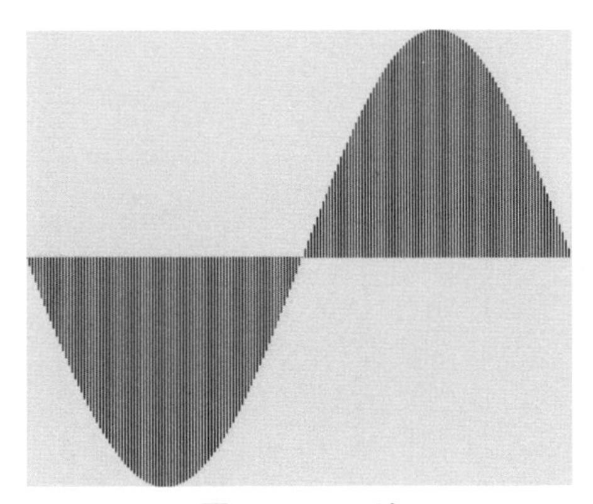

圖 3.3　**sin 波**

如果對三角函稍微有些認識，可能會懷疑一下，這 sin 波怎麼反了？一開始波峰就往下呢？別忘了，繪圖座標是向下為 y 軸正方向，如果想在視覺上符合數學繪圖時的 y 軸正方向往上的圖形，只要將 y 值乘上負號就可以了。

就算是 sin 波，也可以從事有趣的創作，例如，若在 x 與 y 方向，都計算 sin 值，將兩個值疊加作為灰階值，會構成什麼圖樣呢？

sin-surface 4qyx5XEh2.js

```
function setup() {
  createCanvas(960, 960);
  angleMode(DEGREES); // 角度模式
  noLoop();
}

function draw() {
  background(220);

  const r = height / 2;

  for(let a = 0; a < width; a++) {
    for(let b = 0; b < height; b++) {
      const h = r * sin(a) + r * sin(b); // 疊加兩個 sin 波
      stroke(map(h, -r, r, 100, 200));   // 對應至 100 至 200 灰階值
      point(a, b); // 畫點
    }
  }
}
```

這就畫出像是泡棉般的紋路：

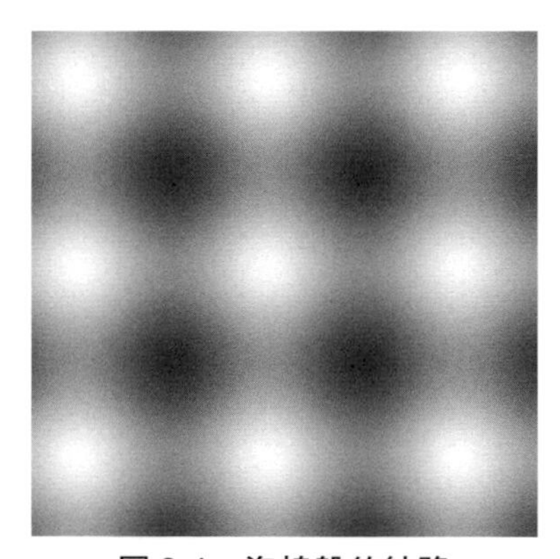

圖 3.4 泡棉般的紋路

現在重新看看圖 3.2，x/r 的值也可以透過 cos(a)來求得，相對地，如果有 r 與 a，透過 **cos** 函式就可以得到 x 的值，因為 x=r*cos(a)，你可以將方才兩個範例中的 sin 換成 cos，看看會有什麼效果。

例如，前一個範例只要每次對 a、b 加上額外變數 p 的值，讓每次計算 sin、cos 的起始度數不同，就可以呈現動畫效果，不過因為試圖填滿 960x960 像素的畫布，執行起來有點緩慢。

改善的方式之一是，加大 a、b 的遞增值，然後在更小的畫布裡繪圖，例如 360 x 360 像素的畫布，為了讓每個點間看來不致於過於稀疏，依灰階值設定筆刷大小：

sin-cos-surface c4JDYpl5F.js

```
function setup() {
  createCanvas(360, 360);
  angleMode(DEGREES);
}

let p = 0;
function draw() {
  background(220);

  const r = height / 2;
  const step = 20;

  for(let a = 0; a < width * 4; a += step) {
    for(let b = 0; b < height * 4; b += step) {
      const h = r * sin(a + p) + r * cos(b + p); // 疊加 sin、cos 波
      stroke(map(h, -r, r, 100, 200));  // 對應至 100 至 200 灰階值
      strokeWeight(map(h, -r, r, 1, step / 4));  // 對應至筆刷大小
      point(a / 4, b / 4); // 畫點
    }
  }

  p += 10; // 遞增 p
}
```

這樣執行時負擔就不致於太重，你就可以看到波浪似的動畫效果：

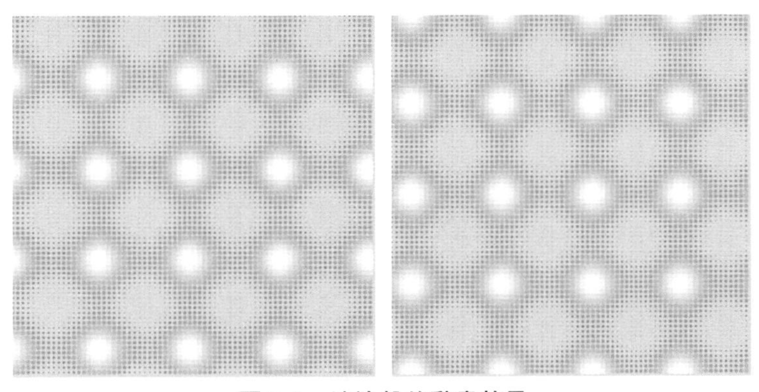

圖 3.5　波浪般的動畫效果

提示 ››› 就波浪而言，只使用 sin、cos 實作的圖樣太規律，p5.js 有個 noise 函式，可以用來實現更自然的效果，後續還會談到。

那麼 y/x 的值，是否也有個函式可以指定 a 來求得呢？可以！**tan** 函式，因為 tan(a)=y/x，如果有 a 與 x，可以用 tan 函式求 y，因為 y=x*tan(a)。

簡單來說，座標點(x,y)、原點距離 r 以及度數 a，若已知其中必要的幾項資訊，可以透過 sin、cos、tan 來計算繪圖時需要的資料，例如直角座標與極座標間的轉換，或者是座標點的旋轉。

3.1.2 極座標／直角座標

方才在談 sin、cos 時你知道，如果已經有了 r 與 a，可以透過 r*sin(a)得到 y 值，r*cos(a)可以得到 x 值，這表示除了可以使用(x,y)來表示位置以外，也可以用(r,a)來表示位置，這就是**極座標**表示方式。

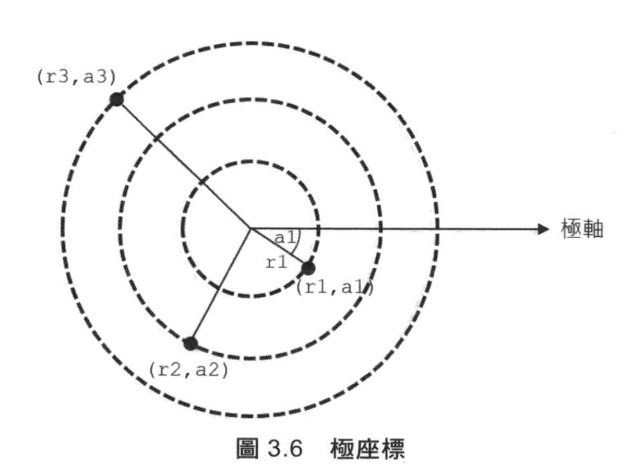

圖 3.6 極座標

極座標只有一個軸，為度數的起算軸，稱為極軸，極軸的起點稱為極點，相當於直角座標的原點，在**標準極座標裡，r 不小於 0，角度為-180 到 180**，上圖配合 p5.js，順時針會是度數正值，逆時針會是度數負值，**極點的座標為(0,0)**。

雖然標準極座標中，角度規範為-180 到 180，不過這只是想用唯一方式表示某個點時才需要注意，若透過 sin、cos 函式，其實不用特別在意這件事。

使用直角座標時，代表想用水平 x 與垂直 y 距離來表示位置，使用極座標呢？表示想用**距離極點的長度以及極軸間的角度**來表示位置，想使用哪個座標表示方法，就看哪個用來比較方便罷了。

不過，由於 p5.js 許多繪圖函式，需要 x、y 資訊，很多情況下，就需要將極座標轉為直角座標，你應該知道怎麼做了，畢竟之前都說過了，透過 `r*sin(a)` 得到 y 值，`r*cos(a)` 可以得到 x 值，因此**對於極座標 `(r,a)`，對應的直角座標就是 `(r*cos(a),r*sin(a))`**。

現在來想想，怎麼用直角座標來畫正多邊形呢？感覺並不方便，還是用極座標吧！只要指定極點至頂點的長度 r，然後遞增度數就可以了：

regular-polygon T9fQs85nx.js

```
function setup() {
  createCanvas(300, 300);
  angleMode(DEGREES);
  noFill(); // 不填滿
}

function draw() {
  background(200);

  const rStep = width / 24;

  translate(width / 2, height / 2);

  // 從 3 邊形到 12 邊
  for(let i = 3; i <= 12; i++) {
    regularPolygon(i * rStep, i);
  }
}

// 指定中心至頂點距離與邊數
function regularPolygon(r, n) {
  const aStep = 360 / n;
  beginShape(); // 開始繪製形狀
  for(let a = 0; a < 360; a += aStep) {  // 遞增角度
    const x = r * cos(a);
    const y = r * sin(a);
    vertex(x, y);  // 形狀的頂點
  }
  endShape(CLOSE); // 結束繪製並封閉形狀
}
```

在這邊看到了 **beginShape** 函式，這表示要開始指定形狀的頂點了，各頂點的指定是透過 **vertex** 函式，頂點指定結束後，必須使用 **endShape**，預設不會封閉形狀（也就是只有線段效果），然而以指定的顏色（預設是白色）填滿形狀，這邊以 `noFill` 指定不填滿，`endShape` 可以指定 `CLOSE` 來封閉形狀，範例的繪製結果如下：

圖 3.7 正多邊形繪製

有發現嗎？隨著邊數越來越多，好像越來越像是圓？是的！在電腦中繪製的圓，基本上只是邊數很高的正多邊形，不過邊數達 96 時，就人類視覺而言就夠像個圓了。

這時可以回顧一下 1.2 談座標轉換時，曾經基於 `translate`、`rotate` 畫出的圖 1.9，若不使用 `translate`、`rotate` 的話，也可以用三角函式來實現，以下範例畫出來的結果與圖 1.9 相同：

circle-points 6FzYIZLX9.js

```
function setup() {
  createCanvas(200, 200);
  angleMode(DEGREES); // 使用角度
  strokeWeight(10);
}

function draw() {
  background(220);
  const r = 60;

  for(let i = 0; i < 20; i++) {
    let a = 18 * i;
    const x = r * cos(a);
```

```
    const y = r * sin(a);
    // 以畫布中心為原點
    point(width / 2 + x, height / 2 + y);
  }
}
```

這感覺是將直角座標(r,0)旋轉 a 度求得新座標(r*cos(a),r*sin(a))？那麼是不是有將任意直角座標(x,y)旋轉後得到新座標的方式？要說有是有，就結論而言是以下這個公式：

$$x' = x * \cos\theta - y * \sin\theta$$
$$y' = x * \sin\theta + y * \cos\theta$$

圖 3.8　直角座標旋轉公式

本書畢竟不是數學書，就不導證這個公式怎麼來的了；雖然可以自行撰寫程式來實現這個公式，不過在 p5.js 想進行座標旋轉，更好的方式是透過向量（vector），這在 3.2 會談到。

3.1.3 asin／acos／atan2

知道怎麼將極座標轉換為直角座標後，接下來可能會想問，如果已知直角座標，如何轉極座標？來想想直角三角形，直角兩邊的邊長平方和，會等於斜邊長的平方：

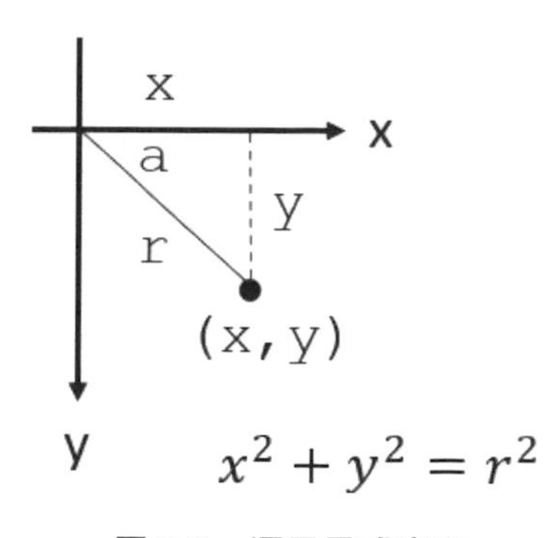

圖 3.9　運用畢式定理

放到直角座標時，若座標(x,y)已知，該位置與原點的距離可以透過 sqrt(pow(x,2)+ pow(y,2))求得，sqrt、pow 都是 p5.js 提供的函式，這麼一來就有了極座標需要的 r 資訊，問題在 a 怎麼求？

若已經知道 a，可以求 sin(a)，有沒有辦法在已經知道 sin(a)的值時，反過來求 a 呢？可以！這就是反三角函式 **asin**，可以透過 angleMode 設定傳回角度或徑度，以角度來說，傳回值範圍會標準化為-90 到 90；同樣地，也存在 cos 的反三角函式 **acos**，傳回範圍會是 0 到 180。

不過方才談極座標時說過，極座標的 a 規範在-180 到 180，有沒有反三角函式傳回值是在這個範圍呢？有的！atan 是 tan 的反三角函式，因為 y/x 就是 tan(a)，想取得 a 可以透過 atan(y/x)。

不過！實際上很少使用 atan，因為座標的 x 可能是 0，這會造成 y/x 為 Infinity，單靠 Infinity，atan 無法知道該傳回 90 或-90，為了處理這個問題，最常使用的是 **atan2** 函式，呼叫方式是 atan2(y,x)，在 x 是 0 時，依 y 的正負號而決定傳回 90 或-90。

因此對於直角座標(x,y)，可以使用以下的函式取得極座標：

```
function polarCoordinate(x, y) {
  return {
    r: sqrt(pow(x, 2), pow(y, 2)),
    a: atan2(y, x)
  };
}
```

為什麼要將直角座標轉極座標？有些時候使用極座標表示會比較方便，而在繪圖相關的數學世界裡，有許多形狀或曲線之類的公式，就是基於極座標導證出來，若要運用這些公式，可能就得將直角座標轉為極座標，程式實作時才會比較方便！

除了將直角座標轉極座標之外，許多場合也經常需要從直角座標資訊，計算出 a 的度數資訊，例如，若要做個會看向滑鼠游標的眼睛，就會需要知道下圖 a 的度數：

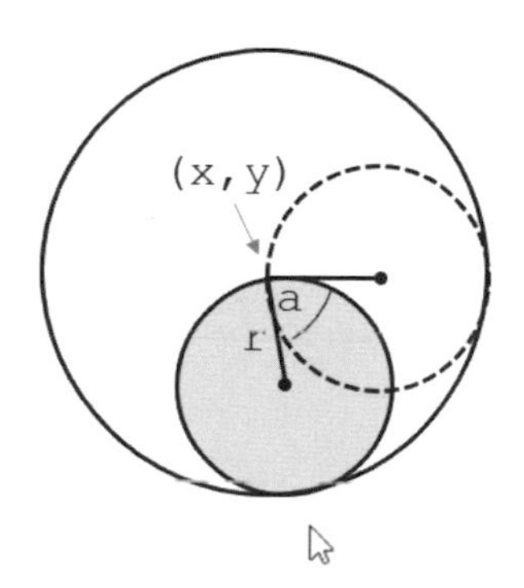

圖 3.10　運用畢式定理

(x,y)是大圓的圓心座標，小圓是眼黑，r 是大圓直徑的四分之一，a 可以用 atan2(mouseY-y,mouseX-x) 求得，而小圓的圓心就是(x+r*cos(a),y+r*sin(a))，為了方便建立眼睛，實作時可以定義 Eye 類別來封裝相關資訊，建立 Eye 實例來負責各自的繪圖：

eyes MPNEsLk3s.js

```
let backgroundColor;
function setup() {
  createCanvas(300, 300);
  backgroundColor = [random(255), random(255), random(255)];
}

function draw() {
  background(backgroundColor);

  const eye1 = new Eye(width * 0.25, height * 0.5, 100);
  eye1.draw();

  const eye2 = new Eye(width * 0.75, height * 0.5, 100);
  eye2.draw();
}

// 一顆眼睛
class Eye {
  constructor(x, y, d) {
    this.x = x;
    this.y = y;
    this.d = d;
  }

  draw() {
    push();
    fill(255);
    circle(this.x, this.y, this.d);
```

```
    fill(0);

    // 透過 atan2 求看向游標的角度
    const a = atan2(mouseY - this.y, mouseX - this.x);
    const r = this.d / 4;
    // 眼黑位置
    circle(this.x + r * cos(a), this.y + r * sin(a), this.d / 2);
    pop();
  }
}
```

這就是為什麼加點數學，可以讓創作更有多樣性的原因，來看看執行結果：

圖 3.11 看著游標的眼睛

簡而言之，直角座標`(x,y)`會有對應的極座標`(r,a)`，前者提供 x 軸、y 軸的位移資訊，後者提供長度與度數資訊，各有適用的場合，接下來要看看可以提供方向與大小的向量，p5.js 提供了對應的 `p5.Vector`，在創作時會是非常方便的工具。

3.2 向量／矩陣

向量顧名思義，就是可以表示某事物在方向上的量，例如，移動的方向與量、力的方向與量等，對於演算創作而言，許多問題若能以向量來思考，計算或實作上都會方便許多，進一步地，還可以跟矩陣運算結合，簡化公式或程式碼的表示方式。

3.2.1 向量與 p5.Vector

如果想從目前位置(1,2)，往 x 正方向移動 2 個單位，往 y 方向移動 3 三個單位，可以使用$\vec{v}$=(2,3)來表示。

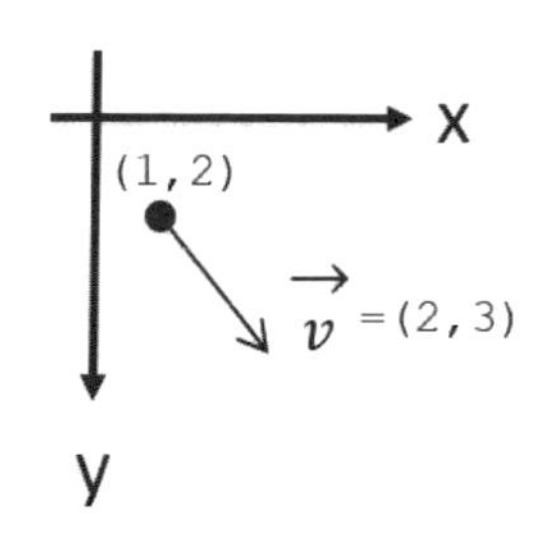

圖 3.12　向量表示方向與大小

認識向量

在程式設計的書籍中，經常地為了簡化，不會撰寫$\vec{v}$符號，乍看之下就像直座標表示，或者有的人會寫「向量(x,y)」來表示，這也適合在一些無法鍵入$\vec{v}$符號的場合。

上面的描述也在提醒你，別將直角座標表示與向量表示搞混了，直角座標表示位置，向量並沒有位置的資訊，只有方向與大小，例如，上圖的向量(2,3)並不表示位置，目前位置(1,2)以向量(2,3)移動，表示往 x 正方向移動 2 個單位，往 y 方向移動 3 三個單位，抵達的位置是(1+2,2+3)，也就是(3,5)。

向量相加

如果目前位置(1,2)以向量(2,3)移動，再以向量(3,-2)移動，新的位置會(1+2+3,2+3-2)，也就是(6,3)：

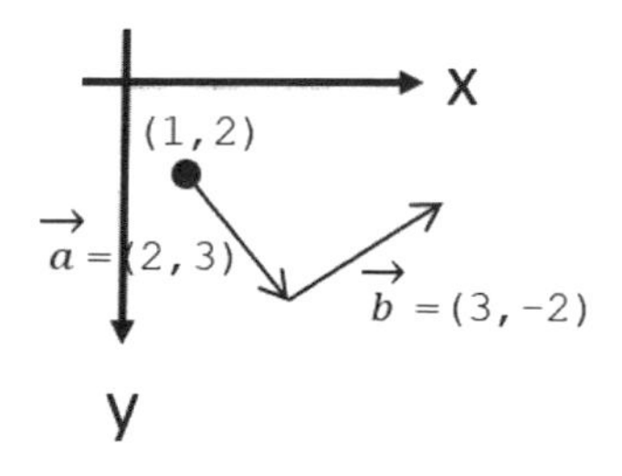

圖 3.13　兩個指定的向量移動

也可以看成是目前位置(1,2)以向量(2+3,3-2)=(5,1)移動，為了方便表示，可以寫成向量(2,3)＋向量(3,-2)，或者直接寫(2,3)+(3,-2)，結果等於向量(5,1)。

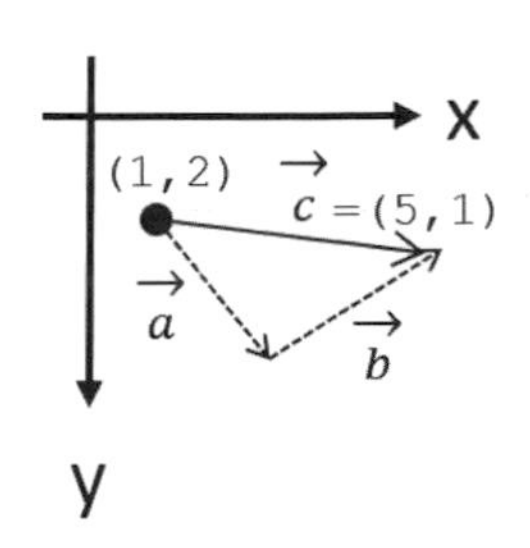

圖 3.14 兩次向量運算後的結果

這就是向量加法，對於向量(x1,y1)與向量(x2,y2)，相加後就是向量(x1+x2,y1+y2)。

p5.js 提供了 **createVector** 函式，可以建立 **p5.Vector** 實例，透過 x、y 特性能取得 x 與 y 分量，若要進行向量相加，可以使用 **p5.Vector.add，它會建立新向量**，包含相加後的結果，例如建立向量(2,3)與向量(3,-2)，然後進行向量相加的話，可以如下：

```
let a = createVector(2, 3);
let b = createVector(3, -2);
let c = p5.Vector.add(a, b);
console.log(c.x, c.y);    // 在主控台（console）顯示 5 1
```

雖然不應混淆直角座標表示與向量表示，不過寫程式時，經常會使用向量(x,y)來表示直角座標(x,y)，這是因為隱含著「從原點開始，以向量(x,y)移動」的意思，好處是可以直接進行向量相加，例如：

```
let a = createVector(2, 3);
let b = createVector(3, -2);
let c = p5.Vector.add(a, b);
// 使用向量(x,y)來表示位置(x,y)
let pos = createVector(1, 2);
pos.add(c);
console.log(pos.x, pos.y); // 在主控台顯示 6 1
```

p5.Vector 實例本身也有 add 方法，它會直接改變實例本身的 x、y，如果想累計向量，就會透過實例本身的 add 方法。

方才的圖 3.14 是從兩次位置移動的觀點，來表示兩次向量運算後的結果，另一個表示方式是：

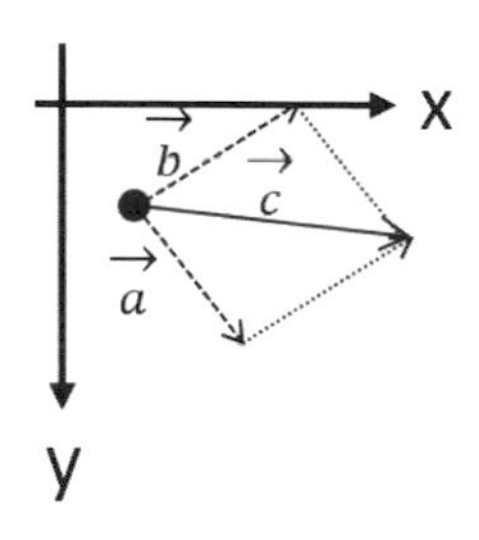

圖 3.15　向量加法

使用這種表示方式的場合之一，是用來表示作用力的累加，例如，圖中的黑點若是靜止的球，同時受到 `a`、`b` 兩個向量的作用力，最後得到的作用力，就是 `c` 向量的方向與大小。

認識基本的向量觀念，搭配 `p5.Vector` 的好處是，可以協助許多數學計算，例如，若想知道向量與 x 軸間的度數，雖然可以取得向量的 `x`、`y` 分量，再透過 `atan2` 求得，不過更方便的是透過 `p5.Vector` 實例的 **`heading`** 方法，底下的範例就是透過 `heading` 取得度數，以繪製向量的箭頭：

vector-addition　z10TQdodA.js

```
function setup() {
  createCanvas(300, 300);
}

function draw() {
  background(200);

  const a = createVector(width / 4, height / 2);
  const b = createVector(mouseX, mouseY);
  const c = p5.Vector.add(a, b);

  drawVector(a);
  drawVector(b);

  push();
  strokeWeight(2); // 相加後的向量用粗一點的線表示
  drawVector(c);
  pop();
}

function drawVector(v) {
```

```
  push();

  line(0, 0, v.x, v.y);

  translate(v.x, v.y);   // 平移座標系統，讓原點就是 (v.x, v.y)
  rotate(v.heading());   // 轉動座標系統，讓 x 軸正方向就是 v 方向

  triangle(5, 0, -5, 5, -5, -5); // 繪製箭頭
  pop();
}
```

triangle 函式可以指定三角形的三個頂點座標，為了讓箭頭尖端始終朝向量的方向，透過 heading 方法取得了度數資訊，用來旋轉座標系統，執行後 a 向量是固定的，b 向量是基於滑鼠游位置，c 向量是兩向量相加結果：

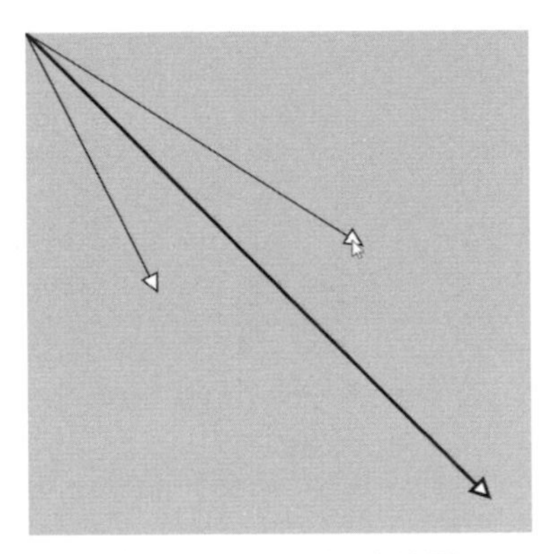

圖 3.16　向量加法繪圖

向量相減

兩個點(2,3)、(8,4)間的長度是多少呢？可以兩個點的 x 座標相減、y 座標相減，然後用畢式定理求出，不過，透過向量思考，搭配 p5.Vector 的方法，就可以簡單計算出來。

這是因為方才談過，寫程式使用向量(x,y)來表示直角座標(x,y)時，隱含著「從原點開始，以向量(x,y)移動」的意思，如果使用向量來表示直角座標(2,3)、(8,4)，(8,4)-(2,3)會得到向量(6,1)，這就是向量減法，也就是對於向量(x1,y1)與向量(x2,y2)，向量相減(x2,y2)-(x1,y1)，就是向量(x2-x1,y2-y2)。

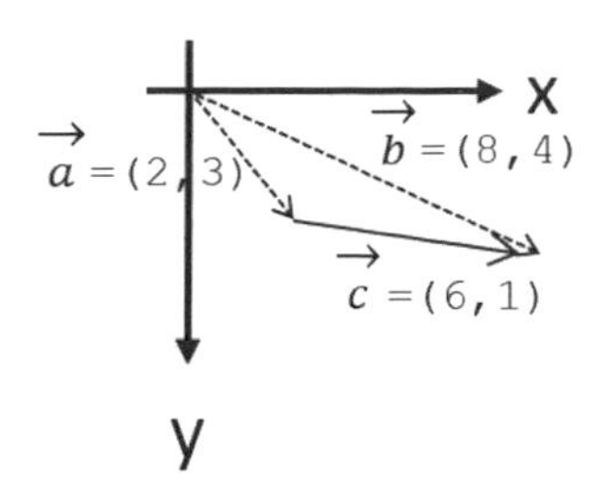

圖 3.17　向量減法

使用上圖中 c 向量的 x 與 y 分量加上畢式定理，算出來的 c 向量大小，不就是(2,3)、(8,4)間的長度嗎？有個 p5.Vector.sub 方法可以進行向量相減，傳回新的 p5.Vector 實例，可以透過實例的 **mag** 方法取得向量大小，因此想求得兩個點(2,3)、(8,4)間的長度，如下撰寫就可以了：

```
let a = createVector(2, 3);
let b = createVector(8, 4);
let c = p5.Vector.sub(a, b);
console.log(c.mag());  // 在主控台顯示長度 6.082762530298219
```

其實若只是想知道兩點間的距離，透過 **p5.Vector.dist** 就可以直接求得：

```
let a = createVector(2, 3);
let b = createVector(8, 4);
console.log(p5.Vector.dist(a, b));  // 在主控台顯示長度 6.082762530298219
```

善用 p5.Vector

寫程式時，經常會使用向量(x,y)來表示直角座標(x,y)，這是因為隱含著「從原點開始，以向量(x,y)移動」的意思，當你習慣這麼做時，透過 p5.Vector 實作程式往往會方便許多，例如，想實作一個旋轉的圓可以有多簡單呢？

rotating-circle LEUYfhbWc.js

```
let v;
function setup() {
    createCanvas(300, 300);
    angleMode(DEGREES);
    v = createVector(width / 4, 0); // 建立一個向量
}

function draw() {
    background(200);
```

```
    translate(width / 2, height / 2);
    v.rotate(5);   // 每次都旋轉向量
    circle(v.x, v.y, width / 4); // 在 x,y 處畫圓
}
```

這種簡單的需求不用面對 sin、cos，只要透過 p5.Vector 的 **rotate** 方法旋轉向量就可以了：

圖 3.18 旋轉的圓

因為向量可以用來表現座標位置，p5.Vector 實例的 rotate 方法，就可以作為旋轉任意座標點的方案之一。

在談 atan2 時，曾經實作過看著游標的眼睛，來看看用向量實作，會不會比較方便一些：

eyes2 4lsU4Fpzj.js

```
let backgroundColor;
function setup() {
  createCanvas(300, 300);
  backgroundColor = [random(255), random(255), random(255)];
}

function draw() {
  background(backgroundColor);

  new Eye(
    createVector(width * 0.25, height * 0.5),
    100
  ).draw();

  new Eye(
    createVector(width * 0.75, height * 0.5),
    100
```

```
  ).draw();
}

// 一顆眼睛
class Eye {
  constructor(pos, d) {
    this.pos = pos;   // 以向量表示大圓的圓心位置
    this.d = d;
  }

  draw() {
    push();
    fill(255);
    circle(this.pos.x, this.pos.y, this.d);
    fill(0);

    const v = createVector(mouseX, mouseY) // 以向量表示滑鼠位置
              .sub(this.pos)               // 減去圓心位置，目的是得到方向
              .setMag(this.d / 4)          // 向量大小設為大圓直徑四分之一
              .add(this.pos);              // 基於大圓的圓心位移
    circle(v.x, v.y, this.d / 2);
    pop();
  }
}
```

程式碼的修改重點在於，使用向量來表示圓心位置、滑鼠位置，為了取得小圓的圓心位置，透過向量相減得到方向，然後透過 **setMag** 方法將大小設為小圓的半徑，這麼一來要看向游標的方向與大小就都有了，接著只要基於大圓的圓心就可以了，執行效果與圖 3.10 相同，然而程式簡潔許多。

對於初學而言，對向量的認識到這邊就夠了，向量還有其他可以討論的計算與應用，例如單位向量、內積（dot product）、外積（cross product）等，這就等到後續談到可以應用的場合時再來介紹。

3.2.2 矩陣與 applyMatrix

p5.js 內建 `translate`、`rotate` 等座標系統轉換操作，背後的原理是矩陣運算，必要時，也可以自行建立矩陣，透過 **applyMatrix** 實現自己的座標系統轉換。

認識矩陣

想要認識矩陣的話，可以先從簡單的座標縮放開始，例如，想將(x,y)縮放 sx、sy 倍的話公式會是：

$$x' = s_x * x$$
$$y' = s_y * y$$

圖 3.19 座標縮放公式

如果使用矩陣運算來表示這個公式的話會是：

$$\begin{bmatrix} x' \\ y' \end{bmatrix} = \begin{bmatrix} s_x & 0 \\ 0 & s_y \end{bmatrix} \begin{bmatrix} x \\ y \end{bmatrix}$$

圖 3.20 使用矩陣表示座標縮放

等號右邊第一個矩陣是個 2 列（row）2 行（column）矩陣，第二個矩陣是個 2 列 1 行矩陣，這兩個矩陣相乘的方式是將 sx*x+0*y，作為 x'的值，將 0*x+sy*y，作為 y'的值，也就是相乘、加總的方向會是：

$$\begin{aligned} \begin{bmatrix} x' \\ y' \end{bmatrix} &= \begin{bmatrix} s_x & 0 \\ 0 & s_y \end{bmatrix} \begin{bmatrix} x \\ y \end{bmatrix} \\ &= \begin{bmatrix} s_x * x + 0 * y \\ 0 * x + s_y * y \end{bmatrix} \\ &= \begin{bmatrix} s_x * x \\ s_y * y \end{bmatrix} \end{aligned}$$

圖 3.21 矩陣相乘過程

簡單來說，左邊的列配右邊的行，這就與先前的座標縮放公式相同了；類似地，圖 3.8 的座標旋轉公式，若使用矩陣表示會如下：

$$\begin{bmatrix} x' \\ y' \end{bmatrix} = \begin{bmatrix} \cos\theta & -\sin\theta \\ \sin\theta & \cos\theta \end{bmatrix} \begin{bmatrix} x \\ y \end{bmatrix}$$

圖 3.22 座標旋轉的矩陣表示

依循相同的運算方式，得到的就是圖 3.8 的座標旋轉公式：

$$\begin{bmatrix} x' \\ y' \end{bmatrix} = \begin{bmatrix} \cos\theta & -\sin\theta \\ \sin\theta & \cos\theta \end{bmatrix} \begin{bmatrix} x \\ y \end{bmatrix} = \begin{bmatrix} \cos\theta * x - \sin\theta * y \\ \sin\theta * x + \cos\theta * y \end{bmatrix}$$

圖 3.23　矩陣相乘過程

如上的縮放、旋轉矩陣運算中，等號右邊第一個矩陣稱為**轉換矩陣**（**transformation matrix**），如果你將運算前的座標系統看成一個空間，運算後的座標系統看成另一個空間，轉換矩陣執行的運算，就是進行空間轉換。

仿射轉換

那麼座標的平移轉換呢？例如，想將 `(x,y)` 平移 `tx`、`ty` 的話公式會是：

$$x' = x + t_x$$
$$y' = y + t_y$$

圖 3.24　座標平移公式

雖然可以這麼表示：

$$\begin{bmatrix} x' \\ y' \end{bmatrix} = \begin{bmatrix} 1 & 0 \\ 0 & 1 \end{bmatrix} \begin{bmatrix} x \\ y \end{bmatrix} + \begin{bmatrix} t_x \\ t_y \end{bmatrix}$$

圖 3.25　座標平移矩陣運算

不過，有沒有辦法只使用矩陣乘法呢？有的！

$$\begin{bmatrix} x' \\ y' \\ 1 \end{bmatrix} = \begin{bmatrix} 1 & 0 & t_x \\ 0 & 1 & t_y \\ 0 & 0 & 1 \end{bmatrix} \begin{bmatrix} x \\ y \\ 1 \end{bmatrix}$$

圖 3.26　仿射轉換的矩陣表示

就數學上，這其實是仿射轉換（affine transformation）的矩陣表示方式，不過你也可以簡單地這麼想，`(x,y,1)` 因為多了個 1，運算後就可以保留 `tx` 或 `ty` 的部分，也就可以實現平移轉換了，`(x,y,1)` 這種座標表示也有個名稱，稱為齊次座標（homogeneous coordinates），以上矩陣運算後得到的也是齊次座標，不知道仿射轉換、齊次座標這些名稱，基本上對理解本書內容沒多大妨礙，如果想得到直角座標，只要去掉 1 的部分就可以了。

重點是為什麼只想要用到矩陣乘法呢？首先來看看，若將縮放與旋轉，也使用仿射轉換的矩陣表示會如何？

$$\begin{bmatrix} x' \\ y' \\ 1 \end{bmatrix} = \begin{bmatrix} s_x & 0 & 0 \\ 0 & s_y & 0 \\ 0 & 0 & 1 \end{bmatrix} \begin{bmatrix} x \\ y \\ 1 \end{bmatrix}$$

$$\begin{bmatrix} x' \\ y' \\ 1 \end{bmatrix} = \begin{bmatrix} \cos\theta & -\sin\theta & 0 \\ \sin\theta & \cos\theta & 0 \\ 0 & 0 & 1 \end{bmatrix} \begin{bmatrix} x \\ y \\ 1 \end{bmatrix}$$

圖 3.27 縮放、旋轉仿射轉換的矩陣表示

如果你要縮放後旋轉，接著再平移呢？因為每次計算後，都會得到 3 列 1 行的矩陣，這表示你可以直接將轉換矩陣進行相乘：

$$\begin{bmatrix} 1 & 0 & t_x \\ 0 & 1 & t_y \\ 0 & 0 & 1 \end{bmatrix} \begin{bmatrix} \cos\theta & -\sin\theta & 0 \\ \sin\theta & \cos\theta & 0 \\ 0 & 0 & 1 \end{bmatrix} \begin{bmatrix} s_x & 0 & 0 \\ 0 & s_y & 0 \\ 0 & 0 & 1 \end{bmatrix}$$

圖 3.28 結合縮放、旋轉與平移

3 x 3 矩陣相乘的過程，與圖 3.21 類似，只不過行數增加，就寫程式來說，因為計算方式是固定的，實務上會透過程式庫來協助。

提示>>> 如果你對於如何寫個矩陣程式庫有興趣，可參考〈寫個 2D 矩陣庫[1]〉。

---

[1] 寫個 2D 矩陣庫：openhome.cc/Gossip/P5JS/Matrix2.html

使用 applyMatrix

p5.js 提供了 applyMatrix 與 resetMatrix，前者會對繪製時的座標資訊依指定的矩陣進行轉換，後者可以重置矩陣，根據 applyMatrix 的文件[2]，若有個矩陣：

$$\begin{bmatrix} a & c & e \\ b & d & f \\ 0 & 0 & 1 \end{bmatrix}$$

圖 3.29　applyMatrix 文件的矩陣範例

那麼就是以 applyMatrix(a,b,c,d,e,f)的順序來指定引數，例如，1.2.1 看過的 circle-points 範例，若改用 applyMatrix 的話，可以如下撰寫，執行結果與圖 1.9 相同：

matrix -IkLwLm1x.js

```
function setup() {
  createCanvas(200, 200);
  angleMode(DEGREES); // 使用角度
  strokeWeight(10);
}

function draw() {
  background(220);
  const r = 60;
  const cos18 = cos(18);
  const sin18 = sin(18);

  // 平移座標系統原點至畫布中心
  applyMatrix(1, 0, 0, 1, width / 2, height / 2);
  for(let i = 0; i < 20; i++) {
    point(r, 0);
    // 轉動座標系統 18 度
    applyMatrix(cos18, sin18, -sin18, cos18, 0, 0);
  }
}
```

---

[2] applyMatrix：p5js.org/reference/#/p5/applyMatrix

就目前而言，認識矩陣運算最大的好處，是有助於認識 translate、rotate、scale 等 p5.js 內建的轉換操作函式，如果這些還不夠，就會是運用 applyMatrix 的時機。

下一章其實也是關於數學，是關於螺線與曲線的數學，曲線本身就是一種視覺化，是一種美的展現，畢竟自然本身就充滿了各式的螺線與曲線！

螺線與曲線

4

CHAPTER

學習目標

- 黃金螺線的繪製／應用
- 阿基米德螺線的繪製／應用
- 使用貝茲曲線
- 運用 curve 函式

4.1 螺線

美妙的線條往往具有規律，有些規律已經被數學家發現，如果知道線條的公式，就能繪製出美妙的線條，想認識這些線條公式嗎？從螺線出發，會是不錯的開始。

4.1.1 黃金螺線

如果想玩玩線條之美，黃金螺線是個不錯的入門選擇，若以極座標(r,a) 表示的話，黃金螺線的公式是：

$$r = \varphi^{a\frac{2}{\pi}}$$

圖 4.1　黃金螺線公式

繪製螺線

其中 φ 是黃金比例`(1+sqrt(5))/2`，有了公式，可以很快地畫出黃金螺線：

golden-spiral OHoil2VN3.js

```
function setup() {
  createCanvas(300, 300);
  noFill(); // 繪圖不填滿
  strokeWeight(5);
}

function draw() {
  background(200);
  translate(width / 2, height / 2);

  const PHI = (1 + sqrt(5)) / 2;
  const aStep = PI / 180; // 每次度數的增量
  const n = 990;           // 度數增量次數

  beginShape();
  for(let i = 0; i < n; i++) {
    // 根據黃金螺線公式計算 a 與 r
    const a = i * aStep;
    const r = pow(PHI, (a * 2) / PI);
    vertex(r * cos(a), r * sin(a));
  }
  endShape();
}
```

`PI` 是 p5.js 內建常數，代表圓周率 π ，這邊使用了 3.1.2 談過的 `beginShape`、`vertex` 與 `endShape` 函式，在不填滿、不封閉線段（呼叫 `endShape` 不指定 `CLOSE`）的情況下，就可以繪製多個線段，完成的效果如下：

圖 4.2　繪製黃金螺線

只不過，只是拿公式來畫個螺線算什麼創作呢？黃金螺線另一個常為人所知的事實是跟黃金矩形有關，而黃金矩形又跟 Fibonacci 數列有關。

結合 Fibonacci 數列

Fibonacci 為 1200 年代的歐洲數學家，在他的著作中曾經提到「若有兔子每個月生一隻小兔子，一個月小兔子也投入生產，那麼一開始是一隻兔子，一個月後有兩隻兔子，二個月後有三隻兔子，三個月後有五隻兔子…」如果將每月兔子數量逐一寫下，會是 1、2、3、5、8、13、21、34、55、89…這就是 Fibonacci 數列。

以下的黃金矩形圖片，由數個正方形組成，而正方形的邊長關係，就符合 Fibonacci 數列：

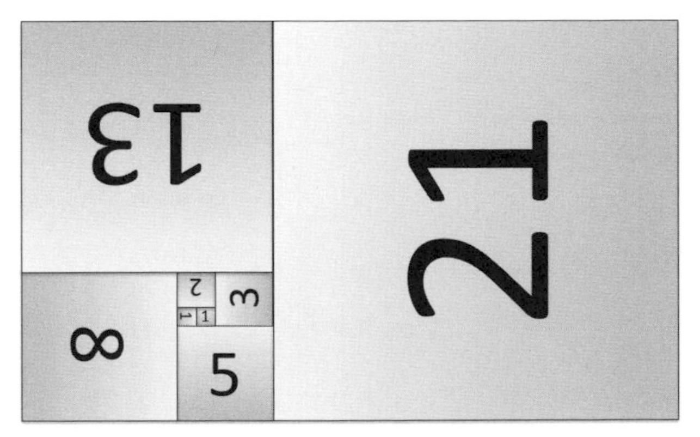

圖 4.3　Fibonacci 數列與黃金矩形

Fibonacci 數列可以使用以下的公式來計算：

$$f_0 = 0$$
$$f_1 = 1$$
$$f_n = f_{n-1} + f_{n-2}$$

圖 4.4　Fibonacci 數列公式

若使用程式來實作的話，可以封裝為一個函式：

```
// 計算第 n 個費氏數
function fibonacci(n) {
  if(n === 0 || n === 1) {
    return n;
  }
  return fibonacci(n - 1) + fibonacci(n - 2);
}
```

黃金螺線可以將黃金矩形中每個正方形的兩個對角，使用圓弧連接起來，圓弧的半徑就是 Fibonacci 數列中的數字。例如：

```
function block(width) {
    square(0, 0, width);
    const r = width * 2;
    arc(0, 0, r, r, 0, 90);
}
```

arc 函式可以指定 x、y、寬、高起始角與結束角，因此若執行 block(1)，會繪製以下的圖案：

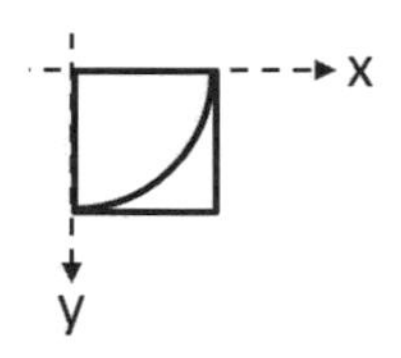

圖 4.5 黃金矩形的構成方塊

現在的問題是，這個方塊要怎麼排列為圖 4.3 呢？從圖中有發現嗎？標示為 1 的左邊方塊，就是直接使用第一個 Fibonacci 數字 1 作為寬呼叫 block 函式，接下來的規律是，每次在 y 方向位移座標系統 $f_{n-1} - f_{n-2}$，也就是目前 Fibonacci 數字減去下個 Fibonacci 數字，然後 90 度旋轉座標系統，用下一個 Fibonacci 數字為寬呼叫 block 函式。

例如，第二個方塊因為兩個 Fibonacci 數字都是 1 相減為 0，沒有位移，然後轉 90 度畫方塊：

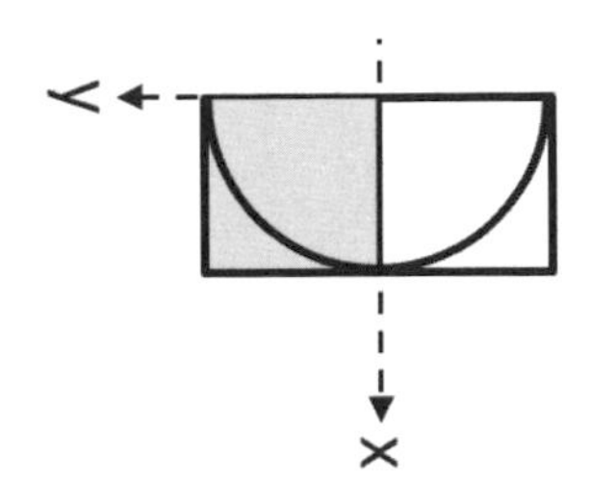

圖 4.6　黃金矩形構成過程第二個方塊

例如，接著 Fibonacci 數字 1 與 2 相減為 -1，座標系統在 y 方向位移 -1 後轉 90 度畫方塊：

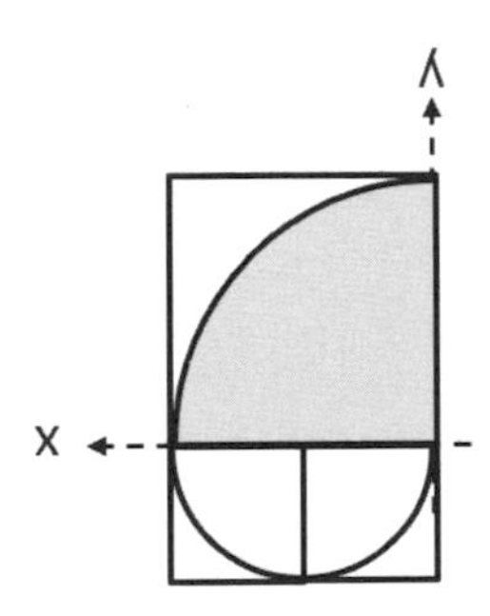

圖 4.7　黃金矩形構成過程第三個方塊

不斷地重複以上流程，就可以畫出黃金矩形與黃金螺線了，這就是為什麼圖 4.3 每個方塊中的數字，都是前一個數字旋轉 90 度的原因，來看看整個程式怎麼寫：

golden-rectangle zJkWLO5mB.js

```
function setup() {
  createCanvas(450, 300);
  angleMode(DEGREES);
  noFill();
}

const from = 1;
const to = 8;
const blockWidth = 12;

function draw() {
  background(200);
  translate(width * 0.28, height * 0.675);
  golden_rectangle(from, to, blockWidth);
}
```

```
// 繪製正方形與弧
function block(width) {
  square(0, 0, width);
  const r = width * 2;
  arc(0, 0, r, r, 0, 90);
}

// 計算第 n 個費氏數
function fibonacci(n) {
  if (n === 0 || n === 1) {
    return n;
  }
  return fibonacci(n - 1) + fibonacci(n - 2);
}

// 構造黃金矩形與黃金螺線
function golden_rectangle(from, to, blockWidth) {
  if (from <= to) {
    f1 = fibonacci(from);
    f2 = fibonacci(from + 1);
    block(f1 * blockWidth);
    translate(0, (f1 - f2) * blockWidth);
    rotate(90);
    golden_rectangle(from + 1, to, blockWidth);
  }
}
```

記得嗎？觀察規律、描述規律，在這邊描述規律時，採用遞迴會比較方便，畫出來的圖形如下：

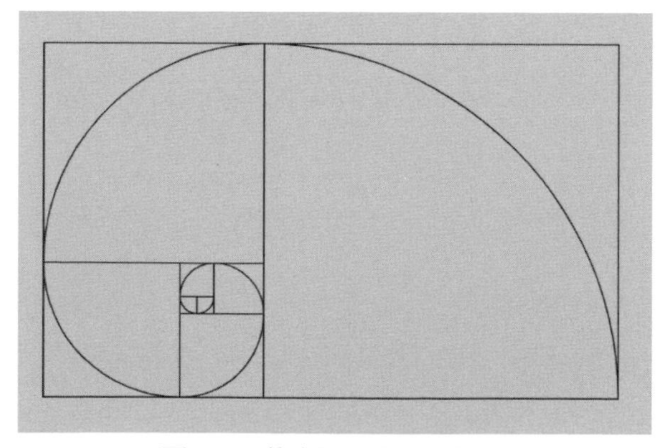

圖 4.8 黃金矩形與黃金螺線

擴張的黃金矩形

黃金矩形由內往外畫時，就是不斷地重複，始終以黃金比例擴張，如果從另一個方向來看，取一個黃金矩形，依黃金比例切割，還是黃金矩形，既然黃金螺線可基於黃金矩形繪製，當然也有這種自相似性，用動畫來表示的話：

infinity HfBUUsQec.js

```
function setup() {
  createCanvas(450, 300);
  angleMode(DEGREES);
  noFill();
}

const from = 1;
const to = 18;
const blockWidth = 0.25;

let s = 1; // 擴大係數
function draw() {
  background(200);

  translate(width * 0.5 - blockWidth / 2, height * 0.5 - blockWidth / 2);
  scale(s);    // 擴大座標系統

  strokeWeight(1 / s);
  golden_rectangle(from, to, blockWidth);

  // 增加倍數
  s = s * 1.01;
  if(s > 7) {
    // 因為自相似性，到一定大小時只要重複就可以了
    s = 1.01;
  }
}

// 繪製正方形與弧
function block(width) {
  square(0, 0, width);
  const r = width * 2;
  arc(0, 0, r, r, 0, 90);
}

// 計算第 n 個費氏數
function fibonacci(n) {
  if (n === 0 || n === 1) {
    return n;
  }
  return fibonacci(n - 1) + fibonacci(n - 2);
```

```
}

// 構造黃金矩形與黃金螺線
function golden_rectangle(from, to, blockWidth) {
  if (from <= to) {
    f1 = fibonacci(from);
    f2 = fibonacci(from + 1);
    block(f1 * blockWidth);
    translate(0, (f1 - f2) * blockWidth);
    rotate(90);
    golden_rectangle(from + 1, to, blockWidth);
  }
}
```

在這個範例中，使用了 s 作為 scale 的引數，藉由增加 s，就可以讓繪製出來的圖案不斷地擴大，因為自相似性，就繪圖而言，實際上 s 不用無限擴大，只要到某個大小時，與 s 為 1 時畫出來的圖就相同了，這時重置 s 為 1 就可以了：

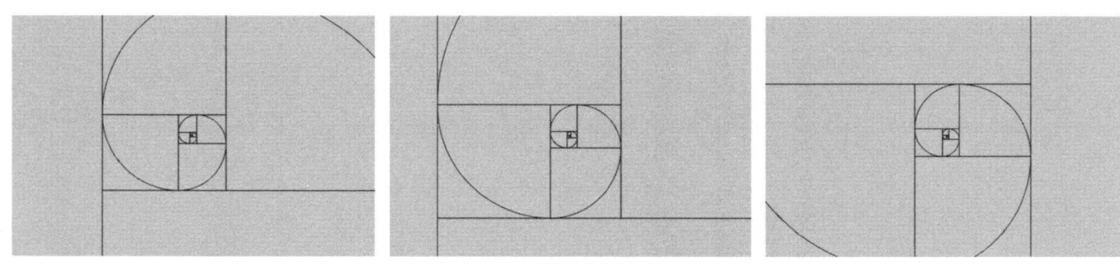

圖 4.9　擴張中的矩形與螺線

像這樣將看似單調的數學公式，透過逐步地構思與實現，建立一個又一個的元件，最終組合在一起，也是一種（我平常慣用的）創作的方式。

從黃金螺線出發，你可以玩玩其他的螺線，每種螺線各有其特色與用途，附帶一提的是，常有人說鸚鵡螺的橫剖面是黃金螺線，其實只是近似，鸚鵡螺的橫剖面可以用對數螺線[1]表示，而黃金螺線是對數螺線的一個特例罷了。

1 對數螺線：bit.ly/3NjXLU2

4.1.2 阿基米德螺線

見過蚊香嗎？現在年輕一代，可能還真沒看過蚊香，沒關係，用 p5.js 來畫一個給你看：

圖 4.10　蚊香

蚊香的路徑是漩渦形，從中心畫出一條放射線，與經過的螺線相交，交點間的距離都相同，其實這就是阿基米德螺線，阿基米德螺線的公式是：

$$r = a + b\theta$$

圖 4.11　阿基米德螺線公式

θ 是螺線旋轉的徑度，θ 為 0 時的 `r` 是 `a`，也就是 `a` 控制了螺線起點位置 `(a,0)`，若 θ 為 `theta`，`r1=a+b*theta`，也就是 `r1` 這時表示螺線與起點的距離，轉一圈的徑數是 2π，在 p5.js 提供了 **`TAU`** 常數來表示，`r2=a+b*(theta+TAU)`，`r2-r1=TAU*b`，也就是方才談到的，螺線與射線的交點間，距離一定是固定 `TAU*b`，因此 `b` 控制了螺線間距。

那麼製作蚊香時，是依公式在轉動鋪料上去的嗎？這太麻煩了！只要用相同的速度轉動圓盤，然後出料口直線地以等速由內往外出料就可以了，這就是阿基米德螺線也稱為等速螺線的原因。

繪製螺線

有公式的話，要畫螺線不是難事，若中心想從原點開始，就令 a 為 0，可以畫出以下的螺線：

archimedean-spiral iKvBbFmEl.js

```
function setup() {
  createCanvas(300, 300);
  noFill();
}

function draw() {
  background(200);
  translate(width / 2, height / 2);

  const b = 5;
  const aStep = 0.5; // 度數增量

  beginShape();
  for(let theta = 1; theta < TAU * 5; theta += aStep) {
    const r = b * theta; // 套用公式
    vertex(r * cos(theta), r * sin(theta)); // 轉直角座標
  }
  endShape();
}
```

這會畫出以下的螺線：

圖 4.12　繪製阿基米德螺線

喂！不是要畫阿基米德螺線嗎？怎麼畫出來的像是折線？而且還越往外越長？這是因為 theta 的 aStep 增量故意設較大的原因，如果只是要畫螺線，不

希望看來像折線，`aStep` 設小一些就可以了，例如設為 0.1，以目前的畫布大小而言，應該就不會看來像折線了。

然而，如果你的畫布夠大，螺線圈數夠多，到一定的圈數之後，還是會看來像個折線，這是因為 `aStep` 若固定，螺線圈數越多，`r` 越大，固定的轉動 `aStep`，弧長本來就會越長，`beginShape`、`vertex`、`endShape` 只是將每個計算得到的點以直線連接，才會越外圈越看得出折線。

這會有什麼問題呢？如果想在阿基米德螺線上，等距地放上一些字，或者一些圖案，以上的寫法就不適合，若要能等距地在螺線上取點，`aStep` 要是個漸漸變小的值。

有沒有關於阿基米德螺線的弧長公式呢？雖然可以在 Wolfram MathWorld 的〈Archimedes' Spiral[2]〉頁面找到，不過難以從中推導適當的 `aStep`。

視覺上的等距

讓我來告訴你關於電腦繪圖的一件事實，**有些美妙的圖案，可能只是遮遮掩掩、不精確地呈現，因為若能允許一點誤差，事情會好辦一些**，至於要怎麼允許一點誤差，就看個別需求。

例如，對於阿基米德螺線，若需求上只是要求視覺上看似等距，而不是數值上真的等距，就有多種可能的近似方式，來談談其中一種方式，假設已經旋轉了 θ 度數：

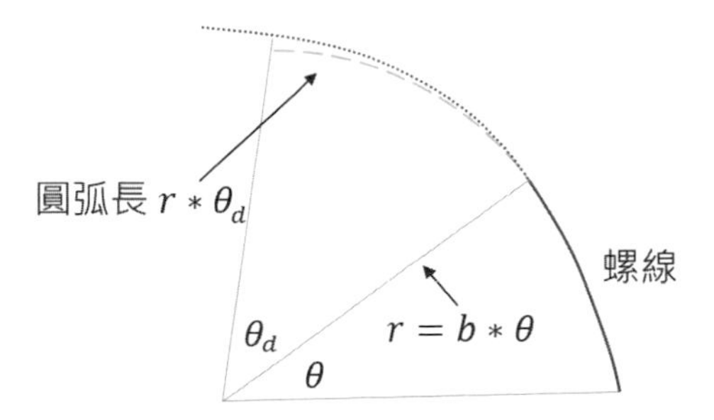

圖 4.13　阿基米德螺線的等距點近似

---

[2] Archimedes' Spiral：mathworld.wolfram.com/ArchimedesSpiral.html

點虛線是接下來螺線的路徑，想在上頭求等距點不容易，因此退一步，以當時的 r 為圓半徑，圓旋轉θ_d的圓弧長可以用 r 乘θ_d求得，**只要θ_d別太大**，繪製出來的點就會很靠近螺線。

因此若想要的等距為 d，這等於圓弧長 r 乘θ_d，也就是$d = b * \theta * \theta_d$，那麼可以求得：

$$\theta_d = \frac{d}{b * \theta}$$

圖 4.14 等距點近似公式

θ_d不是個固定值，目前的θ與求得的θ_d要相加，作為新的θ值，r 也不是固定值，新的θ值要 b 相乘得到新的 r。

想使用這個近似公式，必須記得一開始的假設「θ_d別太大」，**相對而言，就是指**不能讓圓弧佔圓太多比例，**如果你自行推導或使用其他近似公式，也要留意一下它假設了什麼，**

來看看程式的實作，這次使用畫點的方式，以便觀察點的分佈在視覺效果上是否等距：

archimedean-dots HG5qjtAA4.js

```
function setup() {
  createCanvas(300, 300);
  strokeWeight(5);
  noFill();
}

function draw() {
  background(200);
  translate(width / 2, height / 2);

  const b = 5;
  const d = 15;  // 希望的等距
  let theta = 1; // 起始的度數
  let r = b * theta;
  while(theta < TAU * 5) {
    point(r * cos(theta), r * sin(theta));

    const thetaD = d / (b * theta); // 套用公式
    theta += thetaD;                // 更新 theta
```

```
        r = b * theta;                     // 更新 r
    }
}
```

不過你看到繪圖後的效果會發現，最裡面的點顯然視覺上不太等距？

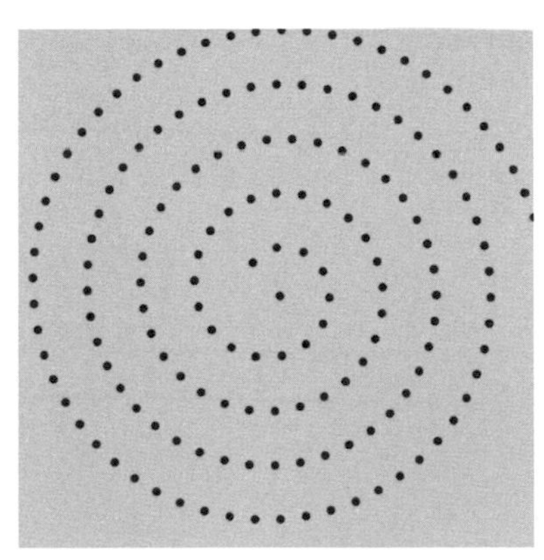

圖 4.15　等距點嗎？

這是因為最初的 theta 故意設比較小的原因，因為這時近似用的圓弧半徑很小，圓很小，你想要的圓弧距離 d，佔了圓太多比例，想避免這個問題，將最初的 theta 稍微設大，直到視覺上感覺等距就可以了。

旋轉的圓周率

可以試著在每個點畫個字母，這需要有個繪製字母的函式：

```
// 指定文字、座標與旋轉角度來繪製文字
function characeter(c, x, y, a) {
    push();
    translate(x, y);
    rotate(a + HALF_PI);
    text(c, 0, 0);
    pop();
}
```

p5.js 的 **text** 函式可以指定文字、x、y 座標來繪製文字，為了簡化程式，一律在座標原點繪製文字，然後利用 translate、rotate 來代勞平移與旋轉，**HALF_PI** 是 PI 的一半，旋轉 a+HALF_PI 是為了在螺線上等距點繪製時，字元的底部都是朝向螺線起始點。

接著將方才範例的 point 換為 character 函式並指定文字，就可以讓文字繞成螺線了，為了有魔幻的感覺，來進一步旋轉螺線吧！

spiral-characters HG5qjtAA4.js

```
function setup() {
  createCanvas(300, 300);
  strokeWeight(5);
  textSize(20);
}

let a = 0;
function draw() {
  background(220);
  translate(width / 2, height / 2);

  rotate(-a); // 旋轉座標系統，視覺上會讓螺線旋轉

  // 指定文字
  const TXT =
'3.14159265358979323846264338327950288419716939937510582097494459230781640
628620899862803482534211706798214808651328230664709384460955058223172535940
812848111745028410270193852110555964462294895493038196442881097566593344612
847564823378678316527120190914564856692346034861045432664821339360726024914
1273724587006606315588174881520920962829254091715364367892590360011330530548
8204665213841469519415116094330572703657595919530921861173819326117931051185
4807446237996274956735188575272489122793818301194912'; 
```

```
  const b = 5;
  const d = 15;
  let theta = 5;
  let r = b * theta;
  let i = 0;
  while(i < TXT.length) {
    // 繪製文字
    characeter(TXT[i], r * cos(theta), r * sin(theta), theta);

    const thetaD = d / (b * theta);
    theta += thetaD;
    r = b * theta;
    i++;
  }

  a = (a + PI / 50) % TAU; // 轉一圈就重來
}

// 指定文字、座標與旋轉角度來繪製文字
function characeter(c, x, y, a) {
  push();
  translate(x, y);
  rotate(a + HALF_PI);
```

```
  text(c, 0, 0);
  pop();
}
```

這次起始的 theta 從 5 開始，每個文字視覺上就看似等距了：

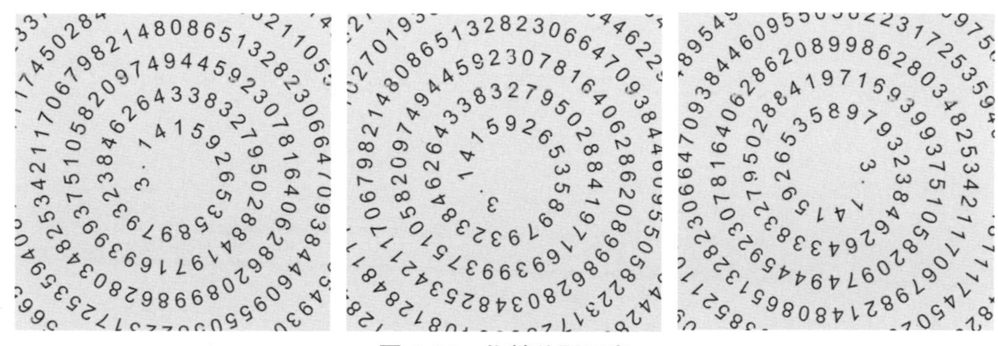

圖 4.16　旋轉的圓周率

4.2　曲線

只要有適當的數學公式，就可以算出每個點的位置然後繪製圖形，前一節談到的螺線就是實際的例子，可以在 Wolfram Alpha[3] 知識引擎中，搜尋「Doraemon-like curve」，就能發現，連哆啦 A 夢都可以用公式畫出來。

然而有時候，我們數學不夠好或者嫌麻煩，難以或不想找出數學公式來表現想要的曲線，怎麼辦呢？p5.js 內建了 bezier、curve 等函式，可以協助建立近似的曲線。

4.2.1　貝茲曲線

p5.js 內建的 bezier 函式，可以用來建立貝茲曲線，在各種近似曲線中，貝茲曲線的數學原理算是簡單易懂，認識一下，有助於掌握貝茲曲線或其他近似曲線的運用方式。

---

[3] Wolfram Alpha：www.wolframalpha.com

曲線構造原理

以二次貝茲曲線舉例來說，可以使用三個點 P_0、P_1、P_2，在 P_0 與 P_1 間直線的四分之一處找個點 Q_0，在 P_1 與 P_2 間直線的四分之一處找個點 Q_1，這時 Q_0 與 Q_1 會構成一條直線，這時也在 Q_0 與 Q_1 之間直線的四分之一處找個點 C_0。

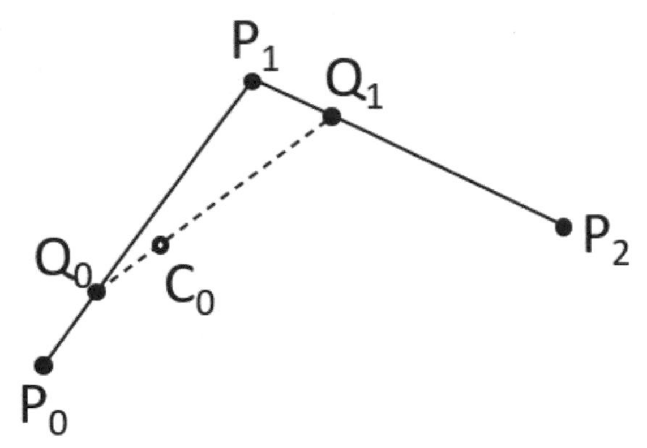

圖 4.17　尋找直線的內插點

接著類似的作法，只是將四分之一變成二分之一、四分之三，分別找出 C_1、C_2 好了，接著將 P_0、C_0、C_1、C_2、P_2 連起來會是什麼呢？

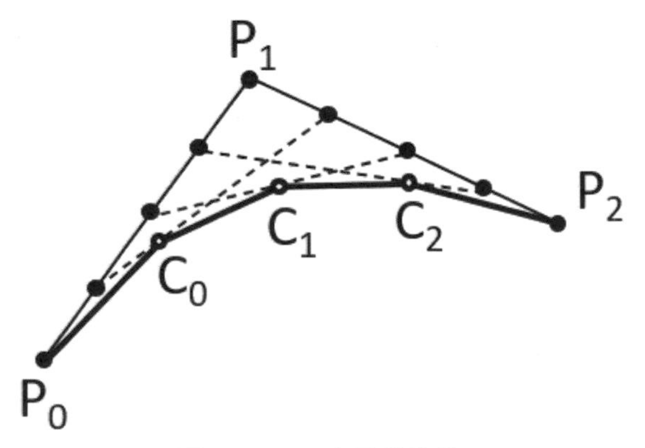

圖 4.18　二次貝茲曲線

喔！看來有點像曲線，如果將直線分段數量提高，例如分為 20 段或更高，那麼就會更像曲線了，這就是二次貝茲曲線的原理，P_0、P_1、P_2 稱為控制點。

類似地，若是三次貝茲曲線，一開始會需要四個控制點，因為多了一個控制點，P_2、P_3 間也要尋找內插點 Q_2，然後 Q_1、Q_2 間尋找內插點 D_0，最後 C_0、D_0 間找到的 E_0 才是曲線裡的一個點：

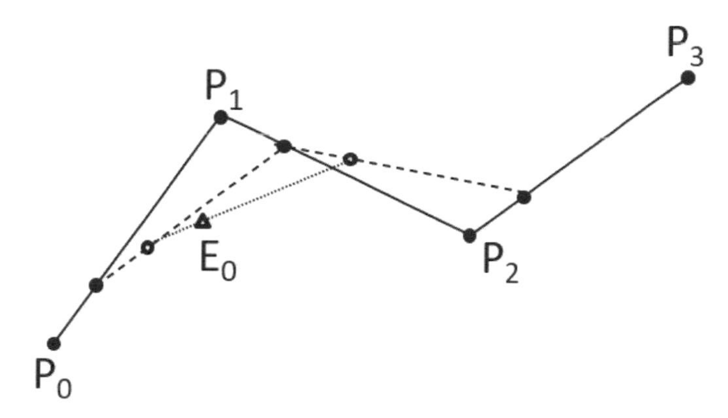

圖 4.19　計算三次貝茲曲線的點

你可以試著用相同方式，在二分之一時找到 E_1，在四分之三時找到 E_2，將 P_0、E_0、E_1、E_2、P_3 連起來，就是三次貝茲曲線，當然，只有四段只會看起來像折線，分個 20 或更多段才會像曲線，只不過這種重複性的工作，最好還是交給電腦來執行吧！

提示 »» 二次或三次貝茲曲線中的「二次」、「三次」，是指推導後的貝茲曲線公式會是二次方多項式、三次方多項式。

增加更多控制點，可以構造更複雜的曲線，不過太多控制點，對人來說反而不易掌握，運用貝茲曲線時，基本上只會使用四個控制點，也就是三次貝茲曲線，進一步的曲線要求，通常會基於三次貝茲曲線來進一步組合。

bezier 函式

p5.js 內建的 **bezier** 函式，可用來繪製三次貝茲曲線，它有八個參數，依序是用來指定四個控制點的 x、y 座標，例如，來畫出控制點連接而成的輔助線，以便觀察與貝茲曲線的關係：

bezier zl-FTGn5o.js

```
// 四個控制點
let pts;

function setup() {
  createCanvas(300, 300);
  noFill();
  // 建立控制點
  pts = [
    createVector(280, 20),
    createVector(20, 20),
    createVector(280, 280),
    createVector(20, 280)
  ];
}

function draw() {
  background(220);

  drawAuxiliaryline(); // 畫輔助線

  stroke(0);  // 黑色
  strokeWeight(4);
  // 畫出貝茲曲線
  bezier(
    pts[0].x, pts[0].y,
    pts[1].x, pts[1].y,
    pts[2].x, pts[2].y,
    pts[3].x, pts[3].y
  );
}

// 畫輔助線
function drawAuxiliaryline() {
  // 畫出控制點
  stroke(255, 102, 0);
  strokeWeight(10);
  for(let pt of pts) {
    point(pt.x, pt.y);
  }

  // 連接控制點
  strokeWeight(1);
  beginShape();
  for(let pt of pts) {
    vertex(pt.x, pt.y);
  }
  endShape();
}
```

這會畫出以下的圖案：

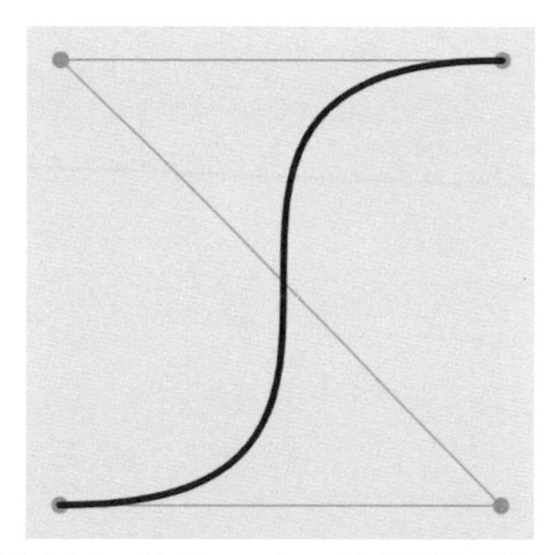

圖 4.20　使用 bezier 函式畫貝茲曲線

bezier 函式預設會將曲線切為 20 等分，若想要自行內插點的位置，可以透過 bezierPoint 函式，它的前四個參數可指定四個控制點的座標分量，第五個參數是 0 到 1 的值，表示內插點是在整個線段的哪個部位。

例如，以下是個可指定等分數量以繪製貝茲曲線的函式：

```
// detail 可指定等分數量
function drawBezierCurve(x1, y1, x2, y2, x3, y3, x4, y4, detail) {
  beginShape();
  for(let i = 0; i <= detail; i++) {
    const t = i / detail;

    // 曲線上的一點
    const x = bezierPoint(x1, x2, x3, x4, t);
    const y = bezierPoint(y1, y2, y3, y4, t);
    vertex(x, y);
  }
  endShape();
}
```

將上一個範例中的 bezier 函式，換為以上的 drawBezierCurve 函式，並指定 detail 為 5 的話，你會看到以下的圖案：

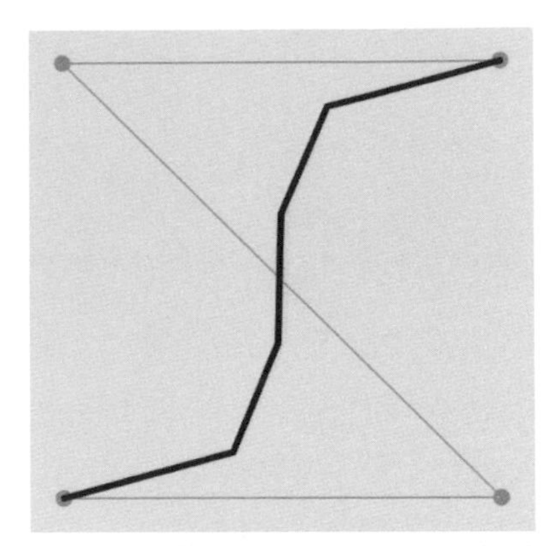

圖 4.21　指定貝茲曲線的等分數量

提示 >>> 如果畫布是在 WEBGL 模式，p5.js 有個 bezierDetail 函式可以控制等分數量，WEBGL 模式主要是為了運用 GPU 來繪圖的場合，例如 3D 繪圖。

調整控制點

要來點互動嗎？可以透過滑鼠來調整四個控制點的位置，看看繪製出來的曲線變化，這不難做到，只要判斷游標位置與控制點位置，距離是否小於某個距離（例如點的大小），就知道要調整哪個控制點了：

```
// 索引對應著四個控制點，被選取的點會設為 true
let selected = [false, false, false, false];

// 設定選取點
function mousePressed() {
  const r = 5;
  for (let i = 0; i < pts.length; i++) {
    const p = pts[i];
    const mv = createVector(mouseX, mouseY);
    if(p5.Vector.dist(p, mv) < r) {
      selected[i] = true;
      break;
    }
  }
}

// 拖曳選取點
function mouseDragged() {
  for(let i = 0; i < pts.length; i++) {
    if(selected[i]) {
      pts[i].x = mouseX;
      pts[i].y = mouseY;
```

```
        break;
      }
    }
}

// 取消選取點
function mouseReleased() {
  for (let i = 0; i < pts.length; i++) {
    if (selected[i]) {
      selected[i] = false;
      break;
    }
  }
}
```

以下範例是將方才兩個程式片段整合後的結果：

interactive-bezier 2A9G4ZVxs.js

```
// 四個控制點
let pts;

function setup() {
  createCanvas(300, 300);
  noFill();
  // 建立控制點
  pts = [
    createVector(280, 20),
    createVector(20, 20),
    createVector(280, 280),
    createVector(20, 280),
  ];
}

function draw() {
  background(220);

  drawAuxiliaryline(); // 畫輔助線

  stroke(0); // 黑色
  strokeWeight(4);
  drawBezierCurve(
    pts[0].x, pts[0].y,
    pts[1].x, pts[1].y,
    pts[2].x, pts[2].y,
    pts[3].x, pts[3].y,
    5
  );
}

// 畫輔助線
```

```
function drawAuxiliaryline() {
  // 畫出控制點
  stroke(255, 102, 0);
  strokeWeight(10);
  for(let pt of pts) {
    point(pt.x, pt.y);
  }

  // 連接控制點
  strokeWeight(1);
  beginShape();
  for(let pt of pts) {
    vertex(pt.x, pt.y);
  }
  endShape();
}

// detail 可指定等分數量
function drawBezierCurve(x1, y1, x2, y2, x3, y3, x4, y4, detail) {
  beginShape();
  for(let i = 0; i <= detail; i++) {
    const t = i / detail;

    // 曲線上的一點
    const x = bezierPoint(x1, x2, x3, x4, t);
    const y = bezierPoint(y1, y2, y3, y4, t);
    vertex(x, y);
  }
  endShape();
}

// 被選取的點會設為 true
let selected = [false, false, false, false];

// 設定選取點
function mousePressed() {
  const r = 5;
  for (let i = 0; i < pts.length; i++) {
    const p = pts[i];
    const mv = createVector(mouseX, mouseY);
    if(p5.Vector.dist(p, mv) < r) {
      selected[i] = true;
      break;
    }
  }
}

// 拖曳選取點
function mouseDragged() {
  for(let i = 0; i < pts.length; i++) {
    if(selected[i]) {
```

```
        pts[i].x = mouseX;
        pts[i].y = mouseY;
        break;
      }
    }
}

// 取消選取點
function mouseReleased() {
  for(let i = 0; i < pts.length; i++) {
    if(selected[i]) {
      selected[i] = false;
      break;
    }
  }
}
```

每段程式碼的作用，方才都已經談過了，你可以試著執行，使用滑鼠來調整控制點，看看效果如何：

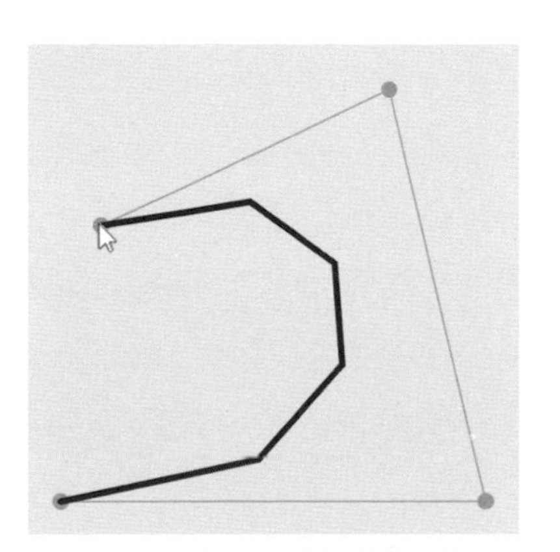

圖 4.22　使用滑鼠調整貝茲曲線

4.2.2　Catmull-Rom 曲線

有時候想在某個形狀的輪廓上逐一點選取樣，並希望有種曲線可以通過這些取樣點，貝茲曲線就不適用，因為除了開頭與結尾的控制點外，貝茲曲線並不通過其他控制點。

curve 函式

p5.js 提供了 **curve** 函式，它接受提供四個控制點，curve 會畫出以第二個控制點為起點、第三個控制點為終點的曲線，例如，將 4.2.1 第一個 bezier 範例中的 bezier 函式改為 curve 函式，就會畫出以下的圖案：

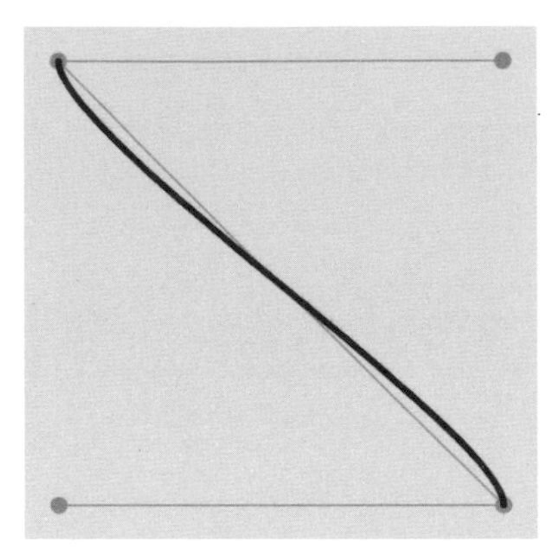

圖 4.23　curve 函式繪製曲線

乍看有點不明就理，然而這就是 curve 函式的特性，保證曲線必然以第二個控制點為起點、第三個控制點為終點；既然如此，若有更多的點，每四點用 curve 函式繪製一次，不就可以保證這曲線，必然通過第一點與終點之外的其他點嗎？

例如，以下範例使用六個控制點，配合 curve 函式畫出曲線，並顯示了控制點：

interactive-curve -TAPr-2M7.js

```
// 六個控制點
let pts;

function setup() {
  createCanvas(300, 300);
  noFill();
  // 建立控制點
  pts = [
    createVector(280, 20),
    createVector(150, 80),
    createVector(20, 140),
    createVector(280, 140),
    createVector(150, 210),
    createVector(20, 280)
```

```
  ];
}

function draw() {
  background(220);

  drawAuxiliaryline(); // 畫輔助線

  stroke(0); // 黑色
  strokeWeight(4);
  // 每四個控制點執行 curve 一次
  for(let i = 0; i < pts.length - 3; i++) {
    curve(
      pts[i].x, pts[i].y,
      pts[i + 1].x, pts[i + 1].y,
      pts[i + 2].x, pts[i + 2].y,
      pts[i + 3].x, pts[i + 3].y
    );
  }
}

// 畫輔助線
function drawAuxiliaryline() {
  // 畫出控制點
  stroke(255, 102, 0);
  strokeWeight(10);
  for(let pt of pts) {
    point(pt.x, pt.y);
  }

  // 連接控制點
  strokeWeight(1);
  beginShape();
  for(let pt of pts) {
    vertex(pt.x, pt.y);
  }
  endShape();
}

// 被選取的點會設為 true
let selected = [false, false, false, false, false, false];

// 設定選取點
function mousePressed() {
  const r = 5;
  for (let i = 0; i < pts.length; i++) {
    const p = pts[i];
    const mv = createVector(mouseX, mouseY);
    if(p5.Vector.dist(p, mv) < r) {
      selected[i] = true;
      break;
```

```
    }
  }
}

// 拖曳選取點
function mouseDragged() {
  for(let i = 0; i < pts.length; i++) {
    if(selected[i]) {
      pts[i].x = mouseX;
      pts[i].y = mouseY;
      break;
    }
  }
}

// 取消選取點
function mouseReleased() {
  for(let i = 0; i < pts.length; i++) {
    if(selected[i]) {
      selected[i] = false;
      break;
    }
  }
}
```

這個範例與 4.2.1 的 interactive-bezier 範例，在流程上是類似的，粗體字部分是主要的不同，控制點現在有六個，然後每四個控制點呼叫一次 `curve` 函式，你可以操作控制點，無論如何操作，曲線都會通過中間的控制點：

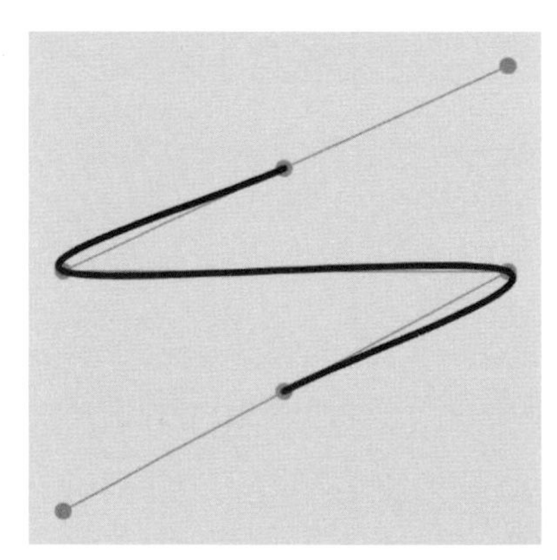

圖 4.24 **curve 曲線會通過中間的控制點**

curve 的原理

那麼 curve 函式的原理是？想想看貝茲曲線的特性，曲線會通過起點與終點，如果你在某個形狀的輪廓上點選取樣，有沒有可能自動生成一條貝茲曲線，是以兩個鄰接的取樣點作起點與終點？這就是 curve 的原理，也就是 Catmull-Rom 樣條（splines）的出發點。

假設 P_0、P_1、P_2、P_3 是指定的控制點，先連接 P_0 與 P_2，再連接 P_1 與 P_3：

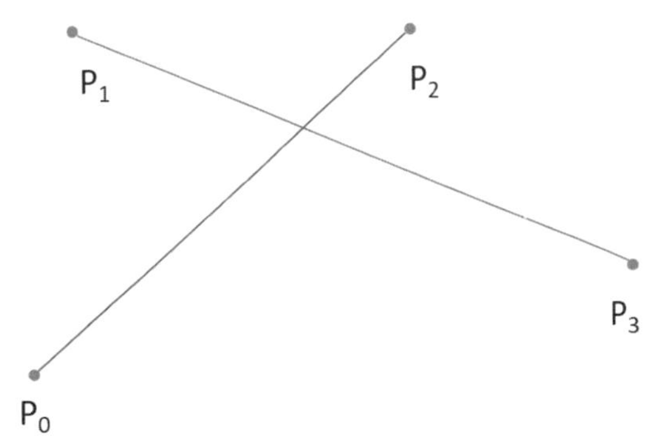

圖 4.25　curve 的四個控制點

接著在 P_1 求得一條與紅線平行的線段，在 P_2 求得一條與綠線平行的線段：

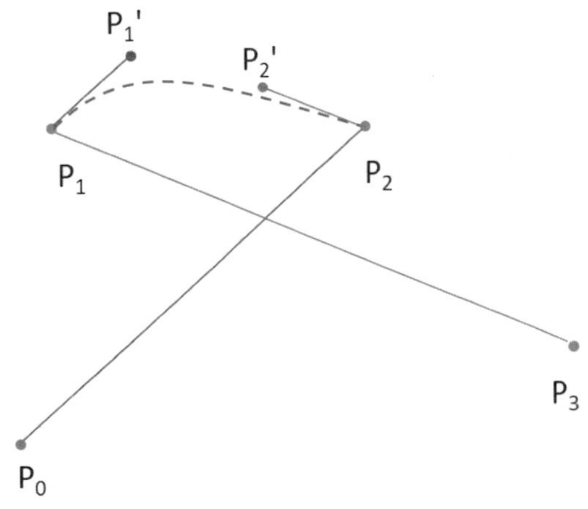

圖 4.26　建立平行線

可以自訂參數來決定平行的線段要多長，如上圖看到的，兩條平行線段各可以求得 P_1'、P_2'，現在有 P_1、P_1'、P_2'、P_2 四個點了，不就可以用來求得貝茲曲線？因為是貝茲曲線，就一定通過起點 P_1 與終點 P_2。

這也就是為什麼，`curve` 函式畫出的曲線，只會通過中間兩個控制點，平行的線段越長，曲線就越鬆弛，平行的線段越短，曲線就越緊繃，這可以透過 `curve` 函式的 **`curveTightness`** 參數來控制，0 為預設的緊繃程度，設為 1 的話是完全緊繃，也就是拉緊為一直線，如果沒什麼特別的需求，通常只要在 0 到 1 之間選個值就可以了。

不過，緊繃程度 0 到 1 只是一個便於理解的方式，`curveTightness` 其實可以接受大於 1 的值，也可以是負值，這是因為 `curve` 函式將平行的線段設為參考來源線段的四分之一，將該點的緊繃值設為 0，往控制點的方向是正方向，抵達控制點時的緊繃值為 1，遠離控制點的方向是負方向，以 P_1 與 P_1'為例：

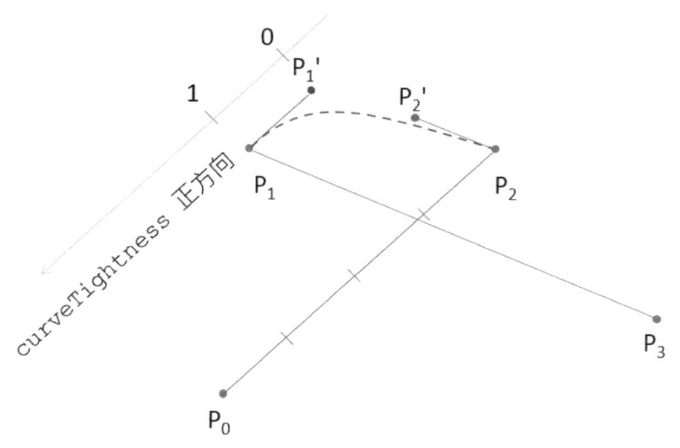

圖 4.27 `curveTightness` 控制緊繃程度

P_2、P_2'的關係也是同理，從上圖來看，緊繃程度設為 1 時，P_1 與 P_1'就重合，P_2 與 P_2'也重合，這時就是直線了，緊繃程度越小於 0，上圖的曲線就越上彎曲，緊繃程度大於 1 的話，曲線就扭轉了：

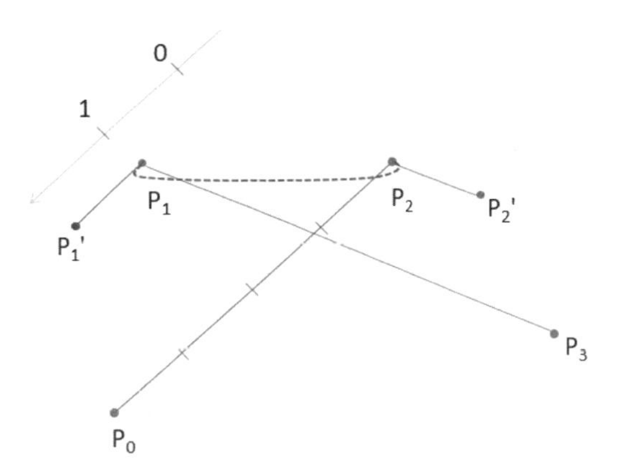

圖 4.28　**curveTightness** 大於 1 的情況

你可以試著將上面可用滑鼠操作控制點的範例，改為四個控制點，適當的拖曳控制點，緊繃度設為 2 來驗證：

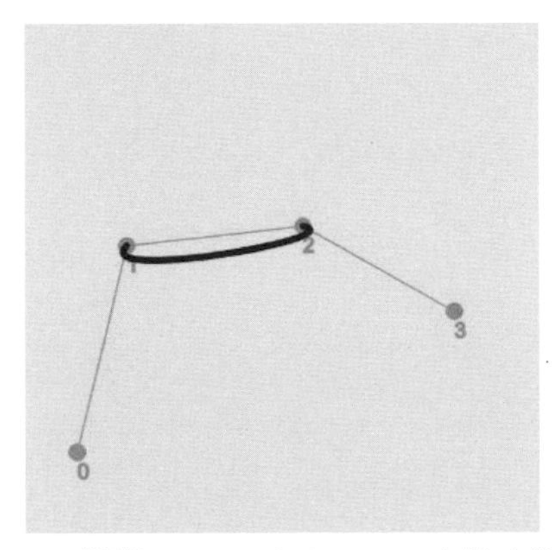

圖 4.29　驗證 **curveTightness** 大於 1 的情況

`curve` 函式也有搭配 `curvePoint` 等函式，它們與 `bezier` 函式的 `bezierPoint` 等函式作用類似，可用來控制曲線的細節，就不再贅述了。

圖片處理

5

CHAPTER

學習目標

- 圖片拼接／裁剪
- 製作圖片動畫
- 地圖建立與互動
- 像素存取與應用

5.1 拼接／裁剪

除了自行撰寫程式進行繪圖，運用圖片檔案也是個創作的方式，p5.js 可以載入圖片，透過程式碼的控制圖片的顯示、裁剪、拼接，甚至是與圖片進行互動。

5.1.1 圖片載入／顯示

p5.js 可以透過 **`loadImage`** 函式載入圖片，然而要怎麼載入圖片呢？由於透過程式碼載入圖片等資源，會伴隨著安全性的隱憂，畢竟有心人士若惡意地載入有害的資源，那就糟糕了，為了避免安全方面的問題，瀏覽器對程式碼載入資源這件事，做了一些限制。

本書不假設你瞭解瀏覽器的安全限制等問題（畢竟那很複雜），因此你的 p5.js 程式碼從哪個網站取得，圖片就放在該網站，`loadImage` 函式基本上就能載入了。

由於本書使用 p5.js 官方的 Web 編輯器，就將圖片上傳至 Web 編輯器吧！這並不麻煩，只要你註冊、登入為使用者後，可以執行選單的「草稿／新增資料夾」，接著建立名稱為「images」的資料夾，然後按下編輯器的 > 圖示，在「images」資料夾按右鍵，就可以上傳檔案：

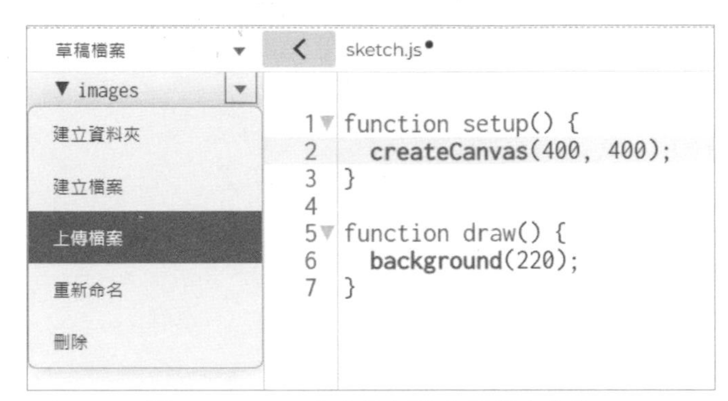

圖 5.1　p5.js 官方編輯器支援檔案上傳

如果想使用 `loadImage` 函式載入圖片，**必須在 `preload` 函式中呼叫 `loadImage`**，`preload` 函式可用來確保圖片都載入了，才呼叫 `setup` 函式。

提示 »» p5.js 還提供了 `loadJSON`、`loadFont`、`loadStrings` 等下載相對應類型資源的函式，這些函式必須在 `preload` 函式裡呼叫；相對地，其他函式別寫在 `preload`。

`loadImage` 函式執行會傳回 **`p5.Image`** 實例，將之傳給 **`image`** 函式，指定圖片 `x`、`y` 位置，就可以顯示圖片，你可以運用圖片作為媒材，展現更豐富的畫面效果。

例如，2.2.2 曾經談過 Truchet 拼接，當時只是單純地畫圓弧作為拼接塊，如果你有以下的水管圖片作為拼接塊：

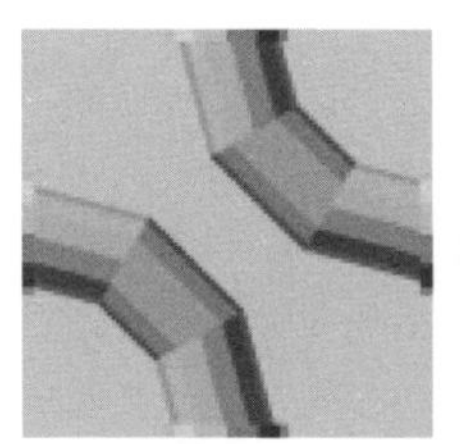 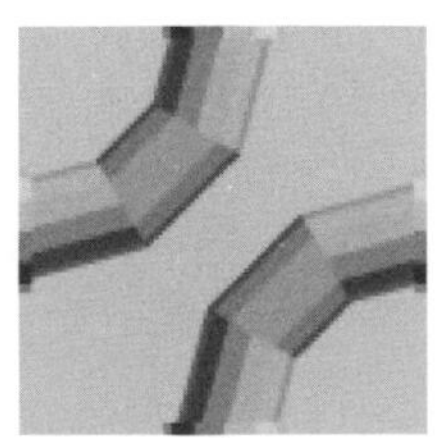

圖 5.2　使用圖片作為拼接塊

上面兩張是 100 x 100 像素的圖片，`image` 函式預設會依原圖的寬高畫出，後面還會看到，可以指定更多參數來進行圖片裁剪；來將 2.2.2 的 truchet-tiles 做點修改：

truchet-tubes xQvFK4WQ1.js

```
let tubes = [];

function preload() {
  // 載入圖片
  tubes.push(loadImage('images/tube0.jpg'));
  tubes.push(loadImage('images/tube1.jpg'));
}

function setup() {
  createCanvas(600, 600);
  frameRate(1); // 每秒一個影格
}

function draw() {
  for(let x = 0; x < width; x += 100) {
    for(let y = 0; y < width; y += 100) {
      // 隨機選擇一張圖片
      image(tubes[random([0, 1])], x, y);
    }
  }
}
```

那麼就可以有隨機的水管拼接效果了：

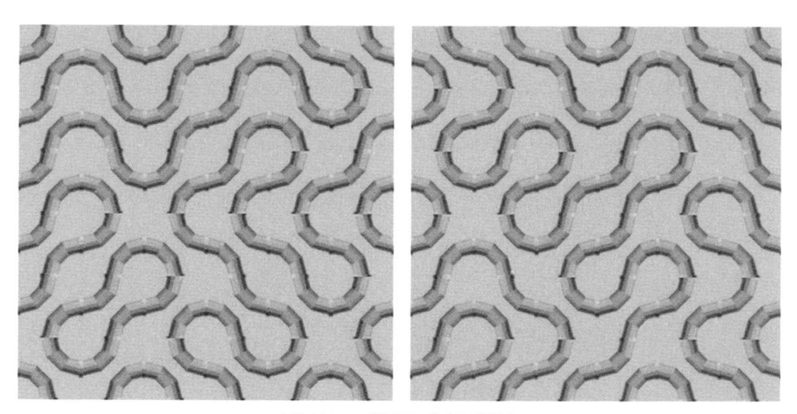

圖 5.3　隨機水管拼接

可以透過 **imageMode** 函式來改變圖片哪個位置要對準 x、y，預設值 **CORNER**，也就是圖片左上角對準 x、y，若指定 **CENTER**，圖片的中心點要對準 x、y，也可以指定 **CORNERS**，這表示需要兩組座標，圖片的左上角會用對準第一組，圖片的右下角會對準第二組，這時通常是為了將圖片變形，像是縮放圖片。

例如以下的範例畫布大小還是 600x600 像素大小，同樣載入 100x100 像素大小的水管圖片，然而將之繪製為 50x50 像素大小：

truchet-tubes2 dYkB1XPT_.js

```
let tubes = [];

function preload() {
  // 載入圖片
  tubes.push(loadImage('images/tube0.jpg'));
  tubes.push(loadImage('images/tube1.jpg'));
}

function setup() {
  createCanvas(600, 600);
  frameRate(1);          // 每秒一個影格
  imageMode(CORNERS);    // CONNERS 對準模式
}

function draw() {
  for(let x = 0; x < width; x += 50) {
    for(let y = 0; y < width; y += 50) {
      // 隨機選擇一張圖片
      // 指定圖片左上、右下要對準的座標
      image(tubes[random([0, 1])], x, y, x + 50, y + 50);
    }
  }
}
```

由於畫布中每個拼接塊變小了，相對而言，就可以容納更多的拼接塊，也就有更多水管了：

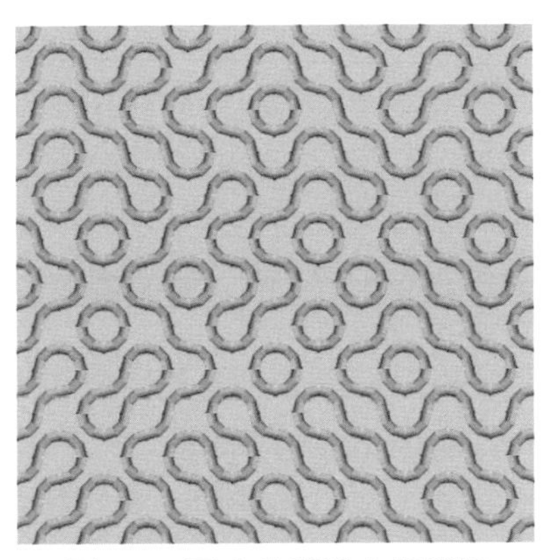

圖 5.4　更多的隨機水管拼接

5.1.2　背景處理

如果想將圖片作為畫布的背景，background 函式可以接受 p5.Image 實例，作為背景的圖片，background 函式會使用指定的圖片覆蓋整個畫布，因此建議圖片與畫布大小相同，以免因為縮放或變形，致使圖片的展示效果不佳。

方才談到，imageMode 函式的設定為 CORNER 時，圖片左上角會對準畫布的 x、y，如果將 x、y 設為畫布之外，而圖片尺寸大於畫布尺寸，那麼就只會看到圖片的一部分。例如，若 x、y 是負值：

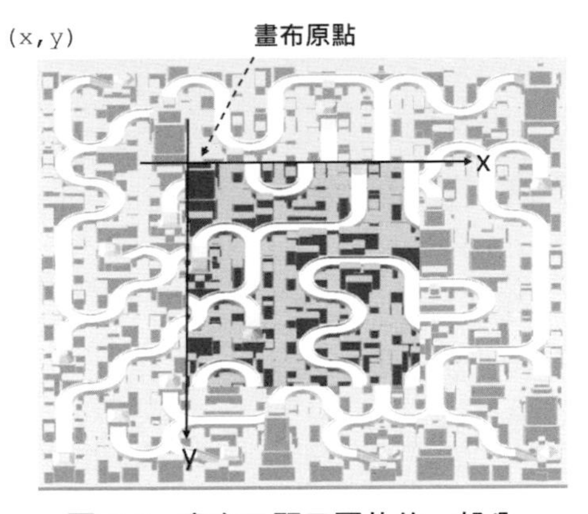

圖 5.5　畫布只顯示圖片的一部分

上圖的(x,y)表示 image 接受的 x、y 值，不在畫布範圍內的像素不會繪製在畫布內，知道這點之後，藉由調整圖片繪製的左上起點，就會有捲動背景的效果，例如以下範例可以用鍵盤的方向鍵進行背景捲動：

maze-city IWF0HvXjm.js

```
let img;

function preload() {
  img = loadImage('images/maze_city.jpg');
}

function setup() {
  createCanvas(300, 300);
}

const step = 5;      // 步進值

let x = 0;
let y = 0;

function draw() {
  background(200);

  if(keyIsDown(RIGHT_ARROW)) {
    x -= step;
  }
  else if(keyIsDown(LEFT_ARROW)) {
    x += step;
  }
  else if(keyIsDown(DOWN_ARROW)) {
    y -= step;
  }
  else if(keyIsDown(UP_ARROW)) {
    y += step;
  }

  // 限制圖片移動範圍，令其一部分始終在畫布內
  x = x >= step ? 0 : x;
  x = x <= -img.width + width - step ? -img.width + width : x;

  y = y >= step ? 0 : y;
  y = y <= -img.height + height - step ? -img.height + height : y;

  image(img, x, y);
}
```

keyIsDown 函式可以用來測試鍵盤某按鈕是否按下，可在〈keyCode[1]〉查詢鍵盤代碼，範例在各個方向鍵按下時，分別改變 x、y 的值，並且限制了圖片移動範圍，p5.Image 實例可以透過 **width**、**height** 特性取得圖片的寬高，這部分若註解掉，基本上也可以操作，只不過圖片不在畫布範圍內時，就只會顯示設定的背景色。

構造背景的另一種方式是拼接小圖，例如以下其實是同一張圖片，然而上下左右設計為可以彼此銜接：

圖 5.6　拼接用的小圖

透過程式來重複拼接小圖，就可以構成背景，例如：

tiles 204qiYOmn.js

```
let img;

function preload() {
  img = loadImage('images/tile.jpg');
}

function setup() {
  createCanvas(300, 300);
}

function draw() {
  background(200);
```

[1] keyCode：p5js.org/reference/#p5/keyCode

```
  // 拼接小圖作為背景
  for(let y = 0; y < height; y += img.height) {
    for(let x = 0; x < width; x += img.width) {
      image(img, x, y);
    }
  }
}
```

執行這個範例的話，就可以得到以下的背景效果：

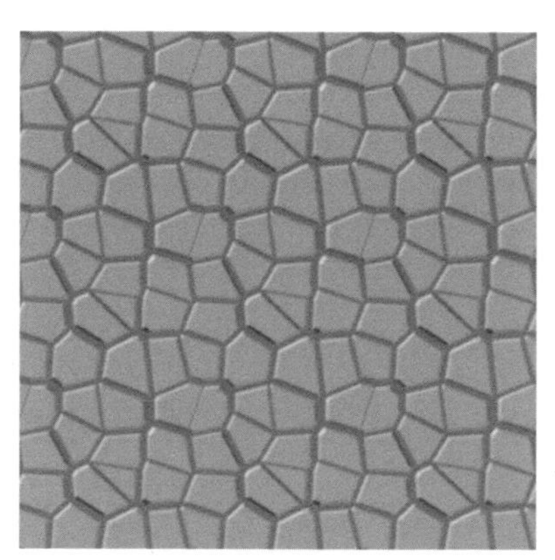

圖 5.7　拼接小圖作為背景

如果想令這種拼接背景可以捲動，作法與方才的 maze-city 範例類似，只不過得自行增加拼接面積，例如，以下範例增加橫向拼接塊，達到 900 像素的寬度，可以透過鍵盤的左右方向鍵，橫向捲動背景：

scroll-tiles y5IE3J9Mv.js

```
let img;

function preload() {
  img = loadImage('images/tile.jpg');
}

function setup() {
  createCanvas(300, 300);
}

// 最大捲動寬度
const maxWidth = 900;
const step = 5;

let x = 0;
let y = 0;
```

```
function draw() {
  background(200);

  // 藉由鍵盤左右鍵橫向捲動背景
  if(keyIsDown(RIGHT_ARROW)) {
    x -= step;
  }
  else if(keyIsDown(LEFT_ARROW)) {
    x += step;
  }

  // 限制圖片移動範圍，令其一部分始終在畫布內
  x = x >= step ? 0 : x;
  x = x <= -maxWidth + width - step ? -maxWidth + width : x;

  // 拼接小圖作為背景
  for(let sy = 0; sy < height; sy += img.height) {
    for(let sx = x; sx < maxWidth; sx += img.width) {
      image(img, sx, sy);
    }
  }
}
```

範例畫出來的圖超出畫布範圍，只有畫布範圍內的部分才會顯示，下圖是執行時的一個示意結果：

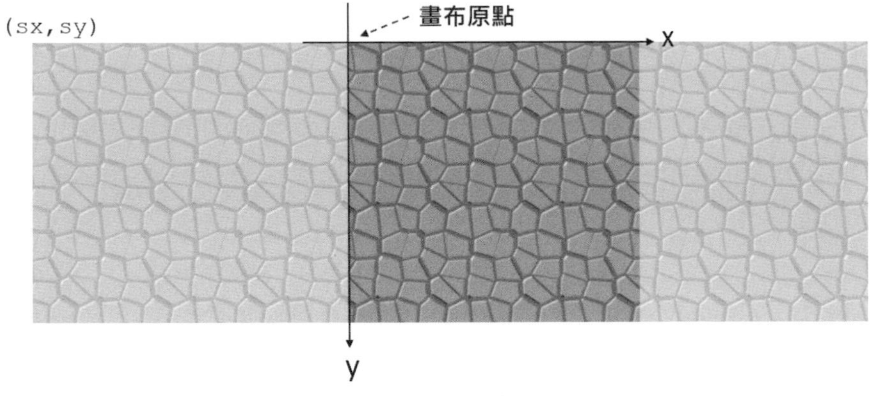

圖 5.8　拼接小圖並捲動背景

如果想要無限地捲動背景呢？無限地拼接小圖？這當然是不可能，其實只要將左邊超出畫布的圖片剪下來，接到畫布的右邊就可以了，這需要知道如何使用 image 函式裁剪圖片。

5.1.3 圖片動畫

image 函式可以裁剪圖片，在 image 函式官方文件[2]裡有底下這張圖，說明了 image(img,dx,dy,dw,dh,sx,sy,[sw],[sh])版本各參數之作用：

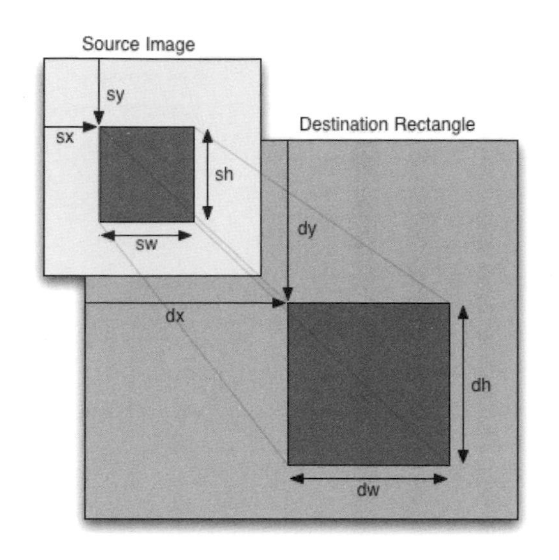

圖 5.9 **image 函式參數對照**

也就是說，可以指定從來源圖片的(sx,sy)位置開始，選擇寬 sw 高 sh 的部分，在畫布的(dx,dy)位置，以寬 dw 高 dh 繪製出來；如果不指定 sw、sh，那就是從(sw,sh)至右下角的圖片範圍全部畫出來。

創造遠近感

image(img,dx,dy,dw,dh,sx,sy,[sw],[sh])版本的各參數，可以用來單純地進行圖片裁剪，或者是製作圖片動畫，例如方才談到的無限捲動背景效果，例如，來捲動這些樹如何？

---

[2] image 函式官方文件：p5js.org/reference/#/p5/image

圖 5.10　作為背景的樹

圖片可以不只一張，像是將樹作為近景，以下的山作為遠景：

圖 5.11　作為背景的山

在捲動背景時，讓作為遠景的山步進值較小，作為近景的樹圖片步進值較大，就可以製造出具有遠近感的背景捲動。例如：

travel　Zy-3dz6id.js

```
let trees;
let mountains;

function preload() {
  trees = loadImage('images/trees.png');           // 樹景，PNG 支援透明背景
  mountains = loadImage('images/mountains.png');   // 山景，PNG 支援透明背景
}

function setup() {
  createCanvas(1000, 200);
}

let tx = 0;   // 樹景圖片繪製的 x 座標
let mx = 0    // 山景圖片繪製的 x 座標

function draw() {
  background(200);

  image(mountains, mx, 0);                         // 繪製山景
  image(mountains, width + mx, 0, 1000, 0);        // 剪裁左邊、拼到右邊

  image(trees, tx, 0);                             // 繪製樹景
```

```
  image(trees, width + tx, 0, 1000, 0);       // 剪裁左邊、拼到右邊

  mx = (mx - 0.5) % 1000;    // 步進 0.5，山景較慢
  tx = (tx - 4) % 1000;      // 步進 4、樹景較快
}
```

這邊使用了支援透明背景的 PNG 圖片，山景與樹景可以重疊在一起， 樹景的背景不會蓋住山景，執行時的參考圖如下：

圖 5.12　具有遠近感的背景捲動

管理圖片素材

談到圖片與動畫，會讓人聯想到 GIF 檔案，若圖片來源是 GIF，執行 image 函式時，就看繪圖時正好播放到哪個 GIF 中哪張圖片，以這種方式來展現圖片動畫的效果並不好，畢竟若 frameRate 設定值較低時，GIF 裡選中的圖片就容易不連續。

p5.Image 提供了 pause、play 等方法，可以暫停、播放 GIF，不過要留意 GIF 的每一個影格品質，確認沒有破圖之類的問題。

除了利用 GIF，也可以將每張圖片存為獨立的檔案，然後依序載入、播放，例如若有 16 張圖檔，frameRate 可以設為 16：

clock BgpAH1vzT.js

```
let clocks = [];

function preload() {
  // 載入 16 張圖檔
  for(let i = 0; i < 16; i++) {
    clocks.push(loadImage('images/clock' + i + '.png'));
  }
}

function setup() {
```

```
  createCanvas(400, 350); // 圖片大小為 400x350
  frameRate(16);          // 每秒 16 張
}

let i = 0;

function draw() {
  background(200);

  // 依序繪製
  image(clocks[i], 0, 0);
  i = (i + 1) % 16;
}
```

這種方式可以確實可以達到圖片動畫的效果，下圖是擷取播放中的三張圖：

圖 5.13 播放中的三張圖

不過就程式而言，需要載入 16 張圖片，也就是需要發出 16 次網路請求，若網路速度不佳，在看到動畫前就會需要較久的載入時間；若不想這麼做，可以將 16 張圖檔合併為一張大圖：

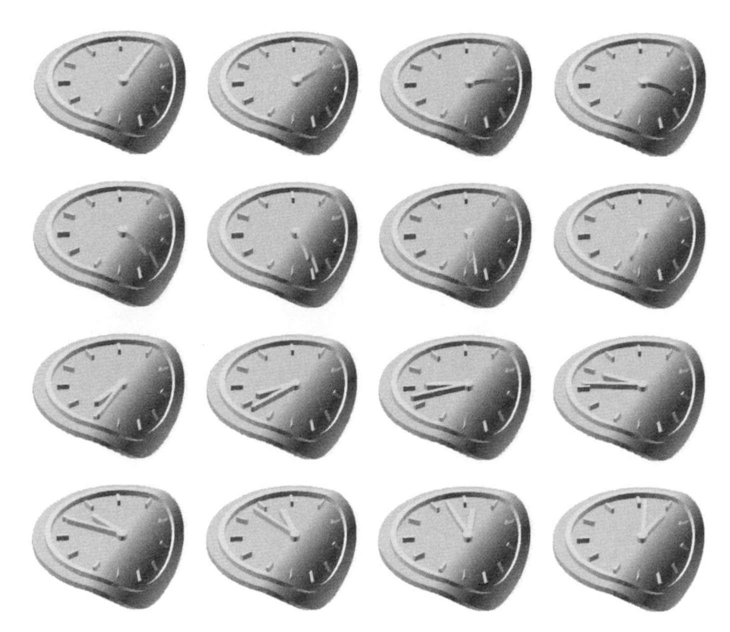

圖 5.14　16 張圖集成大圖

然後藉由控制圖片來源的範圍，每次僅繪製出其中一格：

clock2 FgmwnaBJ6.js

```
let clock;

function preload() {
  // 載入大圖
  clock = loadImage('images/clock.png');
}

function setup() {
  createCanvas(400, 350);
  frameRate(16);
}

let i = 0;
function draw() {
  background(200);

  const sx = i % 4;          // 其中一張圖片的 x 座標
  const sy = floor(i / 4); // 其中一張圖片的 y 座標

  // 在畫布上繪製其中一張圖
  image(
    clock,
    0, 0, width, height,
```

```
    sx * width, sy * height, width, height
  );

  i = (i + 1) % 16;          // 每 16 次重置為 0
}
```

繪製出來的效果，與上一個範例是相同的，然而只需要下載一個圖片檔案，就可以取得全部的圖片內容，這是管理動畫圖片素材的常見方式之一。

5.1.4　平面／斜角地圖

有時候在製作一些小遊戲時，需要簡單的地圖，像是利用簡單的陣列標示可行走路線、障礙物等，再根據標示選擇對應的圖片來繪製地圖。

平面地圖

以底下兩張圖來說：

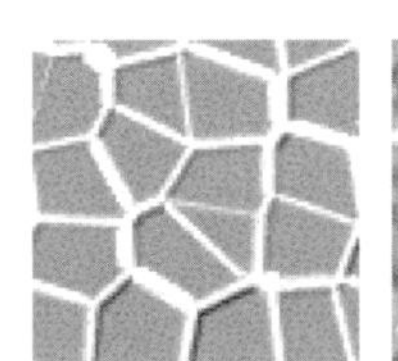
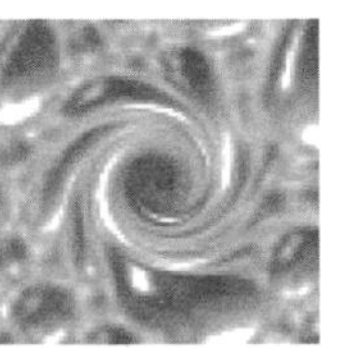

圖 5.15　岩路與岩漿

這兩張圖只要結合以下的程式，就可以繪製簡單的平面地圖：

simple-map　DzPglc6JZ.js

```
let road;
let magma;
function preload() {
  road = loadImage("images/road.jpg");     // 岩路圖片
  magma = loadImage("images/magma.jpg");   // 岩漿圖片
}

function setup() {
  createCanvas(480, 480);
  angleMode(DEGREES);
}

// 地圖資料
const ROAD = 0;    // 岩路
```

```
const MAGMA = 1;  // 岩漿
const map = [
  [1, 0, 1, 1, 1, 1],
  [1, 0, 0, 0, 0, 1],
  [1, 1, 1, 1, 0, 1],
  [0, 0, 0, 1, 0, 1],
  [1, 1, 0, 0, 0, 0],
  [1, 1, 0, 1, 1, 1],
];

function draw() {
  for(let yi = 0; yi < map.length; yi++) {
    for(let xi = 0; xi < map[yi].length; xi++) {
      // 根據地圖資料繪製對應的圖片
      const img = map[yi][xi] == ROAD ? road : magma;
      image(
        img,
        xi * img.width, yi * img.height
      );
    }
  }
}
```

這邊手動設置了地圖資料 map，你也可以透過特定演算法來產生，根據以上 map 可以繪製出來的地圖如下：

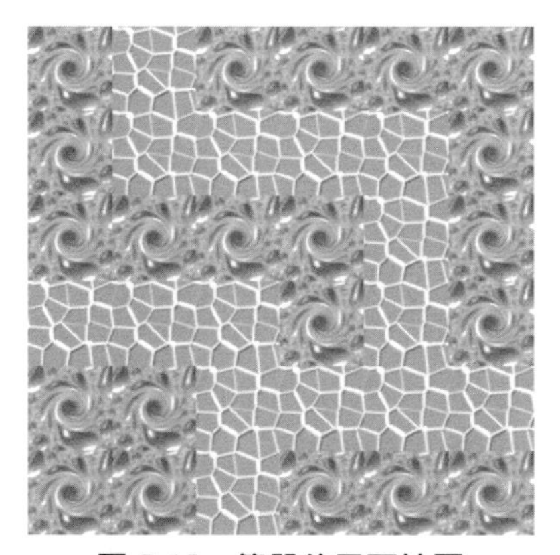

圖 5.16　簡單的平面地圖

斜角地圖

如果想要有些變化，可以嘗試做 45 度視角的斜角地圖：

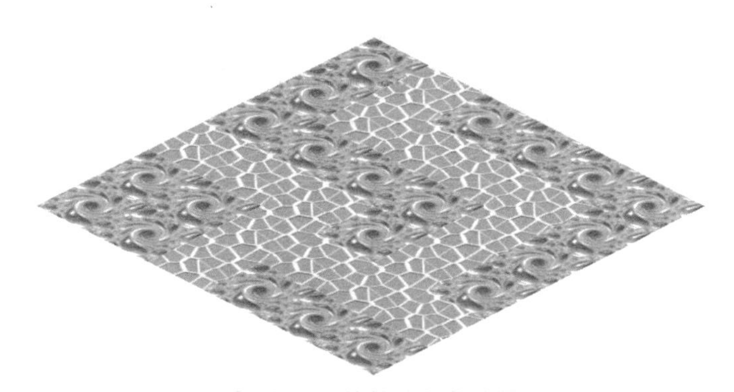

圖 5.17　簡單的斜角地圖

視覺上看來會有 3D 的感覺，然而在圖片處理上，只是將圖片轉 45 度，然後高度縮為一半就能達到，例如，將以上範例的地板圖片改為斜角的版本就會是：

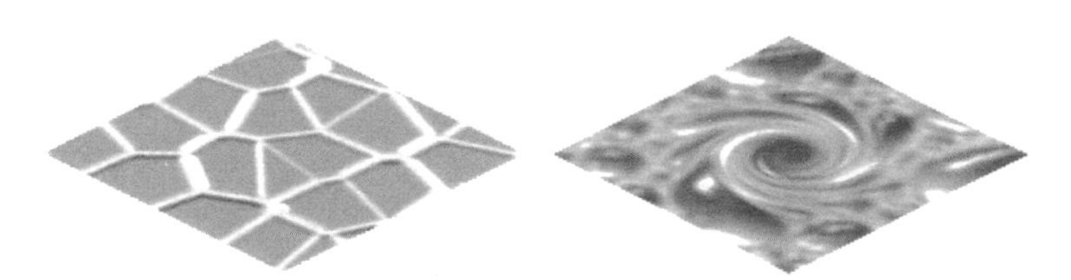

圖 5.18　用於斜角地圖的菱形圖片

如果你只有圖 5.15 的拼接小圖，別急著拿出影像處理軟體，因為透過 `rotate`、**`scale`** 函式，也可以繪製出圖 5.18 的小圖；以下的函式可以接受 `p5.Image` 實例、圖片的中心座標 `x`、`y`，它會將正方形圖片，轉換為斜角地圖可用的菱形圖片：

```
// 平面圖片轉菱形圖片
function diamondTransform(img, x, y) {
  push();
  imageMode(CENTER);   // x、y 對齊圖片中心
  scale(1, 0.5);       // 接下來畫的圖寬縮放為 1、高縮放為 0.5
  rotate(45);          // 接下來畫的圖都旋轉 45 度
  image(img, x, y);
  pop();
}
```

在 1.2.1 時談過，`translate`、`rotate` 等函式，會改變座標系統，然而在需要連續進行多個座標系統轉換時，似乎感覺很複雜？其實技巧在於，不要去想著 `translate`、`rotate` 等函式整個如何組合，只要想著某個轉換函式與下個繪圖指令間的關係就可以了。

例如，方才談到「在圖片處理上，只是將圖片轉 45 度，然後高度縮為一半」，其實你不用想著接下來是不是繪製圖片，只要想著要將後續的繪圖旋轉 45 度：

```
// 旋轉座標系統
rotate(45);
// 再繪圖
image(img, x, y);
```

你不用想著後面的圖片有沒有被旋轉 45 度，只要想著將後續的繪圖高度縮為一半：

```
// 縮放座標系統
scale(1, 0.5);
// 再繪圖
rotate(45);
image(img, x, y);
```

這就是為什麼方才的 `diamondTransform` 函式，會構成 `scale`、`rotate` 的堆疊流程了。

有了菱形拼接圖片後要怎麼拼接呢？利用轉動、平移公式來計算座標嗎？這太麻煩了，圖片格式必須支援透明背景，若以直角座標來看，菱形拼接圖片的寬為 `w`、高為 `h` 的話，對於第一列拼接，只要如下平移就可以了：

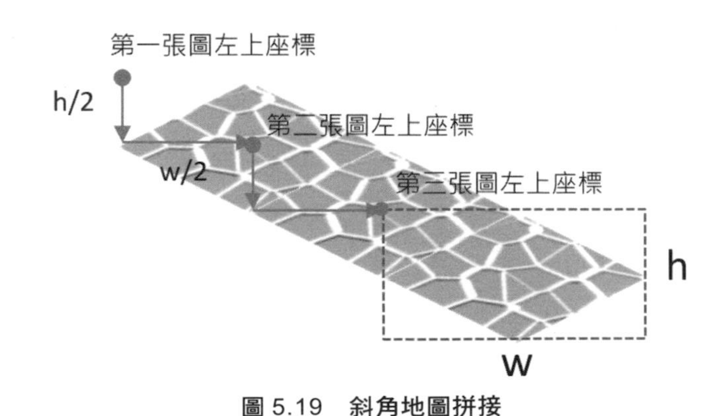

圖 5.19 斜角地圖拼接

類似地，你可以計算第二列、第三列…這是一個方式，不過還有更簡單的方式，**基於向量來計算**。

例如平面地圖繪製時，若拼接圖片寬為 w、高為 h，可以看成每個拼接塊的位置，是基於向量(w,0)與(0,h)在計算：

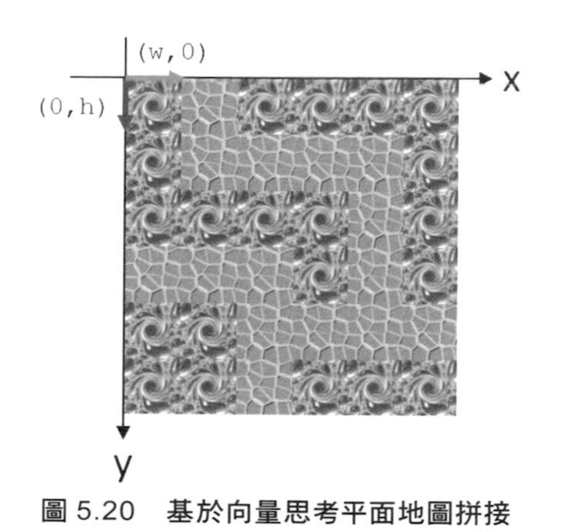

圖 5.20 基於向量思考平面地圖拼接

對於第 x 行、第 y 列的拼接塊，位置若以向量表示，會是 x*(w,0)+y*(0,h)；那麼斜角地圖呢？若拼接圖片寬為 w、高為 h，可以看成是基於(w/2,h/2)與(-w/2,h/2)在計算：

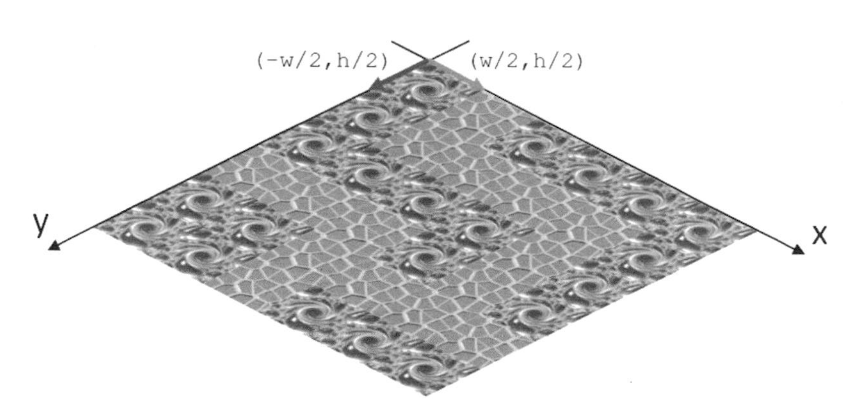

圖 5.21 基於向量思考斜角地圖拼接

這其實是看事情的不同角度，也印證了 3.2.1 談過的，**有些需求若以向量來思考會比較方便**，以上的思考可以透過函式描述如下：

```
// 計算菱形圖片的拼接位置
function coord(x, y, w, h) {
    const basisX = createVector(w / 2, h / 2);  // 基於 x 方向的向量
    const basisY = createVector(-w / 2, h / 2); // 基於 y 方向的向量
    return p5.Vector
             .mult(basisX, x)                    // 有 x 個單位的 basisX 向量
             .add(p5.Vector.mult(basisY, y))     // 加上 y 個單位的 basisY 向量
             .sub(createVector(0, h / 2));       // 菱形最上頂點為原點
}
```

類似地，若以向量來思考直角座標，可以看成位置是基於 `(1,0)`、`(0,1)` 的向量在計算，因此可以基於 simple-map 範例，結合方才的 `diamondTransform` 與 `coord` 函式，來完成圖 5.17 的斜角地圖拼接：

tiled-map _Qf1t4n3D.js

```
let road;
let magma;
function preload() {
  road = loadImage("images/road.jpg");     // 岩路圖片
  magma = loadImage("images/magma.jpg");   // 岩漿圖片
}

function setup() {
  createCanvas(700, 350);
  angleMode(DEGREES);
}

// 地圖資料
const ROAD = 0;    // 岩路
const MAGMA = 1;   // 岩漿
const map = [
   [1, 0, 1, 1, 1, 1],
   [1, 0, 0, 0, 0, 1],
   [1, 1, 1, 1, 0, 1],
   [0, 0, 0, 1, 0, 1],
   [1, 1, 0, 0, 0, 0],
   [1, 1, 0, 1, 1, 1],
];

function draw() {
  background(255);

  const diamondW = road.width * sqrt(2); // 菱形圖片寬
  const diamondH = diamondW / 2;         // 菱形圖片高
```

```
  translate(width / 2, diamondH / 2); // 拼接塊的原點
  for(let yi = 0; yi < map.length; yi++) {
    for(let xi = 0; xi < map[yi].length; xi++) {
      const {x, y} = coord(xi, yi, diamondW, diamondH);
      const img = map[yi][xi] == ROAD ? road : magma;
      diamondTransform(
        img,
        xi * img.width, yi * img.height
      );
    }
  }
}

// 平面圖片轉菱形圖片
function diamondTransform(img, x, y) {
  push();
  imageMode(CENTER);  // x、y 對齊圖片中心
  scale(1, 0.5);      // 接下來畫的圖寬縮放為 1、高縮放為 0.5
  rotate(45);         // 接下來畫的圖都旋轉 45 度
  image(img, x, y);
  pop();
}

// 計算菱形圖片的拼接位置
function coord(x, y, w, h) {
    const basisX = createVector(w / 2, h / 2);  // 基於 x 方向的向量
    const basisY = createVector(-w / 2, h / 2); // 基於 y 方向的向量
    return p5.Vector
            .mult(basisX, x)                    // 有 x 個單位的 basisX 向量
            .add(p5.Vector.mult(basisY, y))     // 加上 y 個單位的 basisY 向量
            .sub(createVector(0, h / 2));       // 菱形最上頂點為原點
}
```

斜角地圖互動

基於向量來計算，有時可以簡化不少程式的撰寫。例如，若想判定滑鼠在哪個拼接塊按下，對於平面地圖來說非常容易實現，如果是斜角地圖呢？若是基於圖 5.18 來拼接，計算上就會複雜許多，然而基於向量的話，事情就單純多了：

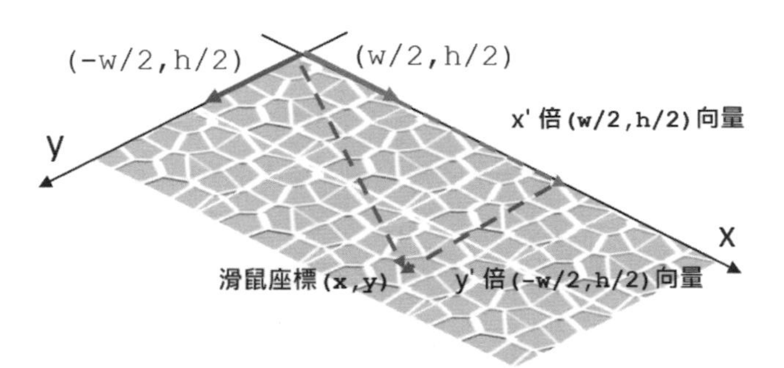

圖 5.22 基於向量思考座標轉換

上圖中，(x,y)與(x',y')間的關係為(x,y)=x'*(w/2,h/2)+y'*(-w/2,h/2)，整理一下並以用矩陣表示的話就是：

$$\begin{bmatrix} x \\ y \end{bmatrix} = \begin{bmatrix} \frac{w}{2} & -\frac{w}{2} \\ \frac{h}{2} & \frac{h}{2} \end{bmatrix} \begin{bmatrix} x' \\ y' \end{bmatrix}$$

圖 5.23 斜角地圖座標與滑鼠座標的關係

若已知 x、y，試著求解 x'與 y'，並使用矩陣表示的話就會是：

$$\begin{bmatrix} x' \\ y' \end{bmatrix} = \begin{bmatrix} \frac{1}{w} & \frac{1}{h} \\ -\frac{1}{w} & \frac{1}{h} \end{bmatrix} \begin{bmatrix} x \\ y \end{bmatrix}$$

圖 5.24 滑鼠座標與斜角地圖座標的關係

求得 x'、y'後，想知道滑鼠點選位置，應該算在哪一個拼接塊的話，只要透過 floor(x')、floor(y')就可以了，實作成函式的話會如下：

```
// 指定滑鼠點選座標、拼接塊寬高以及原點
// 傳回向量代表拼接塊索引
function tileVector(mx, my, imgWidth, imgHeight, orgX, orgY) {
  const v = createVector(mx, my).sub(createVector(orgX, orgY));
  return createVector(
    floor(v.x / imgWidth + v.y / imgHeight),
    floor(-v.x / imgWidth + v.y / imgHeight)
  );
}
```

```
function mousePressed() {
  const diamondW = road.width * sqrt(2); // 菱形圖片寬
  const diamondH = diamondW / 2;         // 菱形圖片高

  // 選擇的拼接塊索引
  const { x, y } = tileVector(
    mouseX, mouseY, diamondW, diamondH, width / 2, 0
  );
  selectedX = x;
  selectedY = y;
}
```

可以試著將這段程式碼加入方才的 tiled-map 範例，至於被點選的拼接塊，可以使用 **tint** 函式，指定顏色與透明度等，為接下來的繪製「著色」，例如：

tiled-map2 _Qf1t4n3D.js

```
let road;
let magma;
function preload() {
  road = loadImage("images/road.jpg");   // 岩路圖片
  magma = loadImage("images/magma.jpg"); // 岩漿圖片
}

function setup() {
  createCanvas(700, 350);
  angleMode(DEGREES);
}

// 地圖資料
const ROAD = 0;  // 岩路
const MAGMA = 1; // 岩漿
const map = [
  [1, 0, 1, 1, 1, 1],
  [1, 0, 0, 0, 0, 1],
  [1, 1, 1, 1, 0, 1],
  [0, 0, 0, 1, 0, 1],
  [1, 1, 0, 0, 0, 0],
  [1, 1, 0, 1, 1, 1],
];

function draw() {
  background(255);

  const diamondW = road.width * sqrt(2); // 菱形圖片寬
  const diamondH = diamondW / 2;         // 菱形圖片高

  translate(width / 2, diamondH / 2); // 拼接塊的原點
  for(let yi = 0; yi < map.length; yi++) {
    for(let xi = 0; xi < map[yi].length; xi++) {
```

```
      const { x, y } = coord(xi, yi, diamondW, diamondH);
      const img = map[yi][xi] == ROAD ? road : magma;

      // 點選的拼接塊著色
      if(xi === selectedX && yi === selectedY) {
        tint(255, 128, 255);
      }
      diamondTransform(img, xi * img.width, yi * img.height);
      noTint();
    }
  }
}

// 平面圖片轉菱形圖片
function diamondTransform(img, x, y) {
  push();
  imageMode(CENTER); // x、y 對齊圖片中心
  scale(1, 0.5);     // 接下來畫的圖寬縮放為 1、高縮放為 0.5
  rotate(45);        // 接下來畫的圖都旋轉 45 度
  image(img, x, y);
  pop();
}

// 計算菱形圖片的拼接位置
function coord(x, y, w, h) {
  const basisX = createVector(w / 2, h / 2);  // 基於 x 方向的向量
  const basisY = createVector(-w / 2, h / 2); // 基於 y 方向的向量
  return p5.Vector
          .mult(basisX, x)                    // 有 x 個單位的 basisX 向量
          .add(p5.Vector.mult(basisY, y))     // 加上 y 個單位的 basisY 向量
          .sub(createVector(0, h / 2));       // 菱形最上頂點為原點
}

// 指定滑鼠點選座標、拼接塊寬高以及原點
// 傳回向量代表拼接塊索引
function tileVector(mx, my, imgWidth, imgHeight, orgX, orgY) {
  const v = createVector(mx, my).sub(createVector(orgX, orgY));
  return createVector(
    floor(v.x / imgWidth + v.y / imgHeight),
    floor(-v.x / imgWidth + v.y / imgHeight)
  );
}

let selectedX = -1;
let selectedY = -1;

function mousePressed() {
  const diamondW = road.width * sqrt(2); // 菱形圖片寬
  const diamondH = diamondW / 2;         // 菱形圖片高
```

```
  // 選擇的拼接塊索引
  const {x, y} = tileVector(
    mouseX, mouseY, diamondW, diamondH, width / 2, 0
  );
  selectedX = x;
  selectedY = y;
}
```

指定給 `tint` 的值會除以 255，再與接下來繪製時每個像素的 RGB 值相乘，也就是 `tint(255,128,255)`的話，會是 `R*255/255`、`G*128/255`、`B*255/255`，得到新的顏色後繪製，結果就是執行後點選地圖任一格，該格就會以不同的顏色顯示：

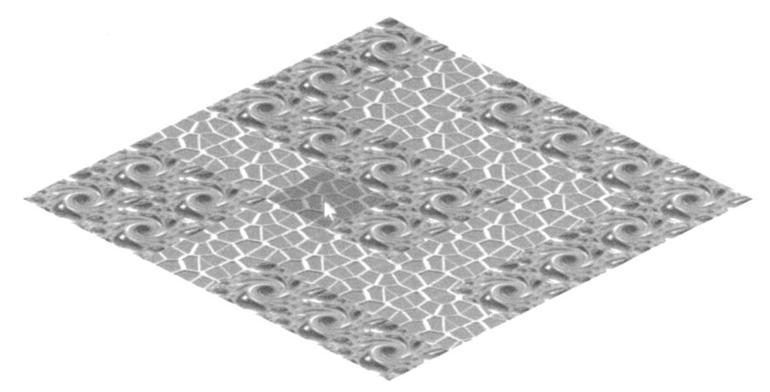

圖 5.25　使用滑鼠點選拼接塊

5.2　像素控制

p5.js 除了可以對圖片進行裁剪／拼接之外，也可以取得圖片像素資訊，基於像素進行計算，除了能從事影像處理軟體相關任務外，還能基於程式設計進行影像轉換等更多樣化的任務。

5.2.1　取得／設定像素

`loadImage` 函式會傳回 `p5.Image` 實例，可以透過 `p5.Image` 實例的 **`get`**、**`set`** 方法存取圖片像素資料。

`get` 方法可以指定圖片的像素座標 x、y，採繪圖座標向右為正、向下為正，`get` 會傳回陣列，包含了該位置的 **`[r,g,b,alpha]`** 資料，代表 **R**、**G**、**B**、**透明度**。

set 方法可以指定圖片的像素座標 x、y 以及像素資料，像素資料可以是數值（指定灰階）、陣列（指定[r,g,b,alpha]）、p5.Color（也可透過 color 函式建立），set 方法操作後必須使用 **updatePixels** 方法，才會真正更新圖片像素。

例如，5.1.4 最後使用過 tint 函式，指定給 tint 的值會除以 255，再與接下來繪圖時每個像素的 RGB 值相乘，達到著色的效果，以下的範例會對指定的圖片，簡單地模仿了這個處理過程：

pixels AlxFsS09o.js

```
let img;

function preload() {
  img = loadImage("images/girl.jpg");
}

function setup() {
  createCanvas(400, 200);
  noLoop();  // 不重複繪製
}

function draw() {
  background(200);

  image(img, 0, 0);               // 顯示原圖
  coloring(img, 0, 150, 150);    // 著色
  image(img, 200, 0);             // 顯示著色後的圖
}

// 對指定的 img 著色
function coloring(img, r, g, b) {
  // 逐一走訪像素
  for(let y = 0; y < img.height; y++) {
    for(let x = 0; x < img.width; x++) {
      const px = img.get(x, y);   // 取得指定位置的像素
      const newPx = [
        px[0] * r / 255,          // R
        px[1] * g / 255,          // G
        px[2] * b / 255,          // B
        px[3]                     // Alpha
      ];
      img.set(x, y, newPx);       // 設定新像素資料
    }
  }
  img.updatePixels();
}
```

範例中的 coloring 函式，運用了 get、set 與 updatePixels 方法，這會對指定的 p5.Image 實例進行像素更新，執行結果中左邊是原圖，右邊是著色後的圖：

圖 5.26　模仿 **tint** 著色

p5.Image 實例有個 **pixels** 特性，預設是空陣列，執行 **loadPixels** 方法後，可以將像素資料載入 pixels 陣列，pixels 是個一維陣列，每四個元素為一組像素資料，也就是 pixels 陣列會是[r1,b1,g1,a1,r2,b2,g2,a2,r3,b3,g3,a3,...]的資料結構，由上而下逐列記錄像素資料。

若是基於效率等理由，也可以自行存取 pixels 特性，例如若 img 是 p5.Image 實例，執行 loadPixels 方法後，以下的程式片段是從 pixels 特性，取得 x、y 位置處像素的方式：

```
const idx = y * 4 * img.width + x * 4; // 乘 4 是因為像素資料每四個元素為一組
const r = img.pixels[idx];
const g = img.pixels[idx + 1];
const b = img.pixels[idx + 2];
const alpha = img.pixels[idx + 3];
```

無論是透過 set 或直接存取 pixels 特性，最後都要呼叫 p5.Image 實例的 updatePixels 方法，目的是更新 p5.Image 實例相對應的內部畫布，方才的範例設定了 noLoop，就是為了避免不斷地執行 coloring 函式，而不斷地更新同一個 p5.Image 實例。

可以透過 **createImage** 函式建立 p5.Image，自行設定像素資料，作用之一是可以重複利用圖片處理結果，或者也可以用來複製圖片，例如方才的 pixels 範例，可以改寫如下：

```
let img;

function preload() {
  img = loadImage("images/girl.jpg");
}

function setup() {
  createCanvas(400, 200);
}

function draw() {
  background(200);

  const w = img.width;
  const h = img.height;

  image(img, 0, 0);              // 顯示原圖

  // 建碟新圖片後複製 img
  let copiedImage = createImage(w, h);
  copiedImage.copy(img, 0, 0, w, h, 0, 0, w, h);

  coloring(copiedImage, 0, 150, 150);  // 著色
  image(copiedImage, 200, 0);          // 顯示著色後的圖
}

...coloring 函式不變，故略
```

p5.Image 實例的 **copy** 方法，可以指定來源圖片、來源的原點 x、y、寬、高，以及目的圖片的原點 x、y、寬、高。

5.2.2 濾鏡實現

既然 p5.js 可以存取像素，那麼就可以取得像素資料，進行各種運算，例如，可以取得 RGB 後，透過灰階公式，例如 (r*38+g*75+b*15)>>7 將圖片轉為灰階，或者進一步基於灰階值，超過門檻值設為白色，低於某值設為黑色，實現影像二值化，也就是將圖片轉為黑白，通常稱像素轉換操作為濾鏡套用。

其實 p5.Image 實例本身就提供了 **filter** 方法，可以套用常見的幾種濾鏡，例如，若要轉灰階，只要指定 **GRAY** 引數，若要轉黑白，可以指定 **THRESHOLD**，預設的門檻值為 0.5，可以自行指定 0 到 1 的門檻值。

例如，若 img 為 pixels 範例中的變數，在 draw 函式撰寫以下片段的話：

```
img.filter(THRESHOLD, 0.6);
image(img, 0, 0);               // 顯示原圖
```

就可以得到以下的黑白效果：

圖 5.27　圖片轉黑白

若 p5.js 沒有你想要的濾鏡效果，就可以自行基於像素實現，例如，來想個問題，有沒有辦法只使用黑白兩種顏色，就令圖片在視覺上看來有灰階的效果呢？你應該已經看過這類圖片的應用，像是漫畫上的網點，下圖中每個點都是黑色，然而視覺上會像是灰階：

圖 5.28　半色調繪製

這是半色調（Halftone）的應用變化，半色調是相對於連續調（continue tone），連續調是指圖像基本元素（例如像素）本身就含有顏色的深淺，可建立連續的顏色變化，例如灰階值 0 到 255 的連續性，半色調是基本元素只有兩種狀態，例如 0 或 255，藉由改變元素的大小或頻率，來模擬明暗、灰階變化。

改變元素大小的方式之一，就是根據灰階值作為直徑來繪製圓，圖 5.27 是透過以下的範例畫出來的：

halftone mqILbsRZP.js

```
let img;

function preload() {
  img = loadImage("images/girl.jpg");
}

function setup() {
  createCanvas(400, 400);
  noLoop();
}

function draw() {
  background(200);

  img.filter(GRAY);    // 轉灰階
  const g = halftone(img, 400, 400);
  image(g, 0, 0);
}

// 半色調繪製
function halftone(img, w, h, maxD = 1) {
  const sx = w / img.width;      // x 方向圖片縮放比
  const sy = h / img.height;     // y 方向圖片縮放比

  let g = createGraphics(w, h); // 建立繪圖物件 p5.Graphics
  g.background(255);            // 設定背景
  g.fill(0);                    // 圖形填滿
  for(let y = 0; y < img.height; y++) {
    for(let x = 0; x < img.width; x++) {
      const level = img.get(x, y)[0];        // 取得灰階值
      const d = (255 - level) / 255 * maxD; // 計算直徑
      g.circle(x * sx, y * sy, d);           // 繪製圓
    }
  }
  return g;
}
```

在以上的範例裡，使用 p5.Image 實例的 filter 方法將圖片轉為灰階，halftone 函式可以指定圖片、繪製半色調時需要的畫布寬高、圓點的最大直徑，想建立新畫布時可以使用 **createGraphics** 函式，這會傳回 **p5.Graphics** 實例，接著就可以使用 background 指定背景、fill 指定圖形繪製時的填滿顏色。

由於圖片已經轉為灰階，透過 p5.Image 的 get 方法取得的像素資料裡，RGB 部分都會是相同的值，因此只要存取索引 0 就可以得到灰階值了，灰階值用來計算出直徑值，若要繪製圓可以使用 p5.Graphics 的 circle 方法；最後，image 函式可以接受 p5.Graphics，呈現繪圖結果。

半色調只是 p5.js 控制像素的應用之一，當然還有其他的變化方式，例如建立 ASCII 文字藝術[3]，有興趣可以自行挑戰看看！

---

[3] ASCII 文字藝術：openhome.cc/Gossip/DCHardWay/ASCIIArt.html

像素風格

學習目標

- 像素方塊直線
- 像素方塊曲線
- 像素版本多邊形
- 實作中點圓演算

6.1 方塊線段

像素的英文為 pixel，拆開來看是 pix 與 el，也就是 picture 與 element，意謂著**圖像基本元素**，第 5 章談圖片處理時，就曾經對像素進行存取與應用了，現今許多電子產品搭配的螢幕。也是基於像素來呈現圖像。

既然螢幕或點陣圖本身還是基於像素在繪圖或展現圖像資訊，那麼在電腦中畫直線、曲線等是怎麼一回事呢？這就是接下來要探討的內容。

6.1.1 方塊直線

在電腦中要畫直線，說穿了只是用了許多像素，結合現在電子產品螢幕的高解析度，讓使用者看起來像直線罷了；若呈現圖像可用的基本元素不多時，圖像明顯就會看出許多小方塊，只不過現在想看到像素小方塊，大概就是在 LED 點矩陣螢幕、小尺寸液晶螢幕（像是計算機），或者是故意將點陣圖降低解析度並拉大顯示才看得到了。

圖像軟體、繪圖 API 的底層，都實現了像素繪圖的相關演算法了，為什麼還要討論像素繪圖呢？有時這可以展現一種復古風格，另一方面，Minecraft 這類遊戲中的一切，都是由方塊組成，若想進一步開發 Minecraft 模組，透過程式來操作方塊繪圖，也會需要知道像素繪圖的基本演算方式。

這邊先從直線繪製來認識繪圖上的像素處理，首先要決定像素的資料，這邊的像素不是指畫布像素，而是使用 square 來繪製方塊，一個方塊代表一個像素，為了避免混淆，以下就都稱**像素方塊**吧！

定義像素方塊

像素方塊的資料會有座標 x、y 與寬度 w，為了能逐格繪製，x、y 分量會是整數，(x*w,y*w)會作為 square 繪製時的第一、第二個參數的資訊，根據這些需求，可以先定義一個 **PixelSquare** 類別：

```
class PixelSquare {
  // 像素方塊座標 x、y 與寬度 w
  constructor(x, y, w) {
    this.x = round(x);
    this.y = round(y);
    this.w = w;
  }

  // 繪製像素方塊
  draw() {
    // 像素方塊座標轉畫布座標
    const sx = this.x * this.w;
    const sy = this.y * this.w;
    // 繪製方塊
    square(sx, sy, this.w);
  }
}
```

像素方塊座標都是整數，建構 PixelSquare 實例時，若指定了浮點數的 x、y，會使用 round 函式取得整數，PixelSquare 實例的 x、y 特性不是指畫布座標，而是將畫布以 w 為單位劃分後的網格座標，例如畫布為 80 x 80 大小，而一個像素方塊寬為 10 的話，畫布會有 8 x 8 個像素方塊，以像素方塊的左上角來定義座標的話，下圖的著色方塊座標會是(4,3)。

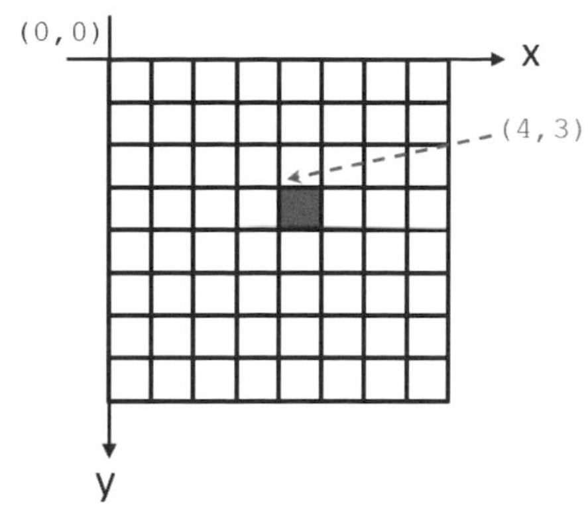

圖 6.1　定義像素方塊的座標

這也是為何 PixelSquare 類別要定義 draw 方法之目的，像素方塊座標如何轉換為畫布座標，以便給 square 函式繪製，都是由 draw 處理。

方塊直線

如果指定了兩個像素方塊座標，以及像素方塊大小，想以方塊來組成一條直線，直覺的想法是，用座標計算斜率，看看 x 座標間是幾個方塊差，乘上斜率後，計算出 y 座標要有幾個方塊差，不過，用向量來思考會更簡單，先來看程式碼：

```
// 指定兩個像素方塊座標與寬度畫出直線？
function pxLine(x1, y1, x2, y2, w) {
  // 以向量思考
  const start = createVector(round(x1), round(y1));
  const end = createVector(round(x2), round(y2));
  const xdiff = abs(start.x - end.x);    // x 座標上有幾個方塊差
  for(let d = 0; d <= xdiff; d++) {      // 遞增 x 座標上的差值
    // 計算兩個向量間的內插向量
    const coord = p5.Vector.lerp(end, start, d / xdiff);
    // 繪製像素方塊
    const px = new PixelSquare(coord.x, coord.y, w);
    px.draw();
  }
}
```

pxLine 函式裡利用了 p5.Vector 的 **lerp** 函式，可以進行兩個向量間的內插，簡單來說，向量 v2 減去向量 v1，得到的向量若切分為 0 到 1 的比例，lerp 可以指定比例值，得到向量 v3，例如，下圖是比例指定為 0.5 的示意：

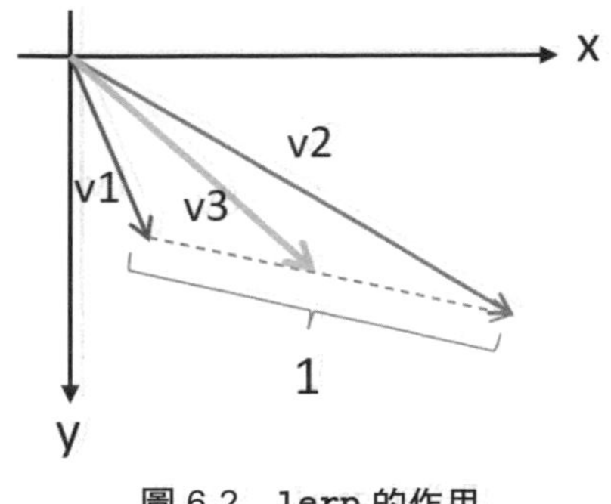

圖 6.2 **lerp** 的作用

然而，如果執行 `pxLine(0, 0, 6, 9, 20)`，也就從像素方塊座標`(0,0)`畫到`(6,9)`，得到的繪製結果會彼此不連接：

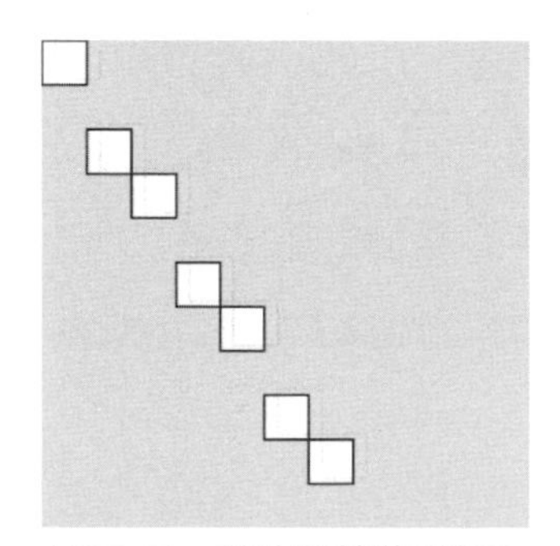

圖 6.3 無法連接的直線？

在每個像素方塊座標處依上面的公式手算一下並繪製出來，就知道為什麼了：

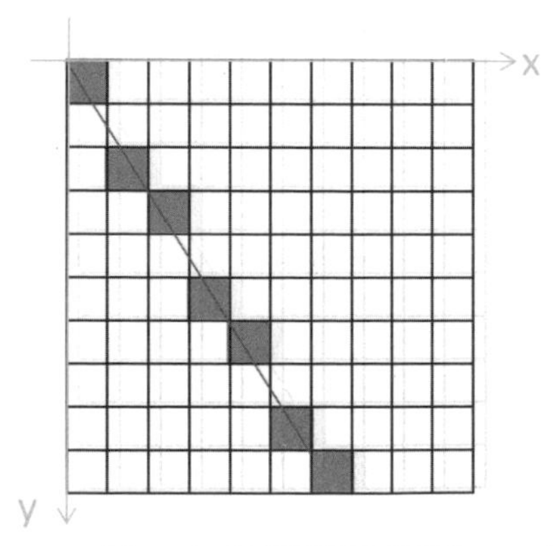

圖 6.4 無法連接的原因

只要是取整數，一定就會有這類的結果，你也許會想，這是因為範例中計算斜率是以 x 為主，改為以 y 為主就不會了：

```
// 指定兩個像素方塊座標與寬度畫出直線？
function pxLine(x1, y1, x2, y2, w) {
  // 以向量思考
  const start = createVector(round(x1), round(y1));
  const end = createVector(round(x2), round(y2));
  const ydiff = abs(start.y - end.y);     // y 座標上有幾個方塊差
  for(let d = 0; d <= ydiff; d++) {       // 遞增 x 座標上的差值
    // 計算兩個向量間的內插向量
    const coord = p5.Vector.lerp(end, start, d / ydiff);
    // 繪製像素方塊
    const px = new PixelSquare(coord.x, coord.y, w);
    px.draw();
  }
}
```

如果這麼修改的話，`pxLine(0, 0, 6, 9, 20)`確實就能畫出不中斷的線，然而 `pxLine(0, 0, 9, 6, 20)`畫出來還是會有中斷問題：

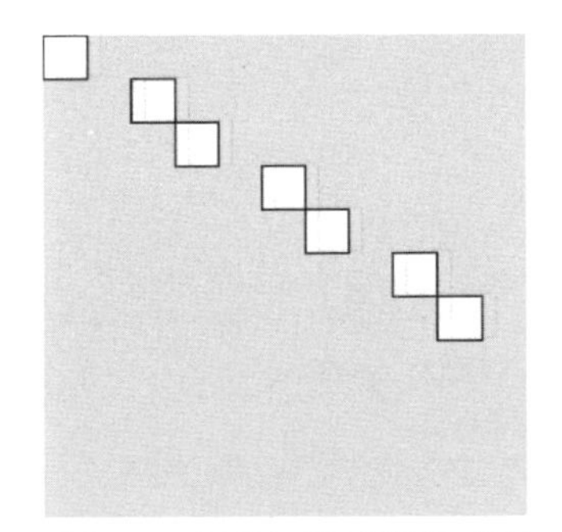

圖 6.5　依舊無法連接的直線

簡單來說，單以 x 為主或只以 y 為主，只要斜率不是 1，差距小的一邊都會畫出有中斷的結果，那麼就看哪個差距大好了：

pixel-line nOmBSq2oX.js

```
function setup() {
  createCanvas(250, 250);
}

function draw() {
  background(220);

  fill(255, 0, 0);
  pxLine(0, 1, 7, 10, 20);
```

```
  fill(0, 255, 0);
  pxLine(0, 0, 9, 6, 20);
}

class PixelSquare {
  // 像素方塊座標 x、y 與寬度 w
  constructor(x, y, w) {
    this.x = round(x);
    this.y = round(y);
    this.w = w;
  }

  // 繪製像素方塊
  draw() {
    // 像素方塊座標轉畫布座標
    const sx = this.x * this.w;
    const sy = this.y * this.w;
    // 繪製方塊
    square(sx, sy, this.w);
  }
}

// 指定兩個像素方塊座標與寬度畫出直線
function pxLine(x1, y1, x2, y2, w) {
  // 以向量思考
  const start = createVector(round(x1), round(y1));
  const end = createVector(round(x2), round(y2));
  const v = p5.Vector.sub(end, start);
  const diff = max(abs(v.x), abs(v.y));  // 計算座標差值
  for(let d = 0; d <= diff; d++) {       // 遞增差值
    // 計算兩個向量間的內插向量
    const coord = p5.Vector.lerp(end, start, d / diff);
    // 繪製像素方塊
    const px = new PixelSquare(coord.x, coord.y, w);
    px.draw();
  }
}
```

這邊使用了 **max** 函式，判斷 x 或 y 方向哪個差值大，不過因為是基於 lerp 計算座標，只需要指定比例就可以了，不用判斷用的差值是 x 或 y 方向；程式中畫了兩條斜率不為 1 的直線作為比照：

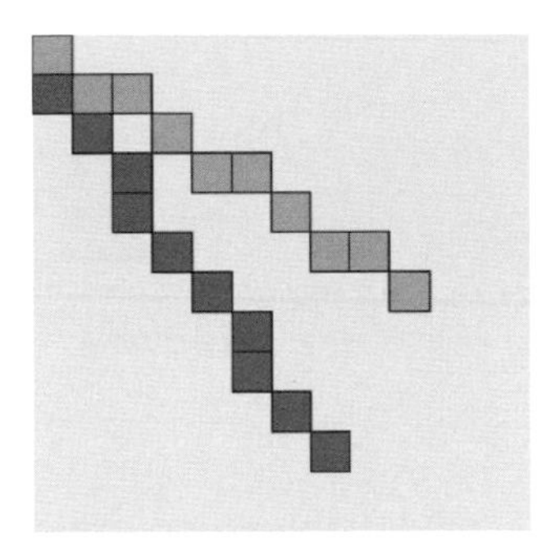

圖 6.6　像素方塊直線

看來像是鋸齒狀？如果你畫的方塊直線夠長，將圖片縮小顯示，視覺上就會是直線了，你可以試著用其他繪圖軟體，筆刷大小設為 1，畫條直線後放大圖片，也就會看到這種看來像是鋸齒狀的結果。

實際上現在繪圖軟體或視窗程式介面，都會實現反鋸齒（anti-aliasing）[1]相關演算，讓圖形邊緣在視覺上看來平滑，不過在這邊是特意製作出鋸齒效果的圖像，來展現像素風格的創作。

方塊折線

有了繪製方塊直線的 `pxLine` 函式，接下來就可以實現折線或曲線了，可以模仿 p5.js 的 `beginShape`、`vertex`、`endShape`，來寫組 **`beginPxPolyline`**、**`pxVertex`**、**`endPxPolyline`**：

pixel-polyline nOmBSq2oX.js

```
function setup() {
  createCanvas(300, 300);
}

function draw() {
  background(200);
  translate(width / 2, height / 2);

  const w = 5;          // 方塊寬度
```

1 反鋸齒：en.wikipedia.org/wiki/Spatial_anti-aliasing

```
  // 繪製阿基米德螺線
  const b = 1;
  const aStep = 0.5; // 度數增量

  beginPxPolyline();
  for(let theta = 1; theta < TAU * 5; theta += aStep) {
    const r = b * theta; // 套用公式
    pxVertex(r * cos(theta), r * sin(theta)); // 轉直角座標
  }
  endPxPolyline(w);
}
...這邊是與 pixel-line 範例相同的 PixelSquare 類別與 pxLine 函式...故略

let _pxPolyline = [];           // 收集點用的陣列
function beginPxPolyline() {
  _pxPolyline.length = 0;     // 清空陣列
}

function pxVertex(x, y) {
  _pxPolyline.push({x, y});     // 收集點
}

function endPxPolyline(w) {
  // 每兩點繪製一段直線
  for(let i = 0; i < _pxPolyline.length - 1; i++) {
    const p1= _pxPolyline[i];
    const p2 = _pxPolyline[i + 1];
    pxLine(p1.x, p1.y, p2.x, p2.y, w);
  }
}
```

可以看到 beginPxPolyline、pxVertex、endPxPolyline 函式主要是靠全域的 _pxPolyline 陣列在溝通，先清空陣列、收集點，最後每兩點繪製一段直線，這個範例其實是 4.1.2 的 archimedean-spiral 範例像素風格版本，繪製出來的成果如下：

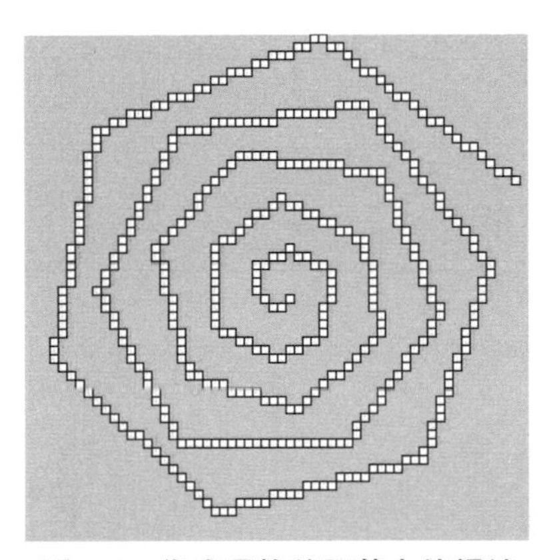

圖 6.7　像素風格的阿基米德螺線

雖然 `beginPxPolyline`、`pxVertex`、`endPxPolyline` 函式是用來繪製折線，然而電腦繪圖裡，曲線就是由許多小直線構成，因此也可以用來繪製阿基米德螺線，如果你將以上範例的 `aStep` 變小，畫出來的螺線就會更圓滑了。

6.1.2 方塊曲線

只要有曲線公式，方才實現的 `beginPxPolyline`、`pxVertex`、`endPxPolyline` 函式也可以用於繪製曲線，那麼能不能實現 4.2.1 談到的貝茲曲線像素版呢？

方式之一是透過 4.2.1 談過 的 `bezierPoint` 求得貝茲曲線上的點，並使用 `beginPxPolyline`、`pxVertex`、`endPxPolyline` 函式收集、逐段繪製，只不過稍嫌麻煩了一些。

像素版貝茲曲線

可以思考一下 4.2.1 談過的貝茲曲線原理，接著想一下 ，因為現在是像素風格，控制點之間的網格距離不會太大，不如簡單一些，以三個控制點為例，如果求得控制點間的中點，然後再求兩個中點的中點，就可以求得曲線上的一點，接著以控制點間的中點來對分，持續遞迴，也可以求得貝茲曲線：

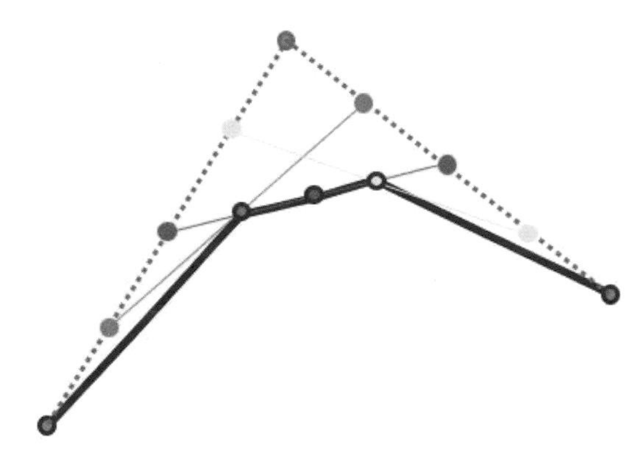

圖 6.8 簡化的貝茲曲線求法

如果是針對高解析度的圖片或螢幕，這種自行計算每個像素點的方式沒有效率，不過現在是特意要繪製像素風格的曲線，這種方式足以應付，而且易懂而簡單。

將以上概念擴充到四個控制點，來實作一個 **pxBezier**：

pixel-bezier nOmBSq2oX.js

```
function setup() {
  createCanvas(300, 300);
}

function draw() {
  background(200);
  pxBezier(28, 2, 2, 2, 28, 28, 2, 28, 10);
}

...這邊是與 pixel-line 範例相同的 PixelSquare 類別...故略

function pxBezier(x1, y1, x2, y2, x3, y3, x4, y4, w) {
  const p1 = createVector(x1, y1);
  const p2 = createVector(x2, y2);
  const p3 = createVector(x3, y3);
  const p4 = createVector(x4, y4);

  const a1 = p5.Vector.lerp(p1, p2, 0.5); // p1、p2 中點
  const a2 = p5.Vector.lerp(p2, p3, 0.5); // p2、p3 中點
  const a3 = p5.Vector.lerp(p3, p4, 0.5); // p3、p4 中點
  const b1 = p5.Vector.lerp(a1, a2, 0.5); // a1、a2 中點
  const b2 = p5.Vector.lerp(a2, a3, 0.5); // a1、a3 中點
  const c = p5.Vector.lerp(b1, b2, 0.5);  // b1、b2 中點
```

```
    // 在 c 畫一個像素方塊
    const px = new PixelSquare(c.x, c.y, w);
    px.draw();

    // 如果可以再切分才遞迴
    if(abs(p1.x - c.x) >= 1.0 || abs(p1.y - c.y) >= 1.0) {
      pxBezier(p1.x, p1.y, a1.x, a1.y, b1.x, b1.y, c.x, c.y, w);
    }

    if(abs(c.x - p4.x) >= 1.0 || abs(c.y - p4.y) >= 1.0) {
      pxBezier(c.x, c.y, b2.x, b2.y, a3.x, a3.y, p4.x, p4.y, w);
    }
}
```

pxBezier 是以遞迴形式實現，每次只處理一個像素方塊的繪製，因為是以遞迴形式實現，要思考停止切分中點的時機，若切分出來的中點與兩個控制點間距離過近，也就是 x、y 都小於 1 個網格時停止遞迴，來看看繪圖效果：

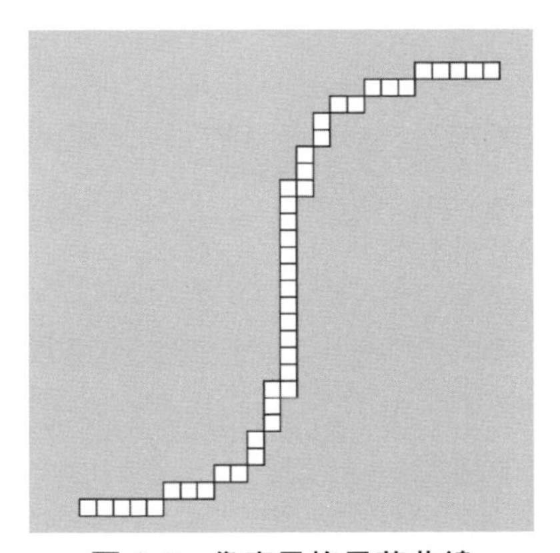

圖 6.9　像素風格貝茲曲線

像素版 Catmull-Rom 曲線

在 4.2.2 談過 curve 的實作原理，它是基於貝茲曲線，既然現在實現了像素版本的 pxBezier，可不可以也實作一個像素版本的 **pxCurve** 呢？這一點都不難：

pixel-curve et3Kz3hba.js

```
function setup() {
  createCanvas(300, 300);
}

function draw() {
  background(200);
  pxCurveTightness(-2);
  pxCurve(28, 2, 2, 2, 28, 28, 2, 28, 10);
}

...PixelSquare、pxBezier 函式實作相同...故略

let _tightness = 0;

// 設定 pxCurve 的 tightness
function pxCurveTightness(amount) {
  _tightness = amount;
}

// 指定四個控制點與像素方塊寬度
function pxCurve(x1, y1, x2, y2, x3, y3, x4, y4, w) {
  const p1 = createVector(x1, y1);
  const p2 = createVector(x2, y2);
  const p3 = createVector(x3, y3);
  const p4 = createVector(x4, y4);

  // 用向量來求平行線段
  // 平行線段是參考來源線段的四分之一，作為緊繃值的位置
  // 往控制點的方向是正方向
  const pv1 = p5.Vector.sub(p3, p1).mult(0.25 * (1 - _tightness))
  // 從控制點 p2 出發的向量
  const p1q = p5.Vector.add(p2, pv1);

  const pv2 = p5.Vector.sub(p2, p4).mult(0.25 * (1 - _tightness))
  const p2q = p5.Vector.add(p3, pv2);

  pxBezier(p2.x, p2.y, p1q.x, p1q.y, p2q.x, p2q.y, p3.x, p3.y, w);
}
```

若想設定緊繃度，可以透過 **pxCurveTightness** 函式，它只是設定一個內部使用的全域變數像_tightness 而已，至於實作像素版本的 pxCurve 時，你可能會想平行線段怎麼求？只要用向量來思考就會簡單許多，畢竟向量本身就提供了方向的資訊，來看看繪製的成果：

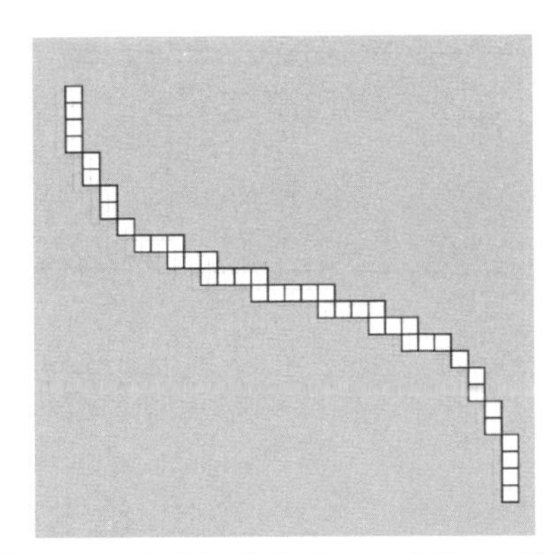

圖 6.10　像素風格的 Catmull-Rom 曲線

6.2 方塊多邊形

能夠以像素方塊繪製直線、折線與曲線後，下一步可以來想想像素風格的形狀繪製該怎麼實現，在這一節中，就來實現像素風格的 beginPxShape、pxVertex、endPxShape 等函式。

6.2.1 簡單多邊形

在 3.1.2 談過，p5.js 提供了 beginShape、vertex、endShape 函式，預設不會封閉形狀（也就是只有線段效果），這意謂著只要將指定的頂點收集起來，每兩個頂點畫一段方塊直線，就可以初步實現 **beginPxShape**、**pxVertex**、**endPxShape** 函式。

多邊形的邊緣

嗯？這聽來很像 6.1.1 實現的 beginPxPolyline、pxVertex、endPxPolyline 在做的事啊？是的！可以先基於它們來初步實作，例如改寫一下 6.1.1 的 pixel-polyline 範例：

pixel-shape　KO6qGL5nK.js

```
function setup() {
  createCanvas(300, 300);
}
```

```
function draw() {
  background(200);

  beginPxShape();

  pxVertex(5, 2);
  pxVertex(20, 13);
  pxVertex(20, 28);

  endPxShape(10, CLOSE);
}

class PixelSquare {
  // 像素方塊座標 x、y 與寬度 w
  constructor(x, y, w) {
    this.x = round(x);
    this.y = round(y);
    this.w = w;
  }

  // 繪製像素方塊
  draw() {
    // 像素方塊座標轉畫布座標
    const sx = this.x * this.w;
    const sy = this.y * this.w;
    // 繪製方塊
    square(sx, sy, this.w);
  }
}

// 指定兩個像素方塊座標與寬度畫出直線
function pxLine(x1, y1, x2, y2, w) {
  // 以向量思考
  const start = createVector(round(x1), round(y1));
  const end = createVector(round(x2), round(y2));
  const v = p5.Vector.sub(end, start);
  const diff = max(abs(v.x), abs(v.y));  // 計算座標差值
  for(let d = 0; d <= diff; d++) {        // 遞增差值
    // 計算兩個向量間的內插向量
    const coord = p5.Vector.lerp(end, start, d / diff);
    // 繪製像素方塊
    const px = new PixelSquare(coord.x, coord.y, w);
    px.draw();
  }
}

let _pxPolyline = [];          // 收集點用的陣列
function beginPxPolyline() {
 _pxPolyline.length = 0;     // 清空陣列
}
```

```
function pxVertex(x, y) {
  _pxPolyline.push({x, y});  // 收集點
}

function endPxPolyline(w) {
  // 每兩點繪製一段直線
  for(let i = 0; i < _pxPolyline.length - 1; i++) {
    const p1= _pxPolyline[i];
    const p2 = _pxPolyline[i + 1];
    pxLine(p1.x, p1.y, p2.x, p2.y, w);
  }
}

function beginPxShape() {
  beginPxPolyline();
}

function endPxShape(w, mode) {
  endPxPolyline(w);

  // 封閉形狀
  if(mode === CLOSE) {
    const p1 = _pxPolyline[_pxPolyline.length - 1];
    const p2 = _pxPolyline[0];
    pxLine(p1.x, p1.y, p2.x, p2.y, w);
  }
}
```

為了便於閱讀程式碼，這邊將範例需要的程式碼都列出了，而粗體字是新增的部分，可以看到這邊只要再定義 beginPxShape、endPxShape，這是因為 pxVertex 只是用來收集頂點，沿用本來就有的 pxVertex 就可以了，beginPxShape 只是進一步呼叫 beginPxPolyline，而 endPxShape 增加了是否指定 CLOSE，若有設置就將首、尾頂點連起來。範例的繪製效果如下：

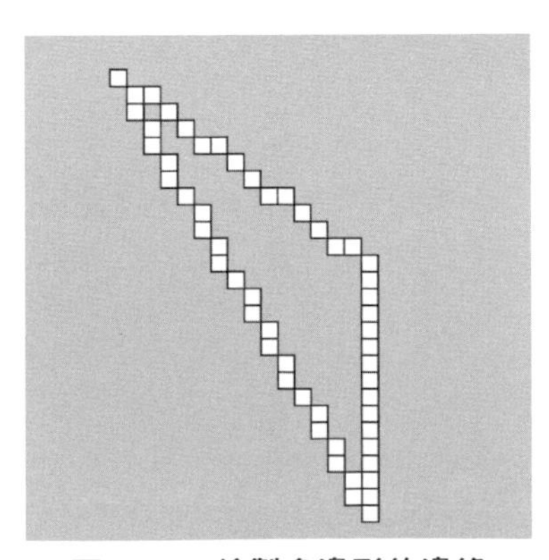

圖 6.11 繪製多邊形的邊緣

倒油漆填滿

有時會想將多邊形的內部填滿，因此先來實作 **pxFill**、**pxNoFill** 函式，決定是否填滿多邊形：

```
// pxFill、pxNoFill 設定是否填滿
let _filled = true; // 預設是填滿模式
function pxFill() {
  _filled = true;
}

function pxNoFill() {
  _filled = false;
}

function beginPxShape() {
  beginPxPolyline();
}
```

接著想想繪圖軟體中倒油漆填滿的方式，可以在多邊形裡找一點，然後探訪鄰居，若有就填滿，直到碰到邊緣為止。

該如何判斷點在多邊形內呢？方式之一是從該點任意方向畫一直線，看看會穿過幾個邊，若穿過奇數個邊，表示座標點在多邊形內部，例如從該點往右水平畫線：

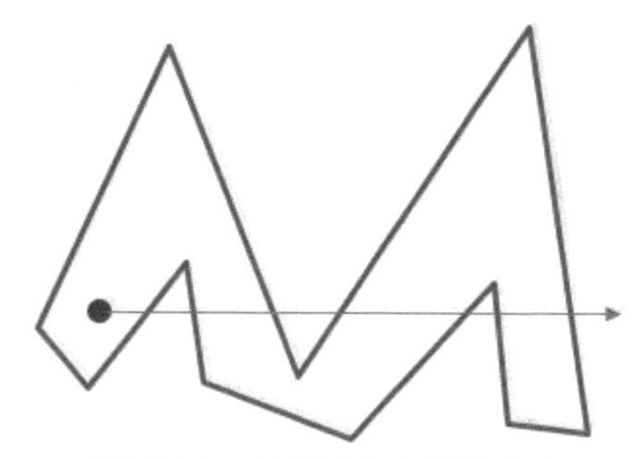

圖 6.12 點是否在多邊形內？

水平線是否穿過邊，可以每兩個頂點作為線段，看看是否與畫出的水平線有交點：

```
// (x,y)往右的水平線是否與兩頂點構成的線段有交點
function cutThrough(x, y, x1, y1, x2, y2) {
  if((y1 > y) === (y2 > y)) { // y 不在 y1、y2 之間
     return false;            // 顯然不會有交點
  }
```

```
  if(y1 === y2) {               // 兩頂點構成水平線
     return x < x1;             // 是否在任一點左邊
  }

  const v1 = createVector(x1, y1);
  const v2 = createVector(x2, y2);

  // 是否在交點左邊
  return x < p5.Vector.lerp(v1, v2, (y - v1.y) / (v2.y - v1.y)).x;
}
```

接著就可以計算穿過幾個邊，判斷是否計數為奇數了：

```
// (x,y)是否在 shape 內
function inShape(shape, x, y) {
  let count = 0;
  for(let i = shape.length - 1, j = 0; j < shape.length; i = j++) {
    // 如果有穿過邊
    if(cutThrough(x, y, shape[i].x, shape[i].y, shape[j].x, shape[j].y)) {
         count++;
    }
  }
  // 奇數嗎？
  return count % 2 === 1;
}
```

接著來尋找多邊形中的一點，方式是逐一測試頂點的鄰居，找到就傳回座標：

```
// 從多邊形頂點的鄰居尋找內部中的一個點
function onePointInShape(shape) {
  // 鄰居位移
  const dirs = [[0, -1], [0, 1], [-1, 0], [1, 0]];

  for(let v of shape) {
    for(let j = 0; j < dirs.length; j++) {
      const x = v.x + dirs[j][0];
      const y = v.y + dirs[j][1];
      if(inShape(shape, x, y)) {
        return {x, y};    // 找到就傳回座標
      }
    }
  }
}
```

如果找到多邊形內部的一個點，就可以來倒油漆了：

```
// 倒油漆
function flood(x, y, shape, coords = []) {
  // 鄰居位移
  const dirs = [
    [-1, -1], [0, -1], [1, -1],
    [-1,  0],          [1,  0],
    [-1,  1], [0,  1], [1,  1]
  ];

  // coords 用來收集多邊形填滿時需要的座標
  // 如果座標沒收集過而且在多邊形內
  if(coords.every(coord => coord.x !== x || coord.y !== y)
     && inShape(shape, x, y)) {
    coords.push({x, y});          // 收集
    // 探訪鄰居
    for(let dir of dirs) {
      flood(x + dir[0], y + dir[1], shape, coords);
    }
  }

  // 收集完成，傳回收集的座標
  return coords;
}
```

可以將方才看過的這些函式，新增至之前 pixel-shape 範例，然後修改一下 `endPxShape`，判斷是否設定為填滿，如果是的話就執行倒油漆的演算：

pixel-shape-filled yXj4wxzuo.js

```
function setup() {
  createCanvas(300, 300);
}

function draw() {
  background(220);

  beginPxShape();

  pxVertex(5, 2);
  pxVertex(20, 13);
  pxVertex(20, 28);

  endPxShape(10, CLOSE);
}

...與 pixel-shape 範例相同的片段...故略

function endPxShape(w, mode) {
```

```
  endPxPolyline(w);

  // 封閉形狀
  if(mode === CLOSE) {
    const p1 = _pxPolyline[_pxPolyline.length - 1];
    const p2 = _pxPolyline[0];
    pxLine(p1.x, p1.y, p2.x, p2.y, w);
  }

  // 填滿模式
  if(_filled) {
    const start = onePointInShape(_pxPolyline);
    // 可以找到一點
    if(start !== undefined) {
      // 倒油漆
      const coords = flood(start.x, start.y, _pxPolyline);
      for(let coord of coords) {
        const px = new PixelSquare(coord.x, coord.y, w);
        px.draw();
      }
    }
  }
}

...方才看過的程式片段...故略
```

因為預設是填滿模式，範例執行結果會如下：

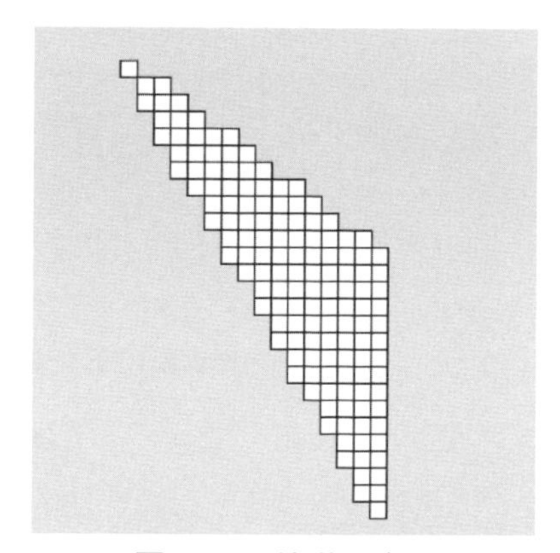

圖 6.13　填滿多邊形

來試試在 draw 函式裡，提供五芒星的頂點資訊的話：

```
// 五芒星
const pentagram = [
  [0, -10], [-2.24514, -3.09017], [-9.51057, -3.09017],
  [-3.63271, 1.18034], [-5.87785, 8.09017], [0, 3.81966],
  [5.87785, 8.09017], [3.63271, 1.18034], [9.51057, -3.09017],
  [2.24514, -3.09017]
];

fill(255, 255, 0);  // 黃色填滿

translate(width / 2, height / 2);
beginPxShape();

for(let coord of pentagram) {
  pxVertex(coord[0], coord[1]);
}

endPxShape(10, CLOSE);
```

這可以看到像素風格的五芒星：

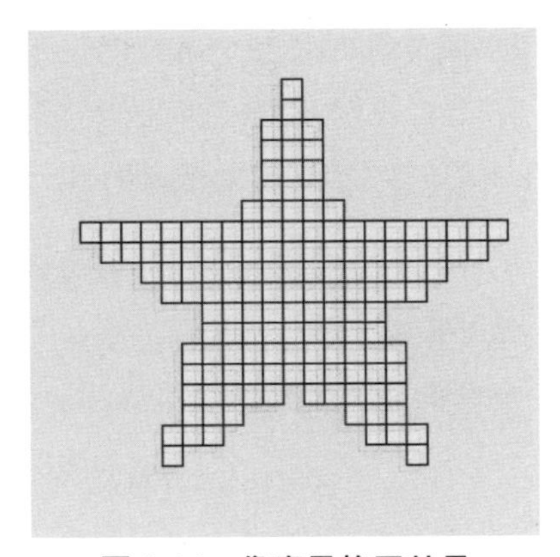

圖 6.14　像素風格五芒星

6.2.2 像素圓

在可以繪製像素版本的 beginPxShape、pxVertex、endPxShape 函式後，對於簡單多邊形，現在都能繪製了，例如圓只要視為正多邊形，就可以套用這些函式。

中點圓演算

不過，有些圖形本身具備某些特性，若能觀察並善用這些特性，或許可以找到更簡單的實作、更有效率的繪製方式，並且有更好的視覺效果。以圓為例，因為圓是對稱的，可以善用對稱，只畫出八分之一圓，然後其他以對稱方式處理就可以了，例如：

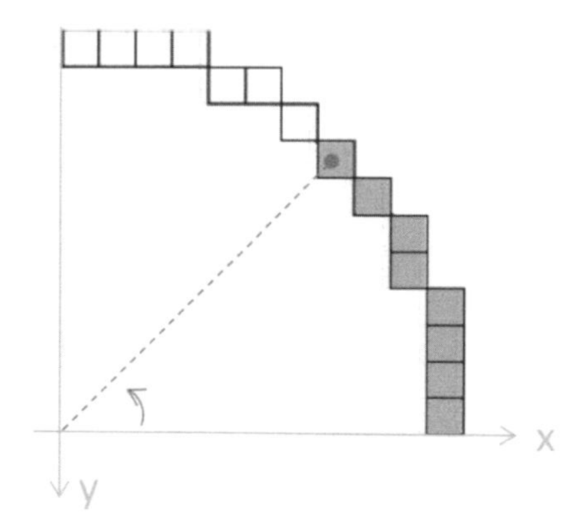

圖 6.15　畫出八分之一圓後對稱處理

對於空心圓，可以採用中點圓演算（Midpoint circle algorithm）[2]，假設圓上第一個像素已經畫出，如下圖的著色方塊：

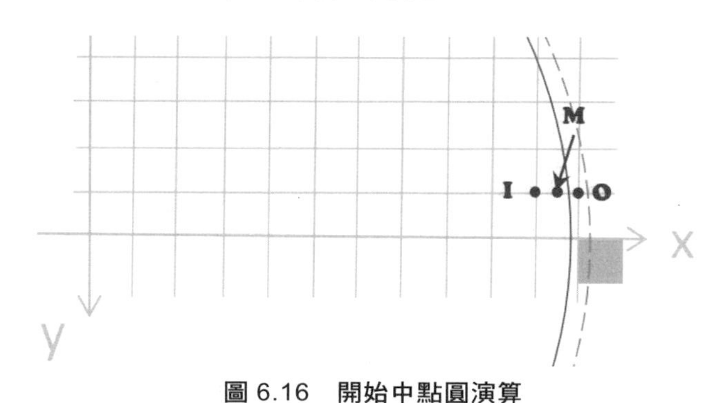

圖 6.16　開始中點圓演算

[2] 中點圓演算：en.wikipedia.org/wiki/Midpoint_circle_algorithm

這邊對半徑採四捨五入，因此不管是實線圓或虛線圓，第一個像素方塊都會是在上圖的著色方塊，若是逆時針繪製，就往方塊左上角取 I、O 點，以及這兩點的中點 M，如果 M 點座標為 `(x,y)` 而 `x2+y2-r2<0`，表示 M 在圓的內側，也就是圓比較靠 O 點，這時就畫出 O 點的像素方塊。

因此對於目前的實線圓或虛線圓，都可以畫出下圖的第二個方塊：

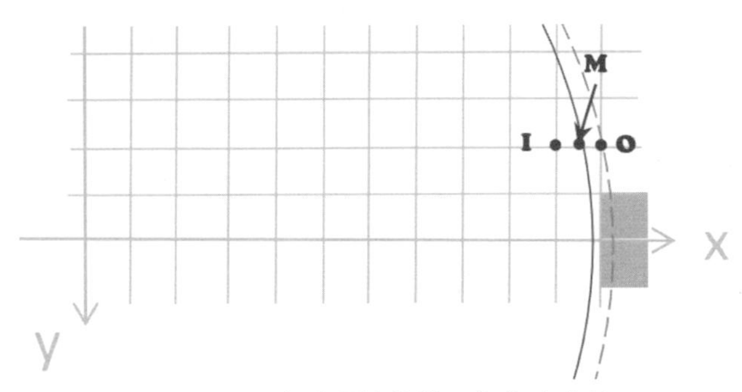

圖 6.17　中點圓演算第二個像素方塊

同樣地，根據上圖的 M 點座標，不管是實線圓或虛線圓，都是選擇相同的座標作為第三個方塊：

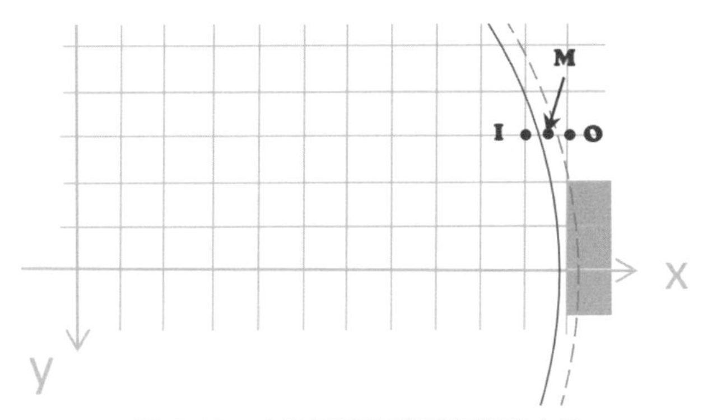

圖 6.18　中點圓演算第三個像素方塊

接下來對於實線圓來說，M 點在圓的外側，這表示圓比較靠 I 點，若是要繪製實線圓的像素方塊，應該選擇 I 點作為座標；然而對於虛線圓而言，M 點在圓的內側，這表示圓比較靠 O 點，若是要繪實線圓的像素方塊，應該選擇 O 點作為座標：

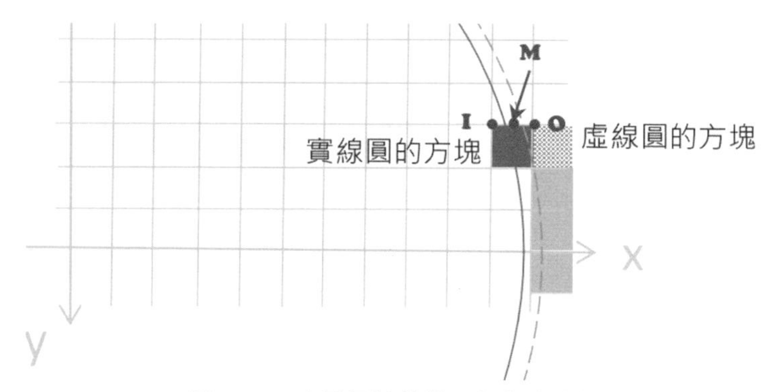

圖 6.19　中點圓演算第四個像素方塊

如果 M 正好在圓上呢？那就看你高興取 I 或 O，這邊一律取 O，以上流程持續到 `x<-y` 就可以停止了，因為只要算出八分之一圓，其餘就對稱處理。

座標的計算

`x2+y2-r2` 有用到平方計算，要直接計算雖然也可以，不過在座標都是整數的情況下，可以基於前次的計算結果來化簡，不需要用到平方計算，例如現在畫到以下狀態了：

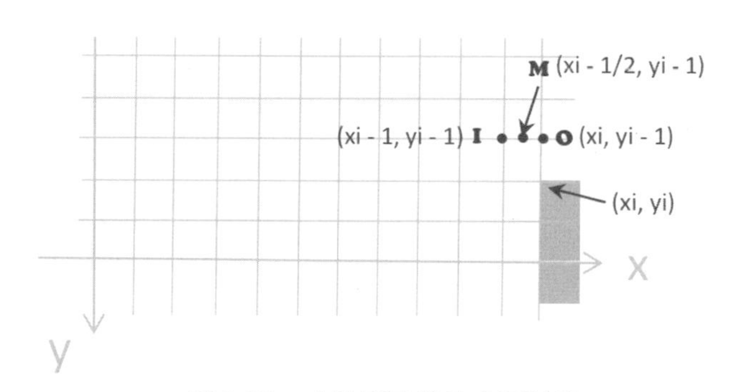

圖 6.20　中點圓演算的座標計算

上圖列出了目前像素方塊左上座標，以及 I、M、O 的座標，以 M 座標來計算 `x2+y2-r2`，就是 **`(xi-1/2)2+(yi-1)2-r2`**。

若結果小於 0，選 O 作為下個像素方塊座標，那麼下一個 M 點座標會是 `(xi-1/2,yi-2)`，套入 `x2+y2-r2` 的話，就是 **`(xi-1/2)2+(yi-2)2-r2`**，觀察

(xi-1/2)2+(yi-1)2-r2 與(xi-1/2)2+(yi-2)2-r2，兩次 x2+y2-r2 的差距是(yi-2)2-(yi-1)2，也就是 **-2*yi+3**。

若結果大於 0，選 I 作為下個像素方塊座標，那麼下一個 M 點座標會是(xi-1,yi-1)，套入 x2+y2-r2 的話，就是 **(xi-3/2)2+(yi-2)2-r2**，觀察(xi-1/2)2+(yi-1)2-r2 與(xi-3/2)2+(yi-2)2-r2，兩次 x2+y2-r2 的差距整理過後會是 **-2*(xi+yi)+5**。

如果圓半徑是 r，第一個像素方塊的座標會是(r,0)，套到 x2+y2-r2，計算後的結果會是 **1.25-2*r**。

將以上的過程整理一下，若最初像素方塊座標為(r,0)，想要逆時針畫八分之一圓，也就是到 x<-y 停止繪製的話：

- 令 diff 為 1.25-2*r。
- 若 diff<0，下個像素座標會是(x,y-1)，diff 更新為 diff-2*yi+3。
- 若 diff>=0，下個像素座標會是(x-1,y-1)，diff 更新為 diff-2*(xi+yi)+5。

這就是中點圓演算了，能用簡單的流程來實現，原因就在於一些數學推導，接下來只要化為程式碼就可以了：

pixel-circle 9Y-hTln_5.js

```
function setup() {
  createCanvas(500, 250);
}

function draw() {
  background(200);
  pxFill();
  pxCircle(width * 0.25, height * 0.5, 20, 10);

  pxNoFill();
  pxCircle(width * 0.75, height * 0.5, 20, 10);
}

class PixelSquare {
  // 像素方塊座標 x、y 與寬度 w
  constructor(x, y, w) {
    this.x = round(x);
    this.y = round(y);
    this.w = w;
```

```
  }

  // 繪製像素方塊
  draw() {
    // 像素方塊座標轉畫布座標
    const sx = this.x * this.w;
    const sy = this.y * this.w;
    // 繪製方塊
    square(sx, sy, this.w);
  }
}

// pxFill、pxNoFill 設定是否填滿
let _filled = true; // 預設是填滿模式
function pxFill() {
  _filled = true;
}

function pxNoFill() {
  _filled = false;
}

// 像素風格的圓
function pxCircle(x, y, d, w) {
  push();
  translate(round(x), round(y));

  const r = round(d / 2);

  let xi = r;
  let yi = 0;
  let diff = 1.25 - 2 * r;
  while(xi >= -yi) {
    // 根據八分之一圓的資訊對稱地繪製像素方塊
    drawPxCircleSymmetrically(xi, yi, w);

    yi = yi - 1;
    if(diff >= 0) {
      xi = xi - 1;
      diff = diff - 2 * (xi + yi) + 5;
    } else {
      diff = diff - 2 * yi + 3;
    }
  }

  pop();
}

function rightSemiCircle(x, y, w) {
  if(_filled) {  // 填滿模式
```

```
      // 由上往下畫方塊，對稱 x 軸
      for(let yi = y; yi <= -y; yi++) {
        new PixelSquare(x, yi, w).draw();
      }
      // 另外八分之一
      for (let yi = -x; yi <= x; yi++) {
        new PixelSquare(-y, yi, w).draw();
      }
    }
    else {
      // 對稱 x 軸
      new PixelSquare(x, y, w).draw();
      new PixelSquare(x, -y, w).draw();
      // 另外八分之一
      new PixelSquare(-y, -x, w).draw();
      new PixelSquare(-y, x, w).draw();
    }
  }

  // 與 rightSemiCircle 類似，不過是對稱 y 軸處理
  function leftSemiCircle(x, y, w) {
    if(_filled) {
      for (let yi = y; yi <= -y; yi++) {
        new PixelSquare(-x, yi, w).draw();
      }

      for (let yi = -x; yi <= x; yi++) {
        new PixelSquare(y, yi, w).draw();
      }
    }
    else {
      new PixelSquare(-x, y, w).draw();
      new PixelSquare(-x, -y, w).draw();

      new PixelSquare(y, -x, w).draw();
      new PixelSquare(y, x, w).draw();
    }
  }

  function drawPxCircleSymmetrically(x, y, w) {
    rightSemiCircle(x, y, w);
    leftSemiCircle(x, y, w);
  }
```

記得！方才推導的公式演算，只會計算出八分之一像素圓的座標資訊，因此 `drawPxCircleSymmetrically` 要做對稱處理，範例中繪製了填滿與未填滿的圓：

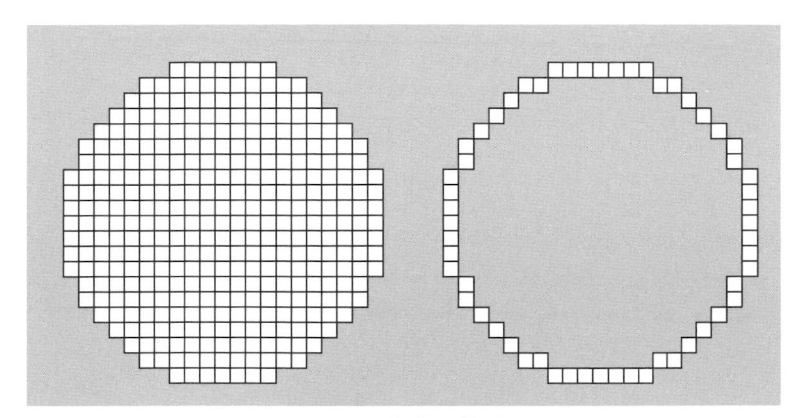

圖 6.21　像素風格的圓

這一章介紹的像素風格演算，必要時也可以擴展為 3D，像是 Minecraft - Stuff Library[3]這類輔助 Minecraft 模組開發的程式庫，就可以看到這類演算的實現，有了這一章的基礎，將來你想進行像素風格的創作，應該就不會是難事了！

---

3 Minecraft - Stuff Library：minecraft-stuff.readthedocs.io

碎形與 L-system

7

CHAPTER

學習目標

- 認識／設計碎形
- 海龜繪圖與碎形
- 認識 L-system
- 結合海龜繪圖與 L-system

7.1 碎形／海龜

碎形（Fractal）代表可以分為零碎部分的形狀，每個部分組成了形狀，每個部分又都是縮小的形狀，形狀與部分構成**自我相似（Self-similarity）**，2.1.3 談過的謝爾賓斯基三角形，就是一種碎形，三角形構成了謝爾賓斯基三角形，每個三角形也都是謝爾賓斯基三角形。

7.1.1 謝爾賓斯基地毯

碎形的自我相似看來神奇，然而這種神奇都是由簡單的形狀，按照簡單的規律構造而成。例如，想畫個謝爾賓斯基地毯（Sierpinski carpet）嗎？

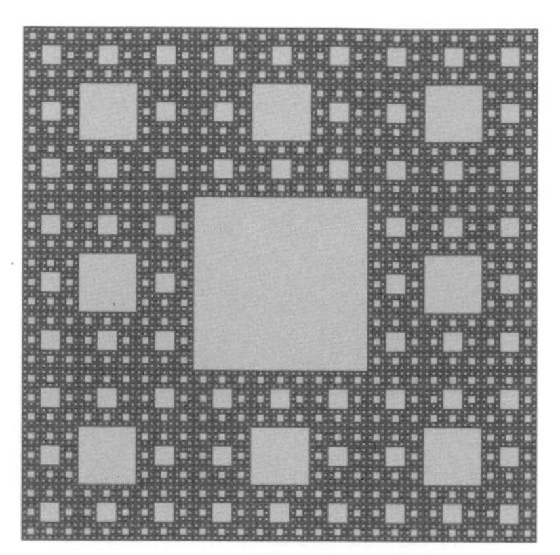

圖 7.1 謝爾賓斯基地毯

感覺很複雜？不用想太多，整體而言就是個正方形，用 p5.js 畫個正方形，應該沒問題吧！

```
function setup() {
  createCanvas(300, 300);
  noStroke(); // 無邊框
}

function draw() {
  background(200);
  fill(255, 0, 0);
  sierpinski_carpet(0, 0, width);
}

function sierpinski_carpet(x, y, w) {
  square(x, y, w);  // 只是畫個正方形
}
```

這個簡單的程式，會畫出填滿整個畫布的正方形，就不秀繪圖結果了；然而圖 7.1 的九宮格中心沒有填滿，那就除了九宮格中心之外，都畫上九分之一的正方形：

```
function setup() {
  createCanvas(300, 300);
  noStroke(); // 無邊框
}

function draw() {
  background(200);
  fill(255, 0, 0);
  sierpinski_carpet(0, 0, width);
}
```

```
function sierpinski_carpet(x, y, w) {
  const w3 = w / 3;
  for(let i = 0; i < 3; i++) {
    square(x + i * w3, y, w3);             // 上排三個正方形
    square(x + i * w3, y + 2 * w3, w3); // 下排三個正方形
  }
  square(x, y + w3, w3);                   // 左邊正方形
  square(x + w3 * 2, y + w3, w3);          // 右邊正方形
}
```

這畫出來的圖形會是：

圖 7.2　謝爾賓斯基地毯？

現在解決了九宮格中心不填滿的問題，然而還不是謝爾賓斯基地毯，因為另外八個小正方形，中心還是填滿狀態，那每個小正方形，也是看成九宮格，除了九宮格中心之外，都畫上九分之一的正方形，咦？怎麼感覺跟方才的描述重複了，那就表示將 square 換成 sierpinski_carpet，遞迴呼叫就好了：

sierpinski-carpet　T6HYjxSgG.js

```
function setup() {
  createCanvas(300, 300);
  noStroke(); // 無邊框
}

function draw() {
  background(200);
  fill(255, 0, 0);
  sierpinski_carpet(0, 0, width, 5);
}

function sierpinski_carpet(x, y, w, n) {
  if(n === 0) {
    square(x, y, w);   // 不再分九宮格了，直接畫正方形
```

```
    return;
  }

  const nx = n - 1; // 計數減一
  const w3 = w / 3;
  for(let i = 0; i < 3; i++) {
    sierpinski_carpet(x + i * w3, y, w3, nx);          // 上三個謝爾賓斯基地毯
    sierpinski_carpet(x + i * w3, y + 2 * w3, w3, nx);// 下三個謝爾賓斯基地毯
  }
  sierpinski_carpet(x, y + w3, w3, nx);                // 左謝爾賓斯基地毯
  sierpinski_carpet(x + w3 * 2, y + w3, w3, nx);      // 右謝爾賓斯基地毯
}
```

電腦實際上不可能無限地切分九宮格，因此這邊設定了 n 作為計數，每切分一次就減 1，當 n 為 0 時就不切分而直接畫個正方形，這個範例執行後的結果，就是圖 7.1。

自相似性是一種內在重複的模式，自然界有許多現象都呈現自相似性，像是海岸線、植物生長等，對這類現象整體來看，以及從其中一部分來看，都有著類似的構成，呈現出另一種規律之美。

7.1.2 海龜繪圖

想構造有趣的碎形圖案，出發點往往只是簡單的圖形，例如，從一個 Y 出發，接著將 Y 的兩個分支也變成一個 Y，如此不斷地分支，就可以構成一棵樹：

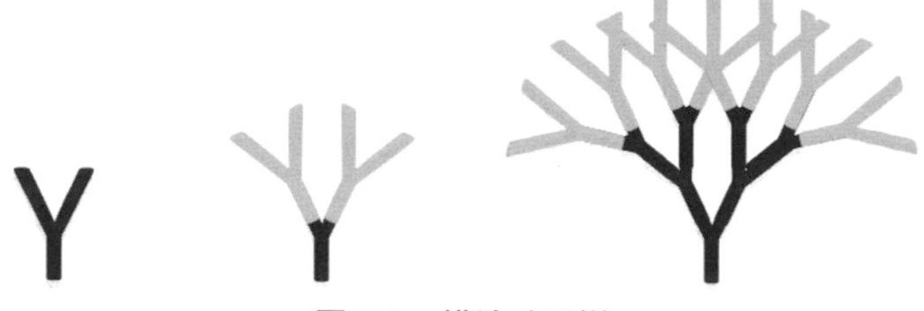

圖 7.3　構造碎形樹

那麼該怎麼用程式碼來描述 Y 呢？用座標(x1,y1)、(x2,y2)畫一條垂直線，然後用座標(x2,x2)、(x3,y3)畫一個分支，接著用座標(x2,x2)、(x4,y4)畫另一個分支？這雖然也是一種方式，不過略嫌囉嗦。

想像有隻海龜在沙灘上爬，往前爬了一段距離，左轉爬一段距離，然後回到轉彎處，右轉爬一段距離，這不就完成了一個 Y 了嗎？既然需要一隻海龜，就來隻海龜吧！

```
class Turtle {
  // 起始位置(x,y)與頭面向的度數
  constructor(x = 0, y = 0, heading = 0) {
    // 以向量記錄位置
    this.coordinateVector = createVector(x, y);
    // 以向量記錄方向
    this.headingVector = createVector(1, 0).rotate(heading);
  }

  // 傳回目前位置
  coordinate() {
    return this.coordinateVector.copy();
  }

  // 前進，傳回起點與終點位置
  forward(length) {
    const from = this.coordinate();  // 起點

    // 以目前方向前進指定的距離
    const v = p5.Vector.mult(this.headingVector, length);
    // 出發點是目前位置，兩個向量相加就是終點位置
    this.coordinateVector.add(v);

    const to = this.coordinate();   // 終點

    return {from, to};
  }

  // 轉彎
  turn(angle) {
    this.headingVector.rotate(angle);
  }
}
```

就麼簡單？是的！就這麼簡單！基於**向量**來計算，就不需要面對 sin、cos 等函式，因此以上的 Turtle 類別使用 p5.Vector 記錄目前位置與前進方向。

海龜位置會變動，想傳回目前位置時，可以透過 p5.Vector 的 copy 方法複製 p5.Vector 實例，如此一來，就算後續海龜移動了，也不致於影響已取得的位置資訊，例如，forward 方法執行時，會分別取得海龜的起點 from 與終點 to，作為方法執行後的傳回資訊，你當然不希望 from 參考的位置資訊，因為海龜移動了就跟著變動。

海龜前進時的位置計算方式，也是基於向量，只要透過 3.2.1 談過向量相加，就可以簡單地完成計算，至於海龜的轉彎，只要透過 `p5.Vector` 的 `rotate` 方法就可以了。

在試著用海龜繪製碎形之前，先讓海龜暖個身吧！如果海龜每次前進一段離，左轉 120 度，重複個三次，會畫出什麼呢？

turtle-graphics ronsf139s .js

```
function setup() {
  createCanvas(200, 200);
  angleMode(DEGREES);
}

function draw() {
  background(200);
  // 來一隻海龜
  const t = new Turtle();
  for (let i = 0; i < 3; i++) {
    // 前進
    const {from, to} = t.forward(200);
    // 畫出足跡
    line(from.x, from.y, to.x, to.y);
    // 轉 120 度
    t.turn(120);
  }
}

...方才的 Turtle 類別...故略
```

這隻海龜畫出了一個正三角形：

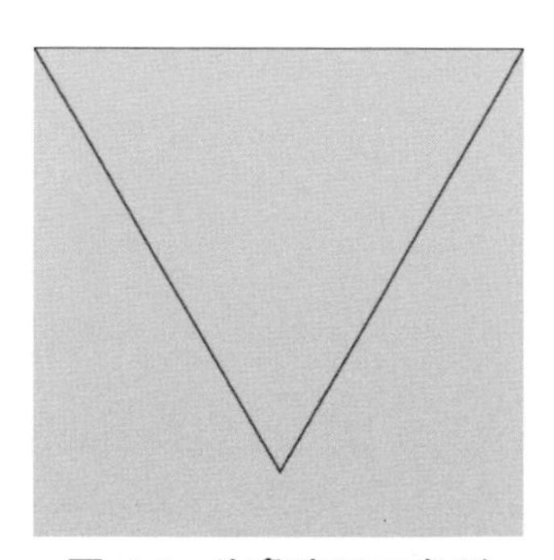

圖 7.4　海龜畫正三角形

這就是**海龜繪圖（turtle graphics）**，好處顯而易見，相對於計算、描述正三角形的座標資訊，透過海龜繪圖來描述更為直覺而簡潔，也易於配合被觀察出來的規律來繪圖，以呈現規律之美。

海龜繪圖有多適合與規律搭配呢？就算只有前進、轉彎兩個動作，效果也已經令人驚嘆了：

rotating-spiral tdBbbKkwq .js

```
function setup() {
    createCanvas(300, 300);
    angleMode(DEGREES);
    strokeWeight(5);
}

let angle = 0;
function draw() {
  background(0);
  // 原點是畫布中心
  translate(width / 2, height / 2);
  // 旋轉座標系統，多點變化性
  rotate(angle);
  // 至於海龜，只要不斷前進、轉彎就可以了
  // 這邊就隨意地重複個 20 次吧！
  const t = new Turtle();
  for(let i = 0; i < 20; i++) {
    const { from, to } = t.forward(100);
    // 隨機顏色
    stroke(random(0, 255), random(0, 255), random(0, 255));
    line(from.x, from.y, to.x, to.y);
    t.turn(angle);
  }
  angle = (angle + 1) % 360;
}

...方才的 Turtle 類別...故略
```

海龜不斷地前進、轉彎，會構造出螺線的畫面，這邊再配合座標系統的旋轉，以及隨機顏色，就會建立起形態多樣化的螺線動畫：

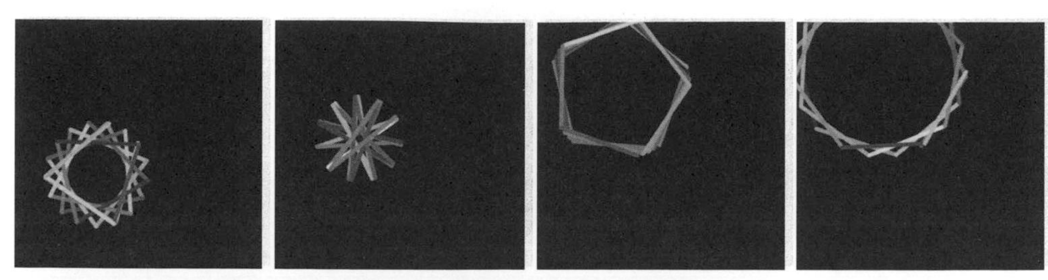

圖 7.5　海龜繪製多樣化的螺線

7.1.3 海龜也懂碎形

海龜繪圖可以用來繪製碎形，例如碎形樹，上一小節提過，想像有隻海龜在沙灘上爬，往前爬了一段距離，左轉爬一段距離，然後回到轉彎處，右轉爬一段距離，就可以完成一個 Y。

如何讓海龜回到轉彎處呢？可以轉 180 度後前進，而為了要以與先前左轉前同樣角度右轉，海龜得先面向之前左轉前的方向，這雖然是個方式，不過更好的方式是，在分支轉彎前，就保存海龜的狀態，如此一來，左分支畫完後，只要取回保存的海龜狀態，就可以直接進行右分支的繪製了。

p5.js 本身也有類似的概念，`push`、`pop` 函式就是用來保存、取回座標系統等狀態，因此來模仿一下 p5.js，為上一小節設計的 `Turtle` 類別，增加 **`push`**、**`pop`** 方法：

```
class Turtle {
  // 起始位置(x,y)與頭面向的度數
  constructor(x = 0, y = 0, heading = 0) {
    // 以向量記錄位置
    this.coordinateVector = createVector(x, y);
    // 以向量記錄方向
    this.headingVector = createVector(1, 0).rotate(heading);
    this.stateStack = [];  // 儲存海龜目前狀態
  }

  // coordinate、forward、turn 方法不變...故略

  // 將目前狀態置入堆疊
  push() {
    this.stateStack.push({
      x: this.coordinateVector.x,
      y: this.coordinateVector.y,
```

```
      heading: this.headingVector.heading()  // 取得面向的度數
    });
  }

  // 將堆疊頂的第一個狀態彈出，作為目前海龜狀態
  pop() {
    const {x, y, heading} = this.stateStack.pop();
    this.coordinateVector.x = x;
    this.coordinateVector.y = y;
    this.headingVector.setHeading(radians(heading));  // 設定面向的度數
  }
}
```

你可以透過 `p5.Vector` 的 **heading** 方法，取得向量的度數，這個方法會依 `angleMode` 設定傳回角度或徑度，若要設定向量的度數，可以透過 **setHeading** 方法，不過要注意的是，**setHeading 方法只接受徑度**。接著類似地，先從簡單的 Y 字開始，

```
// 指定每次前進距離、分支角度、分支縮放比以及海龜
function tree(length, angle = 37, branchRatio = 0.75, t = new Turtle()) {
  footprint(t.forward(length));                    // 主幹

  t.push();                                        // 保存目前狀態

  t.turn(angle);
  footprint(t.forward(length * branchRatio));      // 右分支

  t.pop();                                         // 取得保存的狀態

  t.turn(-angle);
  footprint(t.forward(length * branchRatio));      // 左分支
}

// 繪製海龜前進足跡
function footprint({from, to}) {
    line(from.x, from.y, to.x, to.y);
}
```

為了繪製碎形樹，每個分支也要是個 Y，然而電腦沒辦法無限地分支下去，因此可以指定分支 n 次：

tree DaTYcgvV_.js

```
function setup() {
  createCanvas(300, 250);
  angleMode(DEGREES);
}

function draw() {
  background(200);

  // 畫布底部中央
  translate(width / 2, height);
  // 往畫布上方生長
  rotate(-90);

  tree(60);
}

...Turtle 類別...故略

// 指定每次前進距離、分支角度、分支縮放比、海龜以及分支次數
function tree(length, angle = 37, branchRatio = 0.75,
               t = new Turtle(), n = 10) {
  footprint(t.forward(length));                     // 主幹

  if(n > 0) {
    t.push();                                       // 保存目前狀態

    t.turn(angle);
    tree(length * branchRatio, angle, branchRatio, t, n - 1); // 右分支

    t.pop();                                        // 取得保存的狀態

    t.turn(-angle);
    tree(length * branchRatio, angle, branchRatio, t, n - 1); // 左分支
  }
}

// 繪製海龜前進足跡
function footprint({from, to}) {
  line(from.x, from.y, to.x, to.y);
}
```

執行這個範例，就可以長出一棵碎形樹了：

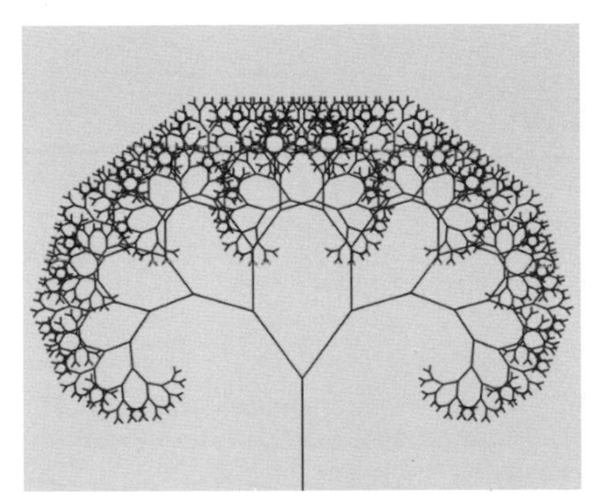

圖 7.6　碎形樹

提示 >>> 如果每次有三個分支，角度 120 度，分支長度比率為 0.5，會得到謝爾賓斯基三角形喔！有興趣可參考〈TT Transformer[1]〉的程式碼。

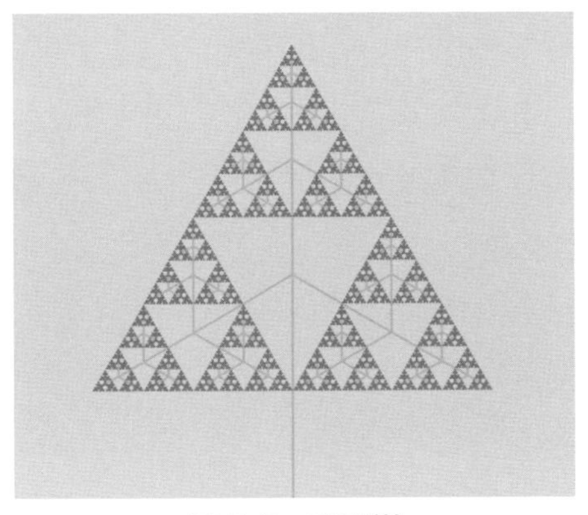

圖 7.7　碎形樹

只不過因為分支的長度與角度是固定的，使得這棵樹規律到太不自然了，若故意加入一些隨機：

```
// 指定每次前進距離、分支角度、分支縮放比、海龜以及分支次數
function tree(length, angle = 37, branchRatio = 0.75,
              t = new Turtle(), n = 10) {
```

[1] TT Transformer：openprocessing.org/sketch/1627154

```
    footprint(t.forward(length));                         // 主幹

    if(n > 0) {
      t.push();                                           // 保存目前狀態

      t.turn(angle);
      tree(length * branchRatio * random(0.95, 1.05),     // 隨機長度
           angle * random(0.95, 1.05),                    // 隨機角度
           branchRatio, t, n - 1);  // 右分支

      t.pop();                                            // 取得保存的狀態

      t.turn(-angle);
      tree(length * branchRatio * random(0.95, 1.05),
           angle * random(0.95, 1.05),
           branchRatio, t, n - 1);  // 左分支
    }
}
```

適當地指定 n 的話，就可以建立比較自然的隨機碎形樹：

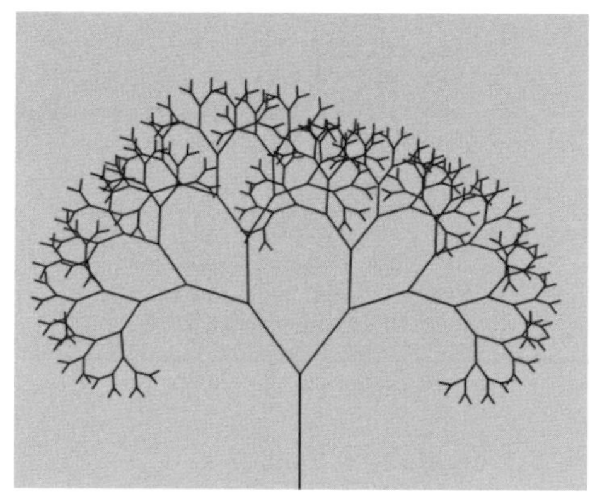

圖 7.8 隨機碎形樹

7.2 L-system

碎形的構造是基於簡單的形狀與自我相似規律，上一節使用海龜繪圖來實作了碎形，你可以試著構造科赫曲線[2]、龍形曲線[3]、希爾伯特曲線[4]等圖案，在

---

[2] 科赫曲線：en.wikipedia.org/wiki/Koch_snowflake

[3] 龍形曲線：en.wikipedia.org/wiki/Dragon_curve

[4] 希爾伯特曲線：en.wikipedia.org/wiki/Hilbert_curve

多次實現這類碎形曲線的過程，你可能會產生一個想法，這些碎形在描述時，往往就是一系列前進、轉彎的指令，有沒有一個通用化的程式，可以單純地餵一串指令，自動畫出碎形圖案呢？

你可以使用 L-system 來定義指令規則，實作程式來解讀指令並進行對應的動作，就可以達到目的。

7.2.1 認識 L-System

L-system 是 Lindenmayer system 的簡稱，為生物學和植物學家 Aristid Lindenmayer 提出，藉由制定正式的文法規則，可以簡潔地描述生物的成長過程。

例如，7.1.3 的碎形樹，出發點是畫個 Y，使用中文描述時會是「前進、置入、右轉、前進、取出、左轉、前進」。

如果每個分支也想畫個 Y，就是將分支的「前進」再生成為「前進、置入、右轉、前進、取出、左轉、前進」，想分支幾次，就按照此規則，將分支的「前進」遞迴地生成幾次。

如果使用符號來表示前進、置入、轉彎、取出等指令：

- `F`：前進並畫線
- `+`：左轉
- `-`：右轉
- `[`：將目前狀態置入堆疊
- `]`：取出堆疊頂的狀態

就可以使用 `F[-F]+F` 來描述「前進、置入、右轉、前進、取出、左轉、前進」，也就是可以使用 `F[-F]+F` 來描述要怎麼繪製 Y。

如果每個分支也想畫個 Y，是將分支的「前進」再生成為「前進、置入、右轉、前進、取出、左轉、前進」，若使用方才定義的符號，就是將 `F[-`**`F`**`]+`**`F`** 的後兩個 `F` 各自生成為 `F[-F]+F`，成為 `F[-`**`F[-F]+F`**`]+`**`F[-F]+F`**。

若使用不同符號來描述每次生成前的初始符號，例如 X，那麼生成規則就可以寫成：

- 初始：X
- 規則：X → F[-X]+X

也就是最先會從 X 開始，依規則生成為 F[-**X**]+**X**，再依規則對 X 進行生成，得到 F[-F[-X]+X]+ F[-X]+X，若繼續生成 X 的話就是 F[-F[-F[-X]+X]+ F[-X]+X]+ F[-F[-X]+X]+ F[-X]+X，就看你想生成幾次。

若方才已達想要的生成次數，可將全部的 X 替換前進指令 F，這表示僅前進而不再生成，這時的指令串就是 F[-F[-F[-F]+F]+ F[-F]+F]+ F[-F[-F]+F]+ F[-F]+F，要不要試著手動依這串指令畫畫看呢？這會得到以下的圖案：

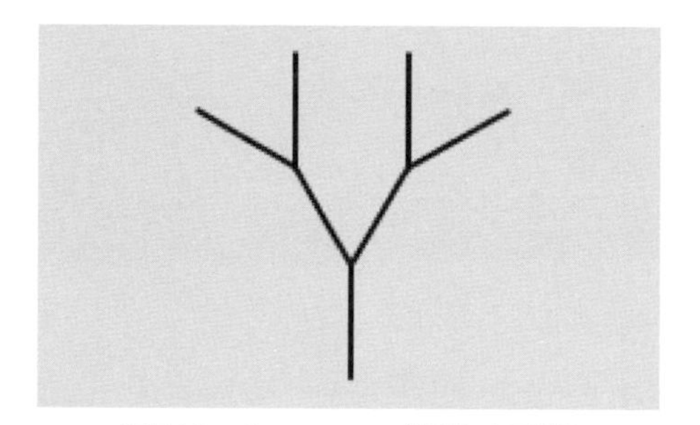

圖 7.9 L-system 描述碎形樹

也就是指令串 F[-F[-F[-F]+F]+ F[-F]+F]+ F[-F[-F]+F]+ F[-F]+F 就描述了一棵簡單的碎形樹，如果海龜可以看懂這串指令，做出對應的動作，就可以畫出一棵樹。

方才的過程，就是非正式地介紹了 L-system，現在來正式地看看 L-system 的文法規範 G=(V,ω,P)，V 是符號集合，包含可被生成的變數（例如方才的 X）以及不能被生成的常數（例如方才的 F[]+-）；ω 是初始符號集合或稱為公理（axiom），生成會從公理開始，P 是產生規則。

就方才的樹生長來說，依文法規範就可以如下表示：

- 符號：XF[]+-
- 公理：X
- 規則：X → F[-X]+X

類似地，可以試著繪製過科赫曲線，若試著從中抽取指令，使用 L-system 描述的話會是：

- 符號：`F[]+-`
- 公理：`F`
- 規則：`F → F-F++F-F`

就方才的碎形樹而言，`F` 是常數，然而在這個描述裡，`F` 本身就是公理（也就是變數），也就是要生成時，每個 `F` 都會依規則生成，如果依描述，每次前進長度為 2，轉彎角度為 60，生成次數 4 來繪製圖案的話，會得到以下的結果：

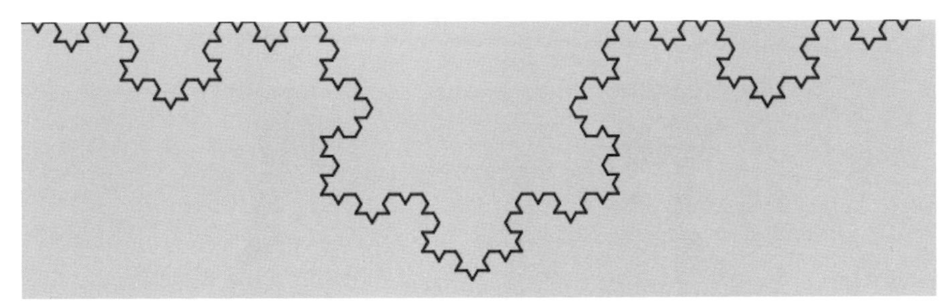

圖 7.10 L-system 描述科赫曲線

必要時可以使用多個公理符號，針對各公理符號製定各自的生成規則；使用 L-system 描述碎形，本身是個有趣的挑戰，可以先從海龜繪圖繪製碎形開始，從程式碼中找出規律，稍後也會看到，我收集了 30 個碎形的 L-system 描述，可以作為參考。

7.2.2 L-system 與海龜

L-system 可以描述碎形，然而若要搭配海龜繪圖，需要能從 L-system 生成指令串，後續再將指令串餵給海龜。

從 L-system 生成指令串

想從 L-system 生成指令串，先要能從既有指令串尋找符合規則的符號，找到就進行生成。

在定義規則時，可以借助 JavaScript 的物件特性具有鍵／值對應的特色，例如，對於規則 `X → F[-X]+X`，以字串`'X'`為特性名稱、字串`'F[-X]+X'`為特性值，那麼收集規則的物件就會是`{'X': 'F[-X]+X'}`。

這麼做的好處是，可以簡單地使用 `in` 測試，既有的指令串有無符號符合規則：

```
// 基於符號與規則來生成新的一串符號
function lsGenerate(symbols, rules) {
  // 從既有的 symbols 生成
  let generated = [];
  // 逐一取得符號
  for(let symbol of symbols) {
    if(symbol in rules) {
      // 如果符號符合生成規則
      // 依規則生成並串接
      generated = generated.concat(Array.from(rules[symbol]));
    }
    else {
      // 否則直接收集符號
      generated.push(symbol);
    }
  }
  return generated;
}
```

然後，就可以指定公理、規則與生成次數來產生指令串：

```
// 指定公理、規則與生成次數來產生指令串
function lsystem(axiom, rules, n) {
  // 從公理開始
  let symbols = Array.from(axiom);
  // 生成 n 次
  for(let i = 0; i < n; i++) {
    symbols = lsGenerate(symbols, rules);
  }
  return symbols;
}
```

例如， 想基於上一小節的碎形樹 L-system，以生成次數 3 來生成指令串，可以如下：

```
let symbols = lsystem(
  'X',              // 公理
  {
    'X': 'F[-X]+X', // 規則
  },
  3                 // 生成次數
```

```
);
```

Lsystem 函式傳回的陣列，其中元素依序會是由 F[-F[-F[-X]+X]+F[-X]+X]+F[-F[-X]+X]+F[-X]+X 符號組成。

海龜依指令繪圖

有了指令串之後，就可以要求海龜辦事了，目前的 L-system 很簡單，只有 F+-[] 指令，實際在繪圖時，需要提供前進距離、轉彎度數，另外對於一些符號，也可以指定替換為前進字元 F：

```
// 指定指令串、每次前進距離、每次轉彎角度、生成次數與前進符號
// 生成海龜依指令串進行繪圖
function turtleLsystem(commands, length, angle, forwardSymbols = '') {
  // 將指令中含有 forwardSymbols 的符號替換成'F'
  if(forwardSymbols !== '') {
    commands = commands.map(
      symbol => forwardSymbols.includes(symbol) ? 'F' : symbol
    );
  }

  // 依指令辦事的海龜
  const t = new Turtle();
  for(let i = 0; i < commands.length; i++) {
    switch(commands[i]) {
      case 'F':  //  前進並畫線
        footprint(t.forward(length)); break;
      case '+':  // 左轉
        t.turn(-angle); break;
      case '-':  // 右轉
        t.turn(angle); break;
      case '[':  // 將目前狀態置入堆疊
        t.push(); break;
      case ']':  // 取出堆疊頂的狀態
        t.pop(); break;
    }
  }
}
```

來看看圖 7.10 是怎麼透過程式碼繪製出來的：

lsystem-koch-curve 2bcdaUZhb.js

```
function setup() {
  createCanvas(330, 100);
  angleMode(DEGREES);
}
```

```
function draw() {
  background(200);

  const n = 4;
  // 生成符號指令
  const symbols = lsystem(
    'F',
    {
      'F': 'F-F++F-F',
    },
    n
  );

  const length = 4;
  const angle = 60;
  // 依符號指令繪圖
  turtleLsystem(symbols, length, angle);
}
... Turtle 類別、footprint、lsGenerate、lsystem、turtleLsystem 等函式...故略
```

我提供了一個〈L-system collection〉範例（草稿編號 vYWkbsfde，也可以在下載的範例檔裡 CH07/lsystem-collection 資料夾找到原始碼），其中收集了 30 個 L-system 描述的碎形，以下三張圖片程式繪製結果的縮圖，有興趣的話，可以自行參考各範例的 L-system 描述：

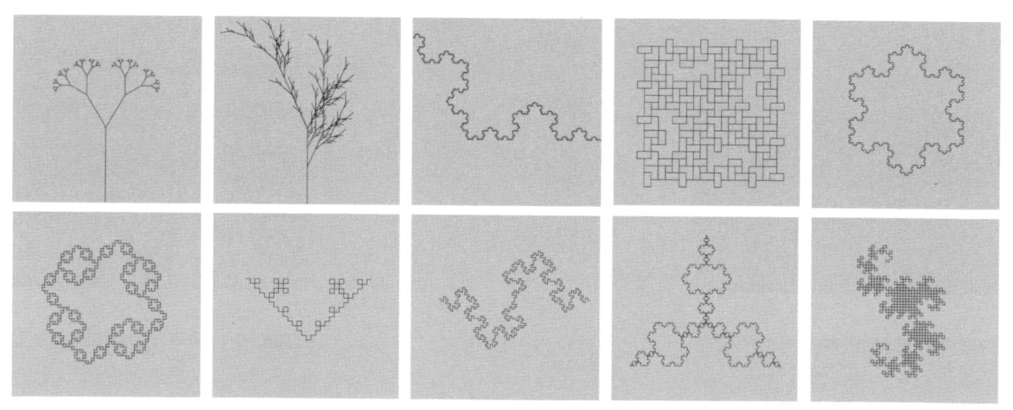

圖 7.11　L-system 描述的碎形（一）

圖 7.12　L-system 描述的碎形（二）

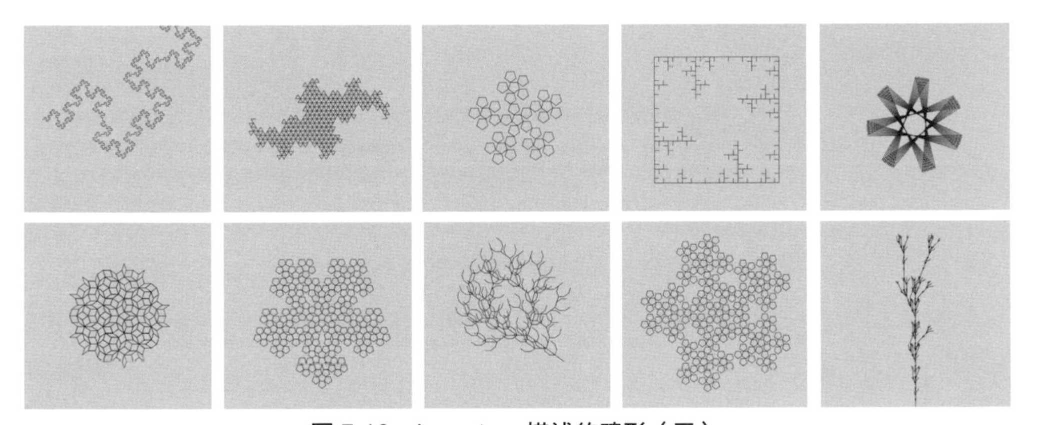

圖 7.13　L-system 描述的碎形（三）

雜訊美學

8

CHAPTER

學習目標

- 認識 Perlin 雜訊
- noise 函式的應用
- 實作 Worley 雜訊
- Perlin+Worley 雜訊

8.1 Perlin 雜訊

就我個人的想法而言，世界沒有真正的隨機，萬物皆有規律，只不過在人類發掘出規律之前，對於無法理解的現象，將之稱為隨機罷了；自古至今有些規律已被發掘，而在這些規律之中還參雜了未解的隨機，如果試著模擬這種現象，會發現構成的圖樣，與自然現象有不少神似之處。

8.1.1 認識 noise 函式

如果想產生一條隨機的曲線，只是利用 random 函式，在每個 x 處產生一個隨機的 y 值是沒有用的：

```
background(255);
noFill();                                // 不填滿，因為只想繪製線段
translate(0, height / 2);                // 在畫布高度一半處
beginShape();                            // 開始繪製
for(let x = 0; x <= width; x++) {
  let y = random(height / 2, height);    // 隨機的 y
  vertex(x, y);                          // 設置頂點
}
endShape();                              // 結束繪製
```

因為每個(x,y)間沒有關聯，這段程式碼的繪製結果會是個不連續而無規律的折線：

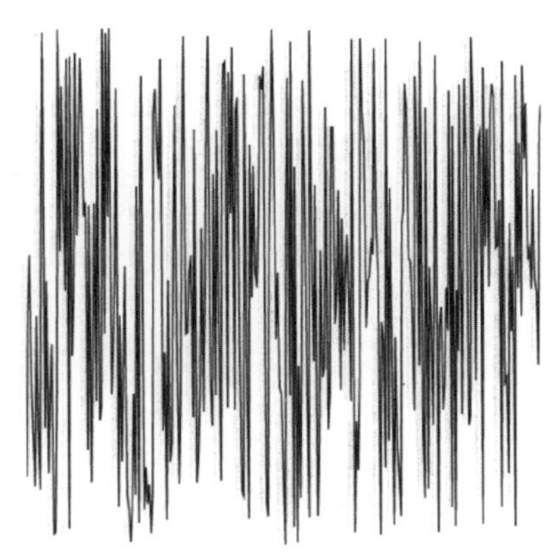

圖 8.1 隨機的線段

然而，自然界有許多看似隨機，卻又具有連續性的現象，例如岳峻起伏，看似不規則，高低之間卻有一定的連續性，如果想在 p5.js 模擬這種隨機又連續的現象，可以考慮使用 **noise** 函式，它可以建立一維、二維或三維的 **Perlin 雜訊**。

想善用 noise 函式，建議先認識 Perlin 雜訊的基本原理，以一維為例，可以在每個整數 x 座標產生一個隨機值，然而這個隨機值並不作為 y 座標，而是作為穿越該點的一條線之斜率，而該線是曲線在該點的切線：

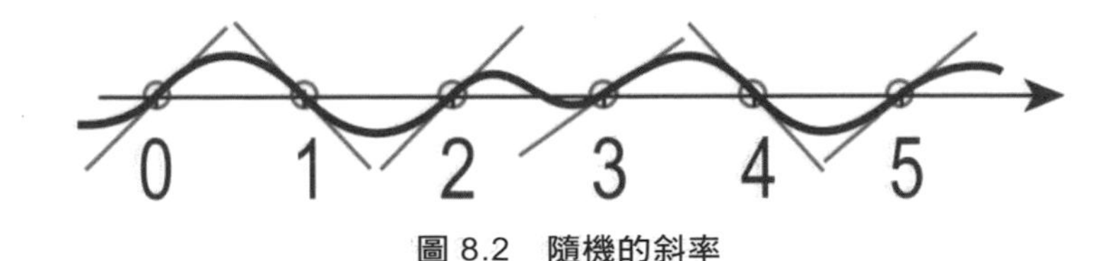

圖 8.2 隨機的斜率

兩個 x 座標間的曲線上各點座標，可以透過兩條切線與 Ken Perlin 設計的內插函式計算而得。

提示 »» 若對如何插值有興趣，可以參考〈Simplex noise demystified[1]〉，上圖也是從來自該文件。

p5.js 的 `noise` 函式，實現了三維版本的 Perlin 雜訊，如果只指定 x 座標，y 與 z 會採用預設值 0，傳回值稱為**雜訊值**，它會是 **0 到 1** 的數字。

如果想繪製曲線，可以只指定 x 座標，傳回的雜訊值可作為相對應的 y 座標，從圖 8.2 可以看到，若想繪製緩和的曲線，指定的 x 在步進時不要太大，一個簡便的方式是借助 `map` 函式，將大範圍的 x 座標對應至小範圍，例如：

noise YiLUcT72x.js

```
function setup() {
  createCanvas(300, 300);
  noLoop();
}

function draw() {
  background(255);
  noFill(); // 不填滿，因為只想繪製線段

  translate(0, height / 4);

  const noiseXScale = 0.01;           // 範圍縮放比
  const noiseYScale = height / 2;     // 雜訊值縮放

  beginShape();

  for(let x = 0; x <= width; x++) {
    // 將 0 到 width 的 x 對應至 0 到 width * noiseXScale
    let nx = map(x, 0, width, 0, width * noiseXScale);
    // 基於雜訊值計算 y
    let y = noise(nx) * noiseYScale;
    vertex(x, y);
  }
  endShape();
}
```

1 Simplex noise demystified：weber.itn.liu.se/~stegu/simplexnoise/simplexnoise.pdf

在範例中，若 noiseXScale 值設的越小，曲線會越和緩，反之就越會有劇烈的變化。來看看其中一個繪製的結果：

圖 8.3　基於 noise 函式繪製隨機曲線

看起來與山岳起伏有點神似，這只是 noise 函式的基本應用，實際上 noise 傳回的雜訊值，除了可以作為對應的 y 座標計算依據，還有其他的用途。

8.1.2　雜訊值的應用

從曲線認識 noise 函式的應用是比較容易理解的方式，noise 傳回的雜訊值該怎麼運用，是一種創意的發揮，只要記得它能在隨機的同時又構成連續性。例如，試著將雜訊值作為圓半徑呢？

noisy-circle YiLUcT72x.js

```
function setup() {
  createCanvas(300, 300);
  strokeWeight(2);
}

let x = 0;
function draw() {
  background(255);

  translate(width / 2, height / 2);

  const noiseXScale = 0.01;        // 範圍縮放比
  const noiseRScale = height / 2; // 雜訊值縮放

  // 基於雜訊值計算圓半徑
  const nx = map(x, 0, width, 0, width * noiseXScale);
  const r = width / 10 + noise(nx) * noiseRScale;

  for(let a = 0; a < 360; a += 3) {
    const vx = r * cos(a);
    const vy = r * sin(a);
```

```
    stroke(random(0, 255), random(0, 255), random(0, 255));
    line(0, 0, vx, vy);
    circle(vx, vy, r / 20);
  }

  x += 0.5; // 移動 x
}
```

這個範例會不斷地遞增 x 值，使用對應的雜訊值計算的圓半徑，也會呈現連續性，若用來畫圓，就會呈現出大小不斷變化的圓，不過大小變化時，不會前一個圓很大，下個圓就變得很小，而會像是悸動般地變化，為了增加點多樣性，使用隨機的顏色來畫出輻射繪與小圓：

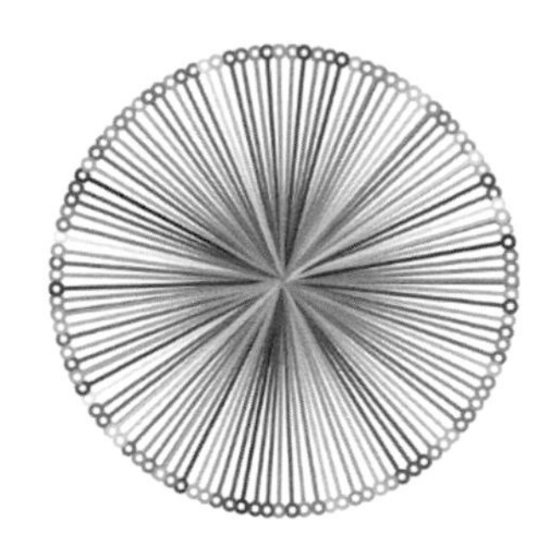

圖 8.4　悸動的圓

如果是二維的 Perlin 雜訊呢？想像一下，若給定 x 座標，`noise` 函式傳回的雜訊值作為 y 座標，畫出來會是具有連續性的曲線，二維的 Perlin 雜訊是給定(x,y)座標，`noise` 函式傳回的雜訊值可以作為 z 座標，若是在三維空間，用(x,y,z)畫出點來，就會構成連續的曲面。

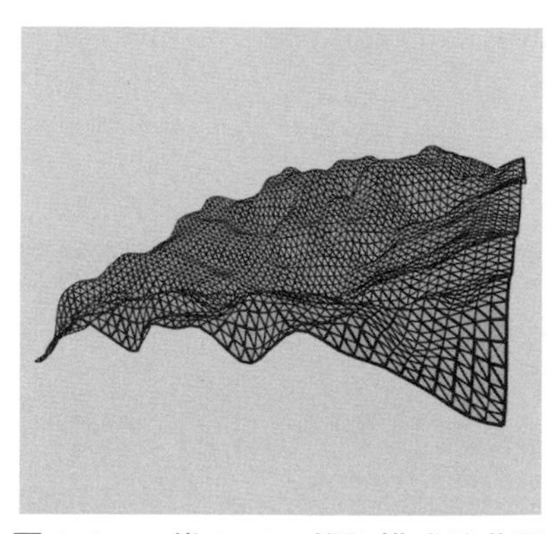

圖 8.5　二維 Perlin 雜訊構成的曲面

提示 »» 上圖是使用 p5.js 的 3D 支援畫出來的曲面，基於篇幅限制，本書不會談到 3D 繪圖，有興趣的話，可參考〈玩轉 p5.js[2]〉裡有關 3D 的介紹。

二維 Perlin 雜訊除了作為 z 座標，也可以作為像素的灰階度或彩度，例如營造雲霧效果：

noise-2d Uy7-Ohxef.js

```
function setup() {
  createCanvas(400, 400);
  noLoop();
}

function draw() {
  for(let x = 0; x < width; x++) {
    for(let y = 0; y < height; y++) {
      // 雜訊用來計算灰階值
      const g = 255 * noise(x / 100, y / 100);
      stroke(g);
      point(x, y);
    }
  }
}
```

從另一個角度來看，這也像是從上往下俯瞰圖 8.5 的黑白照片：

圖 8.6　二維 Perlin 雜訊作為像素灰階值

[2] 玩轉 p5.js ：openhome.cc/Gossip/P5JS/

想像一下，如果有個平面，由上往下切開圖 8.5 的曲面，會得到像是圖 8.3 的曲線，如果那個切開曲面的平面還會移動，曲線就會產生連續變化，這看來會像是什麼呢？

wave 3kI8Mf_KY.js

```
function setup() {
  createCanvas(640, 480);
}

let yoff = 0.0;
function draw() {
  background(0, 255, 255);

  fill(0, 0, 255);

  beginShape();

  // 由左至右畫輪廓
  for(let x = 0; x <= width; x += 10) {
    let nx = map(x, 0, width, 0, 3);
    let y = 200 + noise(nx, yoff) * 150;
    vertex(x, y);
  }
  vertex(width, height); // 連接畫布右下角
  vertex(0, height);     // 連接畫布左下角
  endShape();

  // 平面往上移動
  yoff += 0.01;
}
```

曲線會不斷地連續變化，看來會像是海浪的波動：

圖 8.7 模擬海浪的波動

那麼三維 Perlin 雜訊呢？指定(x,y,z)給 `noise` 函式，傳回的雜訊值可以做什麼？

如果(x,y,z)是球面上的座標，雜訊值可以作為球半徑的變化，創造出連續變形的泥巴球；若(x,y,z)是球體座標，雜訊值可以作為每個位置的材質透明度，創造出玻璃質感；或者作為密度值，低於某個密度就不畫任何東西，這就會構成自然樣貌的洞窟，著名的 Minecraft，其中就是基於 Perlin 雜訊，創造出起伏的自然地形與多樣化的洞窟喔！

8.2 Worley 雜訊

有看過肥皂泡泡擠在一起的樣子嗎？或者長頸鹿身上的圖塊、葉片脈絡、蜻蜓翅膀紋路、乾涸龜裂的土地等，這些看似隨機的圖案，彼此間又有點相似？這種相似圖樣稱為 **Voronoi 圖（Voronoi Diagram）**或 **Dirichlet 鑲嵌（Dirichlet tessellation）**，如果想構造這類圖樣，透過 **Worley 雜訊**是個簡單的方式。

8.2.1 實作 Worley 雜訊

p5.js 並沒有函式實現 Worley 雜訊，來試著實作一個吧！首先，如果在畫布中指定一個點，每個像素至該點的距離，轉換為灰階值 0~255，畫出來的圖是接近該點越黑，遠離該點越白的圖案。例如：

圖 8.8 距離轉為灰階值

灰階值可以看成指定點對像素的影響力，越近該點影響力越大，顏色就越黑；如果指定了兩個點，畫布上的像素選擇較近的點，計算彼此間的距離並轉為灰階值 0~255，結果會像是兩個互相擠壓的泡泡。例如：

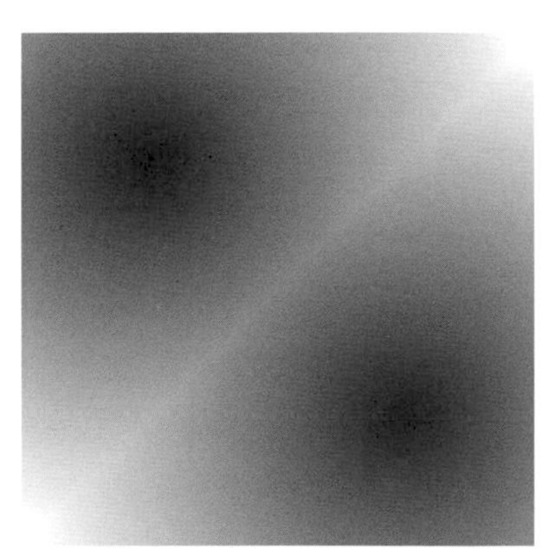

圖 8.9 兩個點各自的影響力範圍

灰階值若看成指定點對像素的影響力，圖 8.9 呈現出的就是兩個點的影響力範圍，有趣的問題來了，如果指定很多點，計算畫布上的像素與最近點間的距離：

```
// 指定多個點座標 points，傳回像素(x,y)與最近點的距離
function worleyNoise(points, x, y) {
  const p = createVector(x, y);
  // 尋找最短距離
  let dist = Infinity;
  for(let i = 0; i < points.length; i++) {
    let d = p5.Vector.dist(points[i], p);
    if(d < dist) {
       dist = d;
    }
  }
  return dist;
}
```

worleyNoise 函式傳回的就是 Worley 雜訊，命名來源是因為它是 Steven Worley 在 1996 年提出的計算方式[3]。如果將計算出來的距離轉為灰階值 0~255，會呈現出什麼圖案呢？

worley noise 1yvjvN8cE.js

```
const INITIAL_NUMBERS = 10; // 初始的點數
const MAX_NOISE = 150;      // 預期最大雜訊值
let points = [];            // 收集點座標
let g;                      // 繪圖用的圖像
```

---

3 A Cellular Texture Basis Function：www.rhythmiccanvas.com/research/papers/worley.pdf

```
function setup() {
  createCanvas(300, 300);
  // 隨機點座標
  for(let i = 0; i < INITIAL_NUMBERS; i++) {
    points.push(createVector(random(width), random(height)));
  }
  // 建立雜訊圖像
  g = noiseGraphics(points, MAX_NOISE);
}

function draw() {
  image(g, 0, 0);
}

// 建立雜訊圖像
function noiseGraphics(points, maxNoise) {
  let g = createGraphics(width, height);
  for(let x = 0; x < width; x++) {
    for(let y = 0; y < height; y++) {
      const nz = worleyNoise(points, x, y);       // 取得雜訊
      const gray = map(nz, 0, maxNoise, 0, 255); // 轉灰階值
      g.stroke(gray);
      g.point(x, y);
    }
  }
  return g;
}

// 按下滑鼠可以加入新的點
function mousePressed() {
  points.push(createVector(mouseX, mouseY));
  g = noiseGraphics(points, MAX_NOISE);
}

...方才的 worleyNoise 函式實作...故略
```

在這個範例裡，預先會產生 10 個隨機點座標，noiseGraphics 函式會產生 p5.Graphics 實例，透過 worleyNoise 函式產生雜訊值，轉為灰階後繪圖，為了增加一點互動性，實作了 mousePressed，可以透過滑鼠新增點，看看新點加入後會有什麼變化。來看看繪圖的結果：

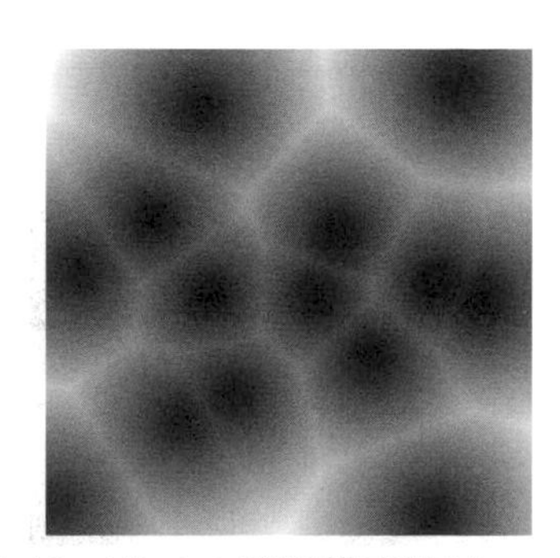

圖 8.10 Worley 雜訊構成的 Voronoi 圖

這種圖樣被稱為 Voronoi 圖，名稱是來自提出者 Georgy Voronoy，圖樣裡可以看到每個隨機點建立的影響力範圍，也可以看成是每個隨機點基於影響力，極力爭取到的最大空間，每個隨機點就像是細胞核，而細胞會努力爭取最大生長空間，因此這些空間被稱為 **Voronoi 細胞（Voronoi cell）**，這些細胞的形狀都是凸多邊形，也被稱為**泰森多邊形（Thiessen polygon）**。

Voronoi 圖是一種空間分割後的結果，想透過計算幾何（Computational geometry）[4]建立 Voronoi 圖有一定的複雜度，單純就建立圖像而言，透過 Worley 雜訊會是個捷徑。

自然界裡充滿著各式各樣的影響力，有些影響力彼此會形成力量均衡，最後就構成了隨機又有著特色的圖樣，Voronoi 圖就是其中一個例子，如果指定的細胞核有著一定的規律，透過 Worley 雜訊建立的 Voronoi 圖就更有趣了，例如，指定的細胞核若構成了黃金螺線呢？

spiral-worley 1yvjvN8cE.js

```
const INITIAL_NUMBERS = 10; // 初始的點數
const MAX_NOISE = 150;      // 預期最大雜訊值
let points = [];            // 收集點座標
let g;                      // 繪圖用的圖像

function setup() {
  createCanvas(300, 300);

  const PHI = (1 + sqrt(5)) / 2;
```

[4] Computational geometry：en.wikipedia.org/wiki/Computational_geometry

```
  const aStep = 30 * PI / 180;    // 每次度數的增量
  const n = 35;                   // 度數增量次數
  for(let i = 0; i < n; i++) {
    // 根據黃金螺線公式計算 a 與 r
    const a = i * aStep;
    const r = pow(PHI, (a * 2) / PI);
    points.push(
      createVector(width / 2 + r * cos(a), height / 2 + r * sin(a))
    );
  }

  // 反轉灰階值建立雜訊圖像
  g = noiseGraphics(points, MAX_NOISE, true);
}

function draw() {
  image(g, 0, 0);
}

// 建立雜訊圖像，invert 用來指定是否反轉灰階值
function noiseGraphics(points, maxNoise, invert = false) {
  let g = createGraphics(width, height);
  for(let x = 0; x < width; x++) {
    for(let y = 0; y < height; y++) {
      const nz = worleyNoise(points, x, y);       // 取得雜訊
      const gray = map(nz, 0, maxNoise, 0, 255); // 轉灰階值
      g.stroke(invert ? 255 - gray : gray);      // 是否反轉灰階值
      g.point(x, y);
    }
  }
  return g;
}

...方才的 worleyNoise 函式實作...故略
```

這個範例的細胞核來自黃金螺線公式，noiseGraphics 增加了 invert 參數，可決定是否反轉灰階值，來看看繪製後的效果，是不是很像螺殼呢？

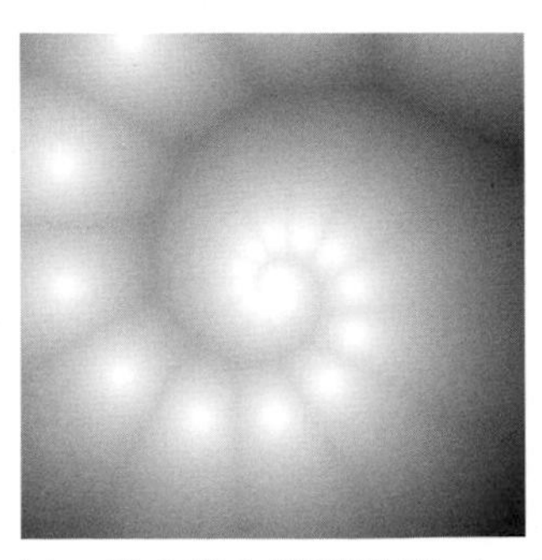

圖 8.11 結合黃金螺線與 Worley 雜訊

提示 >>> 如果 worleyNoise 函式在計算雜訊值的同時，也能記錄最接近的細胞核座標，就可以知道像素處在哪個細胞核的影響力範圍，可以試著給予每個影響力範圍一個版圖顏色，來繪製以下的圖樣（可參考〈Worley 雜訊（一）[5]〉裡的實作）：

圖 8.12　色塊繪製的 Voronoi 圖

8.2.2　網格 Worley 雜訊

計算 Worley 雜訊時，每個像素都要計算與指定的各細胞核距離，細胞核越多，計算時間越長，若能事先排除遠處的細胞核，就可以省下不少運算，只不過細胞核的散佈又要有隨機性，該怎麼辦呢？

如果可以允許 Voronoi 細胞尺寸差異不要過大，可以將畫布基於網格分割，在網格內隨機散佈一個細胞核。

---

[5] Worley 雜訊（一）：openhome.cc/Gossip/P5JS/WorleyNoise.html

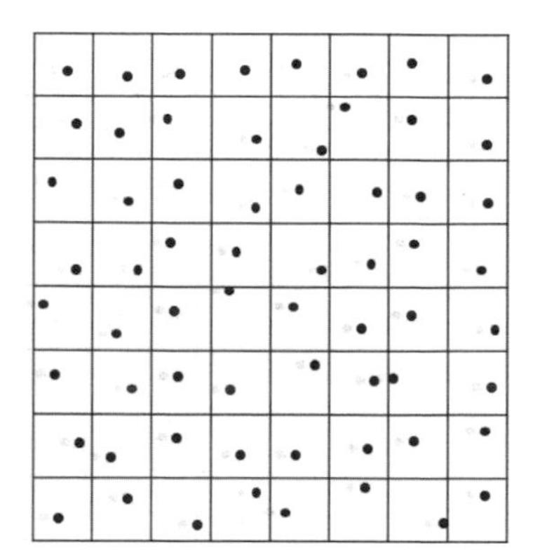

圖 8.13 在網格內散佈隨機點

提示》》 這個技巧稱為網格空間分割（bin-lattice spatial subdivision），若個體大量地散佈在空間裡，而需要處理的對象主要受鄰居影響時可以運用，本書後面還會看到這種技巧。

想基於網格來隨機散佈細胞核，只需要使用畫布大小與網格尺寸來計算，就可以實現：

```
// 建立網格內隨機點
function points(size) {
  // 依畫布大小與網格尺寸計算列數與行數
  const rows = floor(height / size);
  const columns = floor(width / size);

  // 收集隨機點
  const points = [];
  for (let r = 0; r < rows; r++) {
    points.push([]);
    for (let c = 0; c < columns; c++) {
      // 網格左上座標(c*size,r*size)
      // 使用 random 建立網格內的隨機點
      points[r][c] = createVector(
        random(size) + c * size,
        random(size) + r * size
      );
    }
  }
  return points;
}
```

就某個像素來說，像素所在位置的網格九宮格內，才會有最近距離的細胞核，因此只要針對網格九宮格內的隨機細胞核，呼叫上一小節實作的 worleyNoise 函式就可以了。

為了便於封裝網格內隨機細胞核的產生，以及雜訊值的生成，來定義一個 **GridWorley** 類別，負責處理這些任務：

```
// GridWorley 封裝網格雜訊生成的任務
class GridWorley {
  constructor(size) {
    this.size = size;             // 網格大小
    this.points = points(size); // 生成網格內隨機點
  }

  // 像素(x,y)的雜訊值
  noise(x, y) {
    // 網格索引
    const xi = floor(x / this.size);
    const yi = floor(y / this.size);
    // 九宮格鄰居的索引位移
    const nbrIndices = [
      [-1, -1], [0, -1], [1, -1],
      [-1,  0], [0,  0], [1,  0],
      [-1,  1], [0,  1], [1,  1]
    ];

    // 收集九宮格內的點
    const neighbors = [];
    for(let nbrIdx of nbrIndices) {
      const row = this.points[nbrIdx[1] + yi];
      if(row !== undefined) {      // 該列存在
         const p = row[nbrIdx[0] + xi];
         if(p !== undefined) {     // 該網格存在
             neighbors.push(p);
         }
      }
    }

    // 只用 neighbors 來產生雜訊值
    return worleyNoise(neighbors, x, y);
  }
}
```

因為每次只需要計算九個細胞核，速度上就快多了，也就可以使用動畫來展示隨機的 Voronoi 圖樣了：

grid-worley n8GYIsJ98.js

```
function setup() {
  createCanvas(300, 300);
}

let invert = false;
function draw() {
  const gridSize = 30;    // 網格大小
  const maxNoise = 40;    // 最大雜訊

  // 用來產生網格雜訊的物件
  const gridWorley = new GridWorley(gridSize);
  for(let x = 0; x < width; x++) {
    for(let y = 0; y < height; y++) {
      const nz = gridWorley.noise(x, y);            // 取得雜訊值
      const gray = map(nz, 0, maxNoise, 0, 255);
      stroke(invert ? 255 - gray : gray);           // 繪製灰階點
      point(x, y);
    }
  }

  invert = !invert; // 反轉灰階值
}

...方才的 points、GridWorley 以及 worleyNoise 等函式實作...故略
```

為了讓動畫多點變化，範例每次會輪流反轉灰階值，來看看隨機展示的 Voronoi 圖：

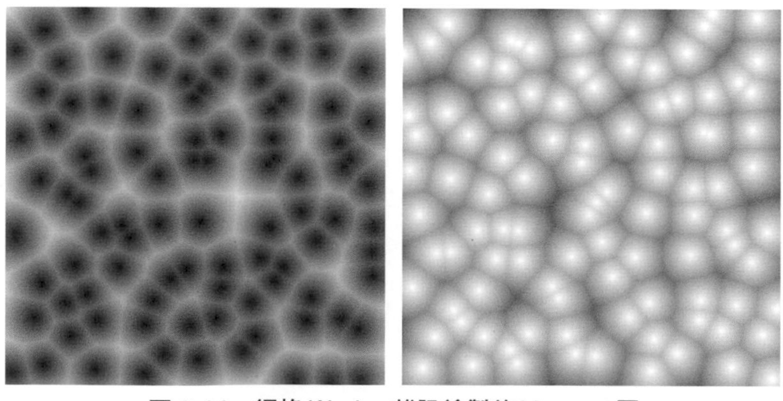

圖 8.14　網格 Worley 雜訊繪製的 Voronoi 圖

提示 >>> 計算 Worley 雜訊時，不一定要取像素與細胞核的直線距離，也可以是第二接近距離減去第一接近距離，或者是曼哈頓距離，這呈現出以下的效果（可參考〈Worley 雜訊（三）[6]〉裡的實作）：

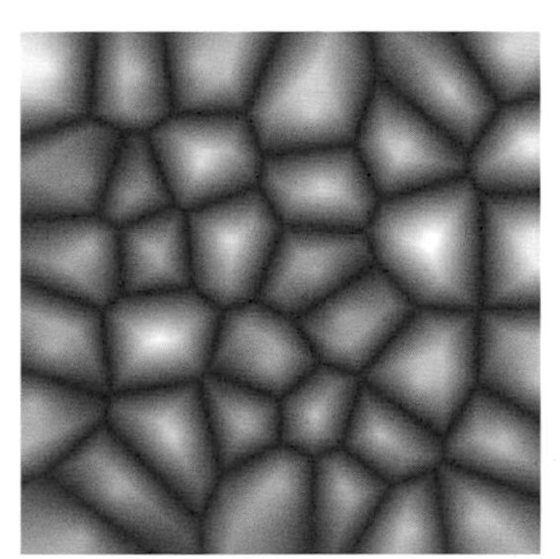
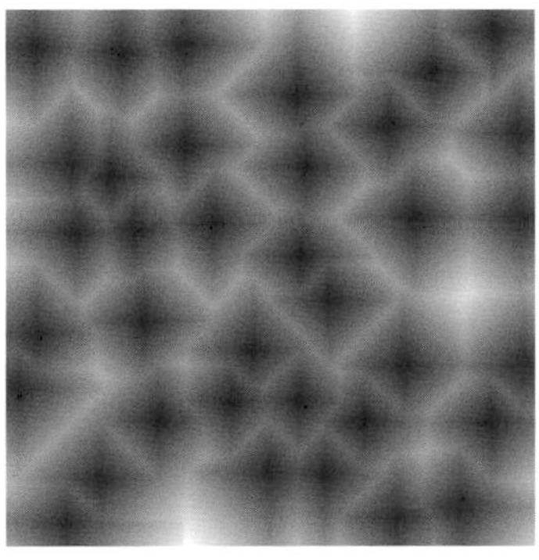

圖 8.15　色塊繪製的 Voronoi 圖

8.2.3 雜訊結合雜訊

視想要呈現的效果而定，雜訊與雜訊可以疊加，也可以基於某個雜訊來計算另一個雜訊，這就像是自然界有不同的隨機性，彼此影響後產生的自然現象。

碎形布朗運動

例如，8.1.1 的 noise 範例，可以繪製出圖 8.3，如果將 `noiseXScale` 增加（例如 0.04），`noiseYScale` 減少（例如 `height/8`），會得到範圍更大而振幅更小的曲線，來將圖 8.3 與後者擺在一起：

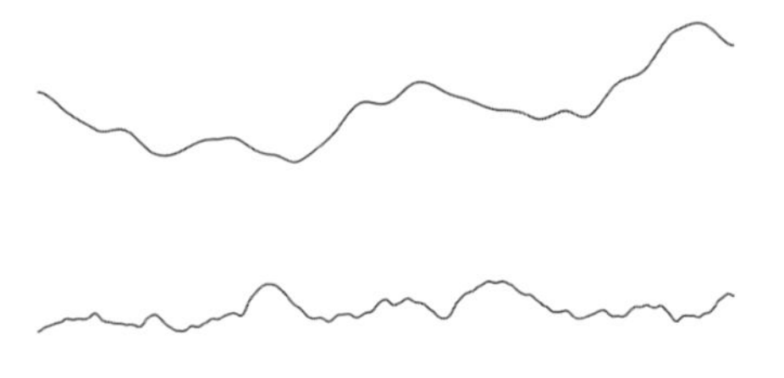

圖 8.16　不同範圍與振幅的雜訊

6 Worley 雜訊（三）：openhome.cc/Gossip/P5JS/WorleyNoise3.html

如果將這兩種雜訊相加，由於第二個曲線的振幅較低，主要曲線的形狀會是基於第一個曲線，然而增加了第二個曲線的變化：

fbm -At49AtRZ.js

```
function setup() {
  createCanvas(300, 300);
  noLoop();
}

function draw() {
  background(255);
  noFill(); // 不填滿，因為只想繪製線段

  translate(0, height / 4);

  const noiseXScale1 = 0.01;          // 範圍縮放比 1
  const noiseYScale1 = height / 2;    // 雜訊值縮放 1

  const noiseXScale2 = 0.04;          // 範圍縮放比 2
  const noiseYScale2 = height / 8;    // 雜訊值縮放 2

  let nz1 = []; // 收集雜訊 1
  let nz2 = []; // 收集雜訊 2
  for(let x = 0; x <= width; x++) {
    // 將 0 到 width 的 x 對應至 0 到 width * noiseXScale
    let nx1 = map(x, 0, width, 0, width * noiseXScale1);
    let nx2 = map(x, 0, width, 0, width * noiseXScale2);
    nz1.push(noise(nx1) * noiseYScale1);
    nz2.push(noise(nx2) * noiseYScale2);
  }

  // 繪製第一個雜訊
  strokeWeight(4);
  stroke(255, 0, 0);
  beginShape();
  for(let x = 0; x <= width; x++) {
    vertex(x, nz1[x]);
  }
  endShape();

  // 繪製第二個雜訊
  strokeWeight(2);
  stroke(0, 255, 0);
  beginShape();
  for(let x = 0; x <= width; x++) {
    vertex(x, nz2[x]);
  }
  endShape();
```

```
  // 繪製第疊加後的雜訊
  strokeWeight(6);
  stroke(0, 0, 255);
  beginShape();
  for(let x = 0; x <= width; x++) {
    vertex(x, nz1[x] + nz2[x]);
  }
  endShape();
}
```

以下是繪圖結果之一，最下方的粗線是兩個雜訊的疊加結果，這樣的雜訊疊加有什麼意義呢？第一個雜訊可以看成是山岳起伏變化，第二個雜訊可以看成是山岳裡的大型岩石起伏變化，結果就是使得地型變化更為細緻：

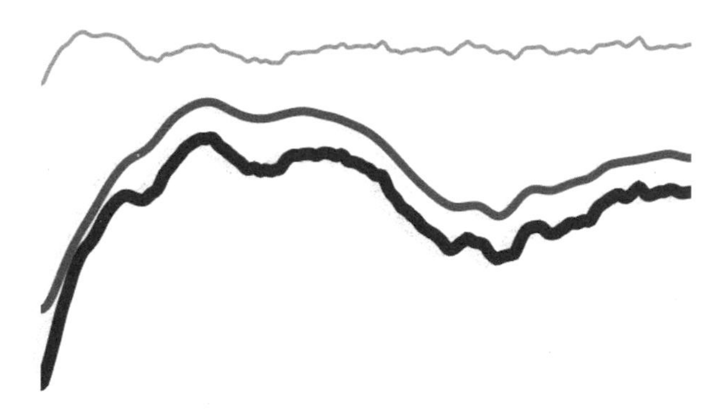

圖 8.17　疊加雜訊

如果重複「取值範圍加倍，而振幅減半」的規則多次，疊加起來的曲線就會更有變化性，更像是山岳起伏裡有岩石變化，岩石變化中有大小石頭，大小石頭裡有各種砂粒等，因為每次都是取值範圍加倍，而振幅減半，疊加的次數越多，細小的變化就會越多。

由於 Perlin 雜訊具有隨機性，就像是布朗運動[7]的粒子運動方式，然而最終得到的地形，會呈現一定程度的自相似性，這就構成了布朗運動的擴展，也就是最後會得到，符合**碎形布朗運動**[8]定義的圖形。

---

7 Brownian motion：en.wikipedia.org/wiki/Brownian_motion

8 Fractional Brownian motion：en.wikipedia.org/wiki/Fractional_Brownian_motion

Worley 雜訊+Perlin 雜訊

來思考一下，Worley 雜訊是像素距離某個細胞核的距離，若將某細胞核的勢力範圍內，具有相同雜訊值的位置收集起來，會圍成一個圓，不同雜訊值就是圍成一圈又一圈的圓，離細胞核越遠的圓雜訊值越大。

如果 Worley 雜訊值 nz 拿來作為 noise 函式 x、y 參數值的計算依據，例如 noise(nz, nz)，得到的雜訊若作為高度，就可以取得隨機然而連續的曲面，這個曲面會長什麼樣呢？

worley-perlin Sme9fpR-n.js

```
function setup() {
  createCanvas(300, 300);
}

function draw() {
  const gridSize = 100;    // 網格大小
  const smoothness = 5;    // 控制曲面的平滑度

  // 用來產生網格雜訊的物件
  const gridWorley = new GridWorley(gridSize);
  for(let x = 0; x < width; x++) {
    for(let y = 0; y < height; y++) {
      const nz = gridWorley.noise(x, y);     // 取得 Worley 雜訊
      const gray = map(                      // 結合 Perlin 雜訊
          noise(nz / smoothness, nz / smoothness),
          0, 1, 0, 255
      );
      stroke(gray);                          // 繪製灰階點
      point(x, y);
    }
  }
}

...方才的 points、GridWorley 以及 worleyNoise 等函式實作...故略
```

Worley 雜訊值 nz，簡單來說就是距離核心點的距離，若作為 noise 函式 x、y 參數值的計算依據，noise(nz, nz)就相當於從核心點往外射出一條線，因為 Perlin 雜訊會構成上下起伏的曲面，射出的線就會取得一段波形，最後結果就是一圈一圈的圓，像是一道一道的漣漪，若將雜訊值作為灰階值繪製，就會如下：

圖 8.18 Worley+Perlin 雜訊

如果你試著將 8.2.1 的 spiral-worley 範例中 noiseGraphics 函式的這一行程式碼：

```
const gray = map(nz, 0, maxNoise, 0, 255);
```

換成以下這行程式碼：

```
const gray = map(noise(nz / 10, nz / 10), 0, 1, 0, 255);
```

你會得到什麼圖案呢？看來就像是漩渦狀的漣漪！

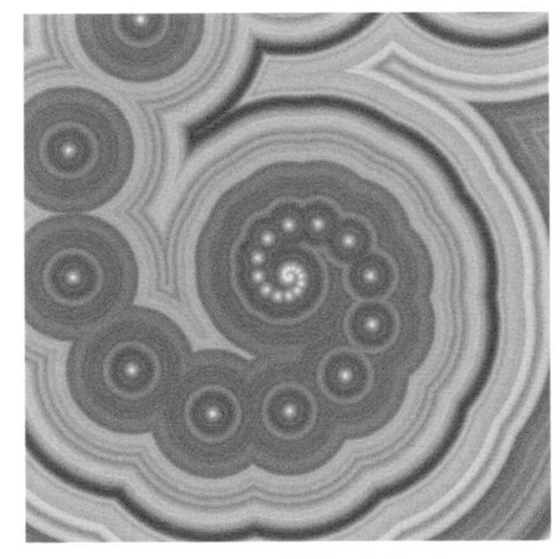

圖 8.19　螺旋的漣漪

Perlin 雜訊、Worley 雜訊是入門雜訊生成演算不錯的對象，還有著更多形形色色的雜訊生成演算，在 3D 建模時也經常被拿作為紋理（texture）生成，有興趣可以在 Google 的圖片搜尋裡找找「noise texture」，或許可以找到不錯的靈感來源喔！

提示 »» 你可以試著加入更多的螺線，並為每個雜訊值指定一個顏色，這會構成以下的圖案（可參考〈Spiral ripples[9]〉裡的實作）：

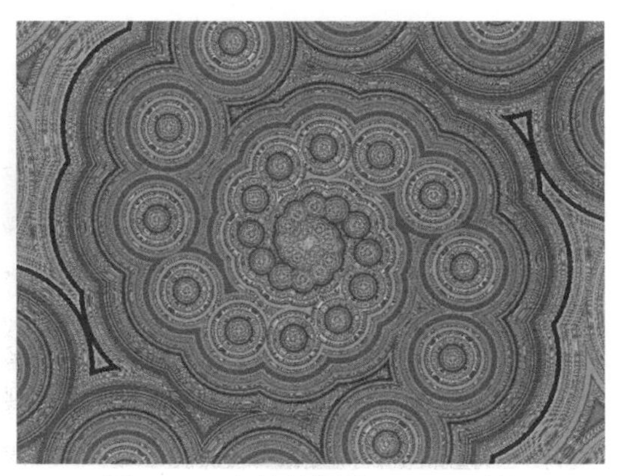

圖 8.20 色塊繪製的 Voronoi 圖

[9] Spiral ripples：openprocessing.org/sketch/1621208

構造迷宮

9

CHAPTER

學習目標

- 迷宮構成原理
- 遞迴回溯迷宮
- 不同形狀的迷宮
- Theta 迷宮

9.1 創造迷宮

自動生成迷宮是個迷人的主題，在起點與終點間充滿各種路徑，各點之間彼此連通，乍看之下非常神秘；然而，迷宮演算不難理解，說穿了，每個迷宮都是一棵樹！

9.1.1 迷宮的細胞

迷宮的路徑看來很複雜？別這麼想，如果身處迷宮，任何一個時刻，只會面對一個問題，要往哪個方向走？以矩形迷宮為例，它是由許多小矩形組成，若每個小矩形稱為一個細胞，處在某個細胞時，只要在「上」、「下」、「左」、「右」裡決定一個方向。

細胞牆面類型

建立迷宮則是相對於以上的想法，處在某個細胞時，四個方向都有牆，建立迷宮就是決定哪個方向的牆要拿掉：

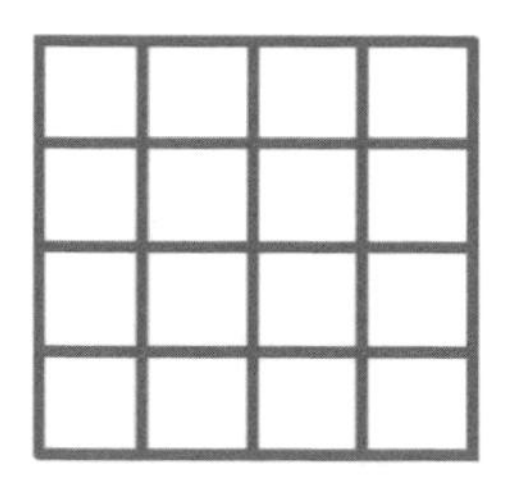

圖 9.1　建立迷宮之前

不過許多人會以為，迷宮裡每個細胞四面都要有牆：

圖 9.2　這是迷宮的細胞？

這麼想並非不行，只不過這樣的話，從這個細胞往右走到下個細胞，必須打掉目前細胞的右牆，以及下個細胞的左牆，何必這麼做呢？每個細胞只有兩面牆會簡單一些：

圖 9.3　迷宮的細胞

因為多個細胞排列後就會是：

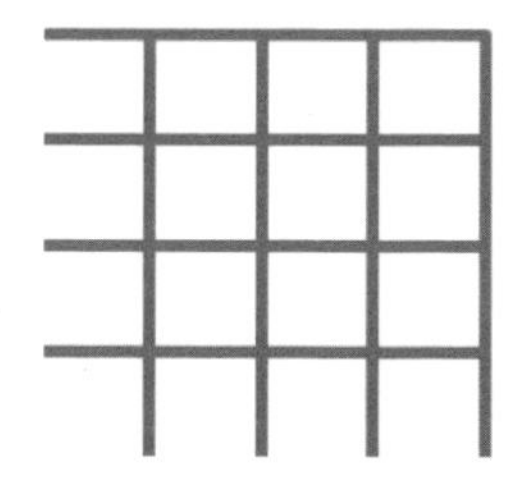

圖 9.4　兩個牆的迷宮細胞組合

嗯？最左邊與最下面沒有牆？繪圖時最後各自畫條邊線就可以了，如此一來，從目前細胞往右走到下個細胞，只要打掉目前細胞的右牆就可以了，往上走就是打掉目前細胞的上牆，往左走是打掉下個細胞的右牆，往下走是打掉下個細胞的上牆。

因此對於每個細胞，只有四種可能的牆面類型：沒有牆、只有上牆、只有右牆、同時有上牆與右牆。如果一個迷宮裡的每個細胞的牆面狀況如下：

```
上　　上　　上　　上右
右　　上右　上　　右
無　　右　　右　　右
上　　上　　右　　右
```

然後每個細胞依各自牆面類型，將需要的牆畫出來，可以畫出以下的圖案：

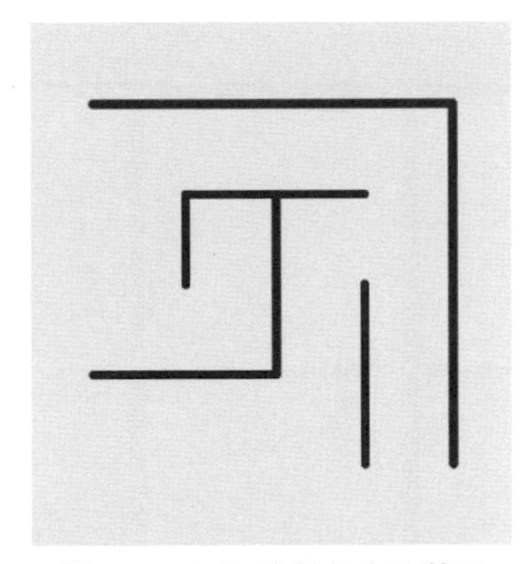

圖 9.5　細胞繪製各自的牆面

最左邊與最下面補上兩條邊線，或者更簡單一些，直接畫個矩形外框，就是迷宮了：

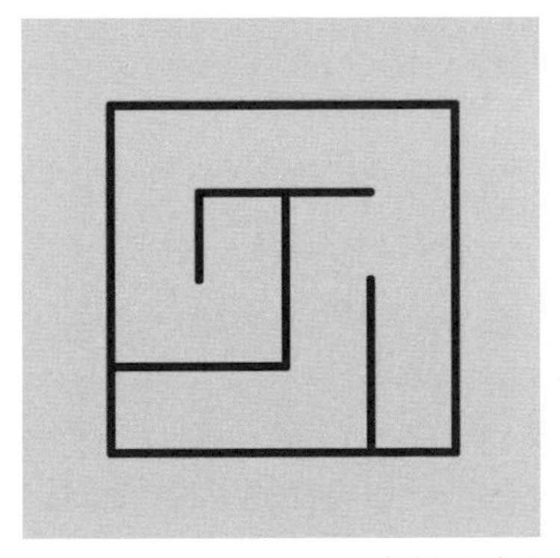

圖 9.6　手動設置細胞資料的迷宮

需要設置起點與終點嗎？本書將談到的迷宮演算，產生的迷宮在路徑之間不會構成迴圈，這種迷宮類型稱為**完全迷宮（Perfect maze）**，可以任選兩點作為起點與終點，兩點之間一定會有可連通的路徑。

繪製細胞牆面

不同的迷宮演算法，差別就在於生成每個細胞的牆面資料時，採用的方式不同，在探討這些演算之前，可以先手動設置細胞的牆面資料，撰寫程式碼來根據這些細胞畫出迷宮。

首先，細胞包含了自身的位置以及牆面類型，可以定義 cell 函式，建立簡單的物件來包含這些資訊，其中位置(x,y)表示細胞是在 y 列（row）、x 行（column）：

```
// 指定位置(x,y)與牆面類型 wallType
function cell(x, y, wallType) {
  return {x, y, wallType};
}
```

接著是整個迷宮的資料，如果是實作矩形迷宮，要指定列數與行數，目前全部的細胞資料先手動設置就可以了：

```
class Maze {
  constructor(rows, columns) {
    this.rows = rows;
    this.columns = columns;
    // 先手動設置
    this.cells = [
      cell(0, 0, Maze.TOP_WALL),
      cell(1, 0, Maze.TOP_WALL),
      cell(2, 0, Maze.TOP_WALL),
      cell(3, 0, Maze.TOP_RIGHT_WALL),
      cell(0, 1, Maze.RIGHT_WALL),
      cell(1, 1, Maze.TOP_RIGHT_WALL),
      cell(2, 1, Maze.TOP_WALL),
      cell(3, 1, Maze.RIGHT_WALL),
      cell(0, 2, Maze.NO_WALL),
      cell(1, 2, Maze.RIGHT_WALL),
      cell(2, 2, Maze.RIGHT_WALL),
      cell(3, 2, Maze.RIGHT_WALL),
      cell(0, 3, Maze.TOP_WALL),
      cell(1, 3, Maze.TOP_WALL),
      cell(2, 3, Maze.RIGHT_WALL),
      cell(3, 3, Maze.RIGHT_WALL),
```

```
    ];
  }
}

Maze.NO_WALL = 'no_wall';                        // 沒有牆面
Maze.TOP_WALL = 'top_wall';                      // 只有上牆
Maze.RIGHT_WALL = 'right_wall';                  // 只有右牆
Maze.TOP_RIGHT_WALL = 'top_right_wall';  // 有上與右牆
```

Maze 的實例封 裝了細胞的資料，其中定義了一些常數代表牆面類型。你可能會想，為什麼使用一維陣列來記錄全部的細胞呢？為何不使用二維陣列？可以使用列、行指定陣列索引不是比較方便嗎？

也是可以！只不過我想更有彈性一些，一維陣列可以不受限於只用來實作矩形迷宮，另一方面，後續在實作自動產生細胞資料時，產生的順序就是加入一維陣列的順序，不必額外增加程式碼來記錄順序，就可以拿來實作出動畫顯示迷宮生成的過程。

接下來，要先能夠繪製出一個細胞，這邊只使用線段來代表牆面：

```
// 指定牆面類型與細胞大小
function drawCell(wallType, cellWidth) {
  // 上面有牆
  if(wallType === Maze.TOP_WALL || wallType === Maze.TOP_RIGHT_WALL) {
    line(0, 0, cellWidth, 0);
  }
  // 右邊有牆
  if(wallType === Maze.RIGHT_WALL || wallType === Maze.TOP_RIGHT_WALL) {
    line(cellWidth, 0, cellWidth, cellWidth);
  }
}
```

然後基於 drawCell 函式，來繪製整個迷宮：

```
// 指定 Maze 實例與細胞大小
function drawMaze(maze, cellWidth) {
  // 逐一繪製細胞
  for(let cell of maze.cells) {
    push();

    // 細胞移至繪圖位置
    translate(cell.x * cellWidth, cell.y * cellWidth);
    drawCell(cell.wallType, cellWidth);

    pop();
  }
```

```
  // 繪製迷宮外框
  const totalWidth = cellWidth * maze.columns;
  const totalHeight = cellWidth * maze.rows;

  noFill();
  rect(0, 0, totalWidth, totalHeight);
}
```

這些基礎程式碼組合在一起，就可以畫出迷宮！以下的範例畫出來的圖，就是方才看過的圖 9.6：

manual-maze _71MYoK1T.js

```
function setup() {
  createCanvas(300, 300);
}

function draw() {
  background(200);

  const maze = new Maze(4, 4);  // 建立 Maze 實例
  const cellWidth = width / 6;  // 細胞大小

  strokeWeight(5);

  translate(width / 2 - maze.columns / 2 * cellWidth,
            height / 2 - maze.rows / 2 * cellWidth);
  drawMaze(maze, cellWidth);
}

...方才的 cell、Maze、drawCell、drawMaze 實作...故略
```

9.1.2 二元樹迷宮

上一小節完成了迷宮繪製的部分，接下來只要能自動產生細胞資料，就能生成迷宮，這邊先說明最簡單的二元樹演算（Binary Tree Algorithm），用來理解自動生成迷宮是個不錯的出發點。

丟硬幣生成迷宮

這邊以 4 乘 4 迷宮為例，說明二元樹演算，首先任選一個起點：

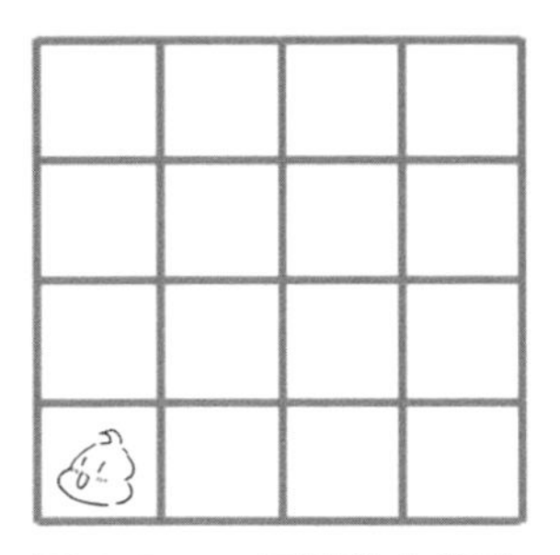

圖 9.7　二元樹迷宮起點

現在來丟硬幣吧！如果是正面，就打掉右邊的牆，反面就打掉上面的牆，然後移到下個細胞。例如，若硬幣丟出了反面，往右移動，狀態會變成：

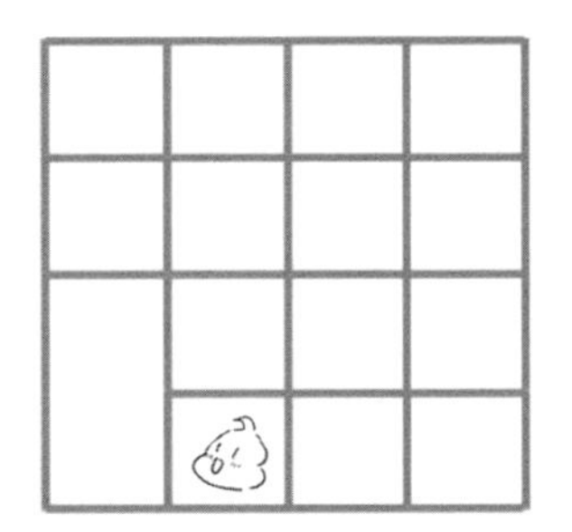

圖 9.8　丟硬幣、打牆、往右

對二元樹演算來說，從哪個細胞開始，或者下個細胞是哪個都無所謂，為了便於說明，下一細胞就都往右吧！假設現在又依序丟出了正、反，狀態就會變成：

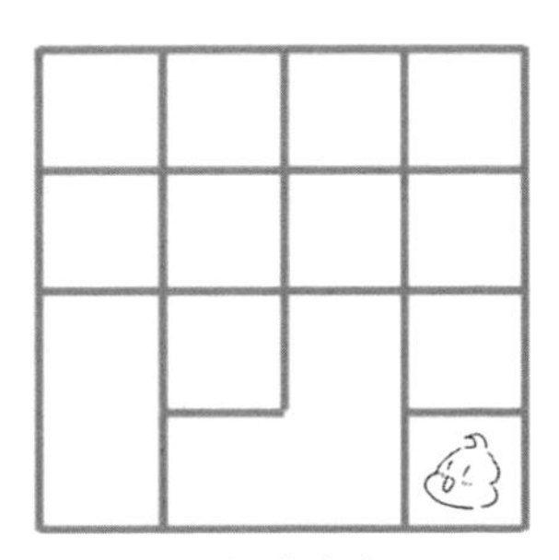

圖 9.9　完成迷宮的一列

最右一行的牆是迷宮邊界，只能打掉上面的牆，類似地，最上面的列是迷宮邊界，只能打掉右邊的牆，依序往上後往左前進，處理完右、上邊界後的狀態會是：

圖 9.10　處理迷宮的邊界

記得，對二元樹演算來說，從哪個細胞開始，或者下個細胞是哪都無所謂，先處理邊界只是便於說明、節省篇幅；接下來，選擇以下的位置好了：

圖 9.11　處理迷宮的邊界

假設硬幣丟出了正、反，並持續往右移動，接著又丟出了反面：

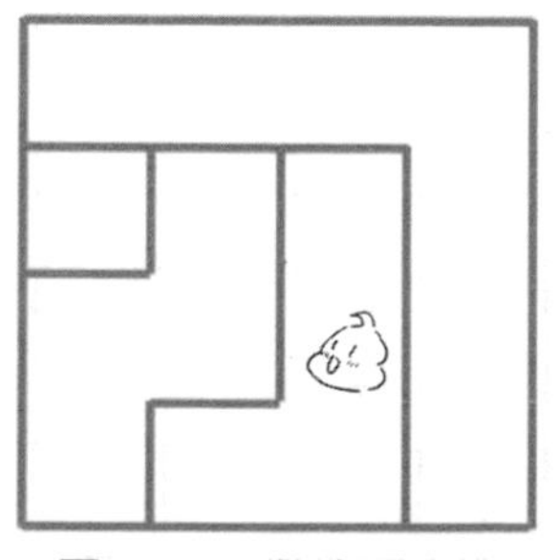

圖 9.12　繼續丟硬幣

現在只剩一列還沒處理，從該列最左邊開始，並丟出正、正、正：

圖 9.13　完成二元樹迷宮

YA！迷宮完成了，入口、出口可以任選，因為任兩個細胞間只有一條路徑連通，為什麼是二元樹呢？每個細胞設個中心點，然後將互通的點連接起來：

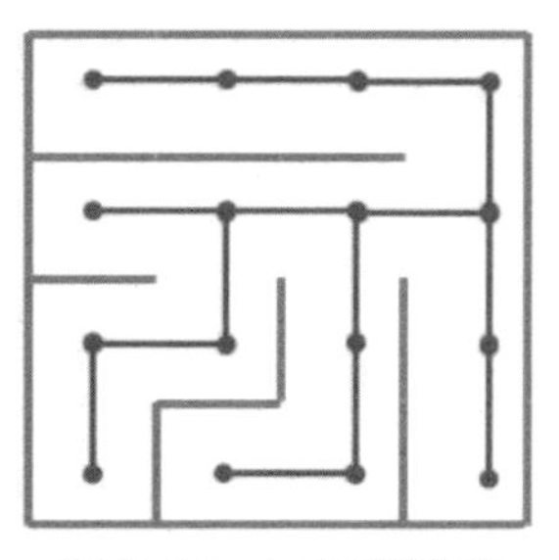

圖 9.14　二元樹迷宮

不看牆，只看連接中心點的線段，然後稍微轉個角度，不就是二元樹嗎？

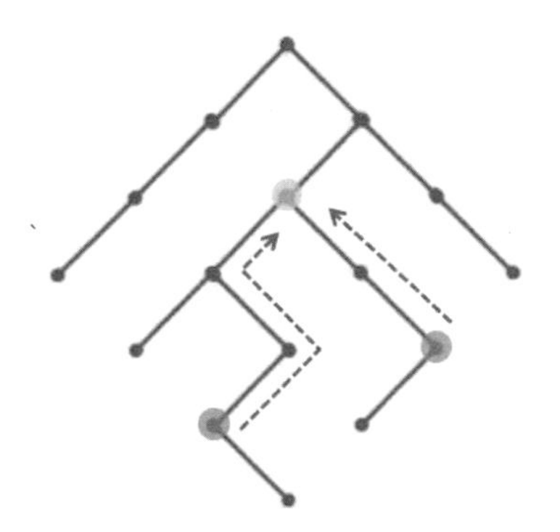

圖 9.15　路徑構成了二元樹

每次選擇打掉一個牆，其實就是在選擇父節點，只能打掉一個牆，表示各節點只能有一個父節點，也就是從某個子節點開始，要往特定父裔節點移動，只會有一條路徑。

無論是哪種迷宮演算，若要生成完全迷宮，就是形成某種樹狀結構，從某個子節點開始，要往特定父裔節點移動，只會有一條路徑，從而保證路徑不會形成迴圈。

實作二元樹迷宮

二元樹迷宮是丟硬幣決定打右牆或上牆，相對地，就是丟硬幣決定保留上牆或右牆，基於上一節的程式基礎，迷宮中每個細胞的產生，可以如下實作：

```
function binaryTreeRandomCell(x, y, rows, columns) {
  // 最右一行只有右牆
  if(x === columns - 1) {
    return cell(x, y, Maze.RIGHT_WALL);
  }

  // 最上一列只有上牆
  if(y === 0) {
    return cell(x, y, Maze.TOP_WALL);
  }

  // 隨機選擇保留上牆或右牆
  return cell(x, y, random([Maze.TOP_WALL, Maze.RIGHT_WALL]));
}
```

p5.js 的 **random** 函式可以指定清單，從清單中隨機挑選元素，用來隨機選擇保留上牆或右牆就很方便。

二元樹迷宮生成細胞的順序不重要，因此使用迴圈依列、行順序產生每個細胞就可以了，來修改上一小節的 Maze 類別，加入 binaryTree 方法：

現在可以來自動生成迷宮了，可以調整底下範例的 rows、columns，指定生成不同大小的迷宮：

binary-tree-maze Zh8dfKpLN.js

```
function setup() {
  createCanvas(300, 300);
  frameRate(1);
}
```

```
function draw() {
  background(200);

  const rows = 20;          // 列數
  const columns = 20;       // 行數
  const cellWidth = 13;     // 細胞大小

  // 生成迷宮
  const maze = new Maze(rows, columns);
  maze.binaryTree();

  strokeWeight(5);
  translate(width / 2 - maze.columns / 2 * cellWidth,
            height / 2 - maze.rows / 2 * cellWidth);
  drawMaze(maze, cellWidth);
}

...方才的 binaryTreeRandomCell、Maze，上一小節的 cell、drawCell、drawMaze 等實作...
故略
```

這個範例會每秒重新生成、繪製迷宮，來看看幾個生成的迷宮長什麼樣子：

 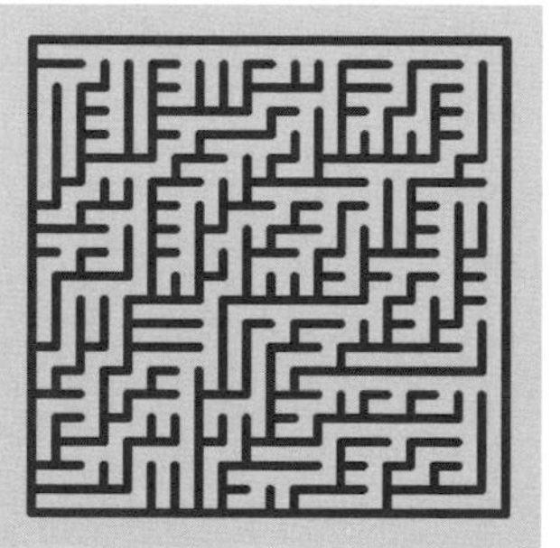 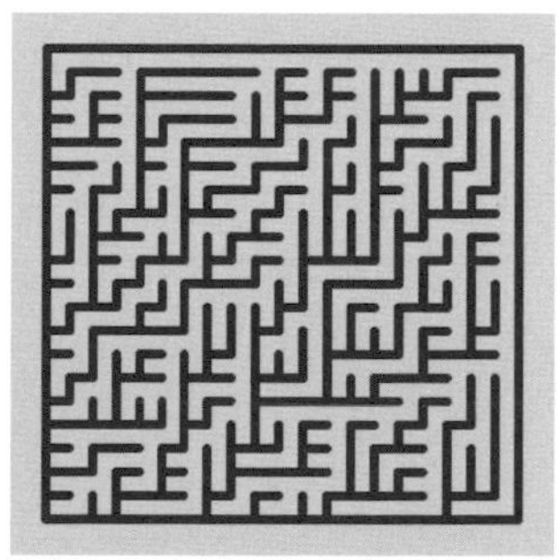

圖 9.16　二元樹迷宮的長像

就二元樹迷宮演算來說，只是丟硬幣決定要打掉上牆或右牆，這就表示連通至父節點的方式，只能是往上或往右，這會令迷宮產生偏差（Bias），使得最後生成的迷宮，根節點一定是在右上角。

想改進偏差的話，可以加入更多隨機性或變化，例如，上下左右隨機行進，而不只是往右或往上，像是下一小節要看到的遞迴回溯迷宮。

9.1.3 遞迴回溯迷宮

如果從目前細胞隨機選擇未造訪的鄰接細胞，打通後造訪該格，若鄰接的細胞都造訪過，退回上一細胞。重複以上流程，直到細胞都造訪過為止。就程式而言，每個細胞的任務相同，看來適合使用遞迴來實現，這樣的演算稱為**遞迴回溯（recursive backtracker）**。

迷宮裡的樹

二元樹演算每次丟硬幣決定拆哪面牆，是在決定連接至哪個父節點；遞迴回溯演算。每次選擇鄰接哪個鄰居，是在選擇連接至哪個子節點，因為二元樹演算每個細胞只會處理一次牆面，然而遞迴回溯演算時，一個細胞可能多次處理牆面，就像衍生出多條路枝芽，而且造訪過的細胞不會再造訪。

這就像是有棵樹在迷宮裡生長，例如，在 5 乘 5 迷宮中，樹若從左上角開始生長，每次前進就是生成一個枝芽，也就是多了個子節點，若枝芽無法前進了，它上一層的節點就試著從另一分支生成下去，例如：

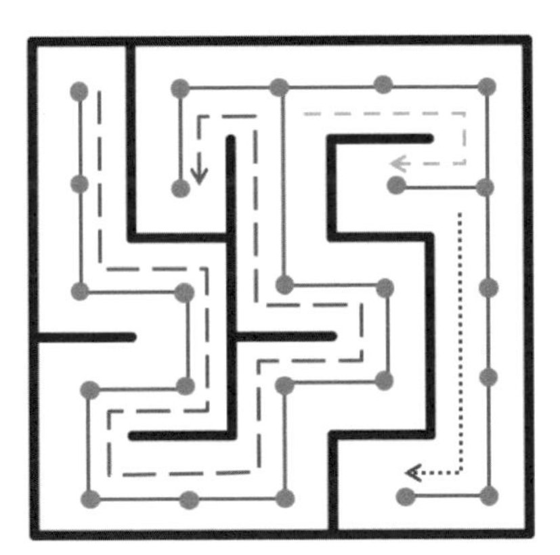

圖 9.17　遞迴回溯迷宮裡的樹生長

上圖的長虛線，表示左上角開始一路生長的方向，最後無法繼續前進了，回溯至中虛線起點處的節點，然後分支生長出去，中虛線無法生長時，回溯至細虛線起點處的節點，然後分支生長出去，節點相連的路徑，就是最後生成的樹，在細胞都探索完後，一口氣回溯至左上起點：

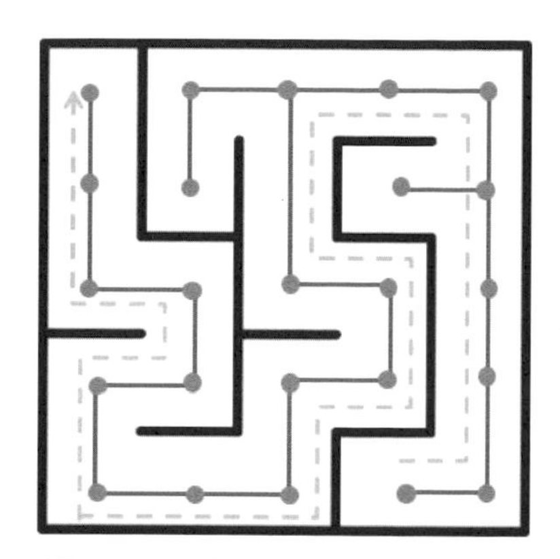

圖 9.18　遞迴回溯迷宮最後流程

樹根節點就是最先選擇的節點，因為是樹，任兩個節點之間，必然只有一條路徑連通，因而可構成完全迷宮。

實作遞迴回溯迷宮

接下來的遞迴回溯迷宮，可以重用前兩個小節的 Maze 類別等實作，因此接下來只需要有個 backtracker 方法，可以產生 cells 清單就好了。

遞迴回溯演算的出發點，仍是從最小的單位開始，也就是單一細胞的牆面狀態。目前細胞往下個細胞前進時，必須將牆打掉，因為細胞會有上右牆、上牆、右牆與無牆四種可能性，就必須做四次判斷，決定怎麼打牆，對嗎？

不用，因為在遞迴回溯演算中，造訪過的細胞不會重複造訪！若能往右走，表示右邊細胞沒造訪過，目前細胞的右牆一定沒拆過，也就是目前細胞只會是具有上右牆，或只有右牆的情況，只要判斷兩種就可以了，而且能夠往右造訪新細胞，表示新細胞一定有上右牆：

```
// 往右走
function visitRight(maze, currentCell) {
  // 目前細胞就沒有右牆了
  if(currentCell.wallType === Maze.TOP_RIGHT_WALL) {
    currentCell.wallType = Maze.TOP_WALL;
  }
  else {
    currentCell.wallType = Maze.NO_WALL;
  }
  // 加入一個有右牆與上牆的細胞
  maze.cells.push(
```

```
    cell(currentCell.x + 1, currentCell.y, Maze.TOP_RIGHT_WALL)
  );
}
```

類似地，若能往上走，表示上邊細胞沒造訪過，上牆一定沒被拆過，目前細胞只會是有上右牆，或僅具備上牆的狀態，因為是往上造訪新細胞，新細胞一定有上右牆：

```
// 往上走
function visitTop(maze, currentCell) {
  // 目前細胞就沒有上牆了
  if(currentCell.wallType === Maze.TOP_RIGHT_WALL) {
    currentCell.wallType = Maze.RIGHT_WALL;
  }
  else {
    currentCell.wallType = Maze.NO_WALL;
  }
  // 加入一個有右牆與上牆的細胞
  maze.cells.push(
    cell(currentCell.x, currentCell.y - 1, Maze.TOP_RIGHT_WALL)
  );
}
```

由於細胞最多只會有上牆與右牆，可以往左走時，目前細胞牆面不用變動，因為是由右往左走，新細胞不會有右牆，只會有上牆；類似地，若能往下走，新細胞不會有上牆，只會有右牆：

```
// 往左走
function visitLeft(maze, currentCell) {
  // 左邊細胞不會有右牆，也就是加入一個只有上牆的細胞
  maze.cells.push(
    cell(currentCell.x - 1, currentCell.y, Maze.TOP_WALL)
  );
}

// 往下走
function visitBottom(maze, currentCell) {
  // 下邊細胞不會有上牆，也就是加入一個只有右牆的細胞
  maze.cells.push(
    cell(currentCell.x, currentCell.y + 1, Maze.RIGHT_WALL)
  );
}
```

為了便於指定方向來造訪，可以寫個 visit 函式：

```
// 便於指定造訪方向的常數
const R = 0; // 右
const T = 1; // 上
```

```
const L = 2; // 左
const B = 3; // 下

// 指定迷宮、目前細胞與要造訪的方向
function visit(maze, currentCell, dir) {
  switch(dir) {
    case R:
      visitRight(maze, currentCell); break;
    case T:
      visitTop(maze, currentCell); break;
    case L:
      visitLeft(maze, currentCell); break;
    case B:
      visitBottom(maze, currentCell); break;
  }
}
```

在遞迴回溯演算中，造訪過的細胞不會重複造訪，為此需要有個判斷細胞是否造訪過的函式，由於 `Maze` 實例的 `cells` 成員記錄了造訪過的細胞資料，只要看看其中是否有細胞，包含了下個想造訪的位置就可以判斷：

```
// 是否造訪過 (x, y)
function notVisited(maze, x, y) {
  // 每個細胞(cell.x, cell.y)不與(x, y)相同，就表示沒造訪過
  return maze.cells.every(cell => cell.x !== x || cell.y !== y);
}

// (x, y) 是否可造訪
function isVisitable(maze, x, y) {
  return y >= 0 && y < maze.rows &&       // y 不超出邊界
         x >= 0 && x < maze.columns &&    // x 不超出邊界
         notVisited(maze, x, y);          // 未造訪
}
```

為了便於取得下個細胞的位置，可以實作 `nextX`、`nextY`，其中 `dir` 參數可接受方才定義的 `R`、`T`、`L`、`B` 常數：

```
// 下個細胞 x 座標
function nextX(x, dir) {
  return x + [1, 0, -1, 0][dir];
}

// 下個細胞 y 座標
function nextY(y, dir) {
  return y + [0, -1, 0, 1][dir];
}
```

有了這些基礎函式後，就可以寫個 backtracker 函式來進行遞迴回溯了：

```
// 遞迴回溯迷宮
function backtracker(maze) {
  // cells 最後一個細胞就是最後造訪的細胞
  const currentCell = maze.cells[maze.cells.length - 1];

  // 隨機的四個方向
  const rdirs = shuffle([R, T, L, B]);

  // 找出可造訪的方向清單
  const vdirs = rdirs.filter(dir => {
    const nx = nextX(currentCell.x, dir);
    const ny = nextY(currentCell.y, dir);
    return isVisitable(maze, nx, ny);
  });

  // 完全沒有可造訪的方向就回溯
  if(vdirs.length === 0) {
    return;
  }

  // 逐一造訪可行方向
  for(let dir of vdirs) {
    const nx = nextX(currentCell.x, dir);
    const ny = nextY(currentCell.y, dir);

    // 原先可造訪的方向，可能因為深度優先的關係被造訪過了
    // 因此必須再次確認一次是否仍然可以造訪
    if(isVisitable(maze, nx, ny)) {
       // 造訪下個細胞
       visit(maze, currentCell, dir);
       // 就目前迷宮狀態進行遞迴回溯演算
       backtracker(maze);
     }
  }
}
```

為了能隨機選擇四個方向，這邊使用了 p5.js 的 **shuffle** 函式，它會將指定清單打亂後傳回。

最後在 Maze 類別加個 backtracker 方法，呼叫 backtracker 函式就可以完成了（不直接 backtracker 方法實作為遞迴呼叫，只是因為基於 backtracker 函式遞迴比較方便罷了）：

backtracker-maze W6UU7alLG.js

```
function setup() {
  createCanvas(300, 300);
  frameRate(1);
}

function draw() {
  background(200);

  const rows = 20;          // 列數
  const columns = 20;       // 行數
  const cellWidth = 13;     // 細胞大小

  // 生成迷宮
  const maze = new Maze(rows, columns);
  maze.backtracker();

  strokeWeight(5);
  translate(width / 2 - maze.columns / 2 * cellWidth,
            height / 2 - maze.rows / 2 * cellWidth);
  drawMaze(maze, cellWidth);
}

...與前一小節相同的程式碼，或是方才列出的程式碼...故略

class Maze {
  ...與前一小節相同的程式碼...故略

  backtracker() {
    this.cells = [];
    // 加入隨機起點細胞
    const x = floor(random(this.columns));
    const y = floor(random(this.rows));
    this.cells.push(cell(x, y, Maze.TOP_RIGHT_WALL));
    // 就目前迷宮狀態進行遞迴回溯演算
    backtracker(this);
  }
}

...與前一小節相同的程式碼，或是方才列出的程式碼...故略
```

範例中可以看到，draw 函式裡只是改為呼叫 Maze 實例的 backtracker 方法，就可以產生遞迴回溯迷宮了：

 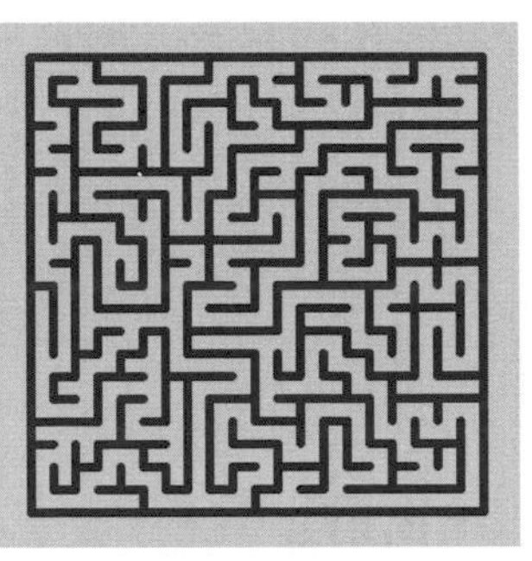 

圖 9.19　遞迴回溯迷宮

迷宮創建動畫

從迷宮整體來看，若能將創建過程展現出來，視覺上會是個神奇而有趣的過程。

Maze 實例的 cells 成員，包含了細胞的產生順序，想展現迷宮創建過程的話，可以從 cells 下手，只要從最後一個加入的細胞開始，往前找出它的鄰居細胞，再找出該鄰居細胞的鄰居細胞…一直到起點細胞為止，這樣就能找出起點至目前探索點的路徑，動畫展現時，視覺上會像根管子，在迷宮裡捅啊捅地，函式就命名為 findTube 吧！

```
// 找出探訪第 n 個細胞時的路徑
function findTube(maze, n) {
  // 第 n 次探訪的細胞
  let cell = maze.cells[n - 1];
  // 收集細胞
  const tube = [cell];
  for(let i = n - 2; i >= 0; i--) {
    const pre = maze.cells[i];
    // 如果 pre 是 cell 的鄰居
    if(isNeighbor(cell, pre)) {
      // 收集
      tube.push(pre);
      // 鄰居就是第 n-1 次探訪的細胞
      cell = pre;
    }
  }
  return tube;
```

```
}

// 是否為鄰居細胞
function isNeighbor(cell1, cell2) {
  const xd = cell1.x - cell2.x;
  const yd = cell1.y - cell2.y;
  // 鄰居只會差一格
  return abs(xd) + abs(yd) === 1;
}
```

至於繪製路徑的部分，為了讓畫面更豐富一些，可基於細胞位置來繪製顏色，至於已探索過的細胞會畫出牆面：

```
// 指定 Maze 實例與細胞大小
function drawTube(maze, cellWidth, n) {
  // 繪出探索路徑
  const tube = findTube(maze, n);
  for(let cell of tube) {
    const px = cell.x * cellWidth;
    const py = cell.y * cellWidth;
    push();
    noStroke();
    // 基於位置來繪製顏色，從 50 開始是希望顏色不要太暗
    fill(px % 255 + 50, py % 255 + 50, 0);
    translate(px, py);
    square(0, 0, cellWidth);
    pop();
  }

  // 繪製目前已經探索過的細胞牆面
  for(let i = 0; i < n; i++) {
    const cell = maze.cells[i];
    push();

    translate(cell.x * cellWidth, cell.y * cellWidth);
    drawCell(cell.wallType, cellWidth);

    pop();
  }

  // 繪製迷宮外框
  const totalWidth = cellWidth * maze.columns;
  const totalHeight = cellWidth * maze.rows;

  noFill();
  rect(0, 0, totalWidth, totalHeight);
}
```

接下來調整一下 draw 函式，使用變數來記錄 n，目前是要繪製至第幾個細胞的探索路徑，如果 n 等於全部的細胞數，就繪製全部的迷宮並停止動畫：

maze-creation SbtW47nD0.js

```
let maze;
function setup() {
  createCanvas(300, 300);
  frameRate(24);
  const rows = 20;          // 列數
  const columns = 20;       // 行數

  // 生成迷宮
  maze = new Maze(rows, columns);
  maze.backtracker();
}

let n = 1;
function draw() {
  background(200);

  const cellWidth = 13;   // 細胞大小

  strokeWeight(5);
  translate(width / 2 - maze.columns / 2 * cellWidth,
            height / 2 - maze.rows / 2 * cellWidth);

  // n 尚未等於細胞總數，畫出探索路徑
  if(n !== maze.cells.length + 1) {
    // 畫出探索路徑
    drawTube(maze, cellWidth, n);
    n++;
  }
  else {
    // 畫出迷宮
    drawMaze(maze, cellWidth);
    noLoop();
  }
}

...與前一小節相同的程式碼，或是方才列出的程式碼...故略
```

來看看繪製過程的幾個圖片示範：

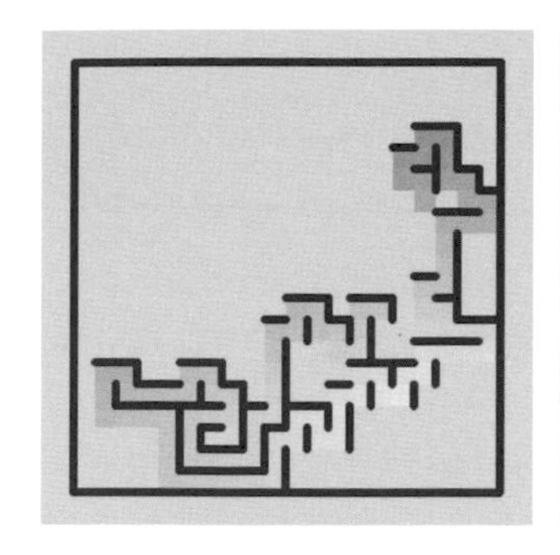

圖 9.20 迷宮建立過程

在瞭解迷宮建立的原理之後，接下來就會想要挑戰迷宮的變化了，例如，不同形狀的迷宮，這會是下一節的主題。

9.2 不同形狀的迷宮

前一節談到的矩形迷宮，作為迷宮創作是不錯的出發點，這一節裡要來基於矩形迷宮延伸變化，建立蜂巢、遮罩迷宮，接著進一步探討 Theta 迷宮。

9.2.1 蜂巢迷宮

蜂巢迷宮是指，每個細胞的外觀都是正六角形，如蜂巢般排列，例如：

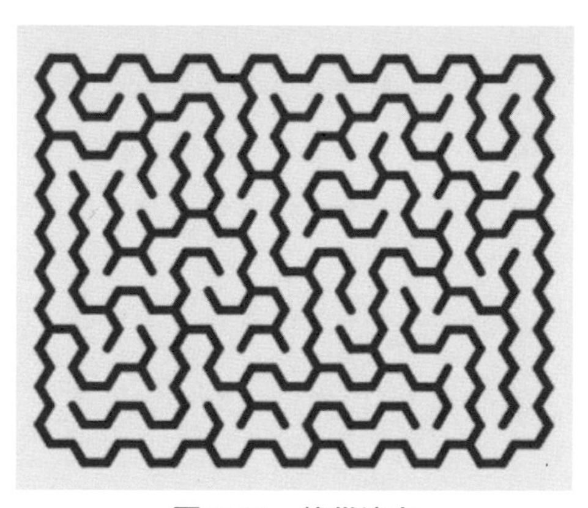

圖 9.21 蜂巢迷宮

有些人第一眼的想法可能是，因為每個細胞的外觀是正六角形，可以將先前遞迴回溯迷宮的 `Maze` 做些修改，令牆面有六個方向，對吧？

蜂巢牆面

其實不用，仔細觀察蜂巢迷宮的細胞排列方式，還是基於行列，可以將每一列細胞以不同顏色表示，很容易就能看出來：

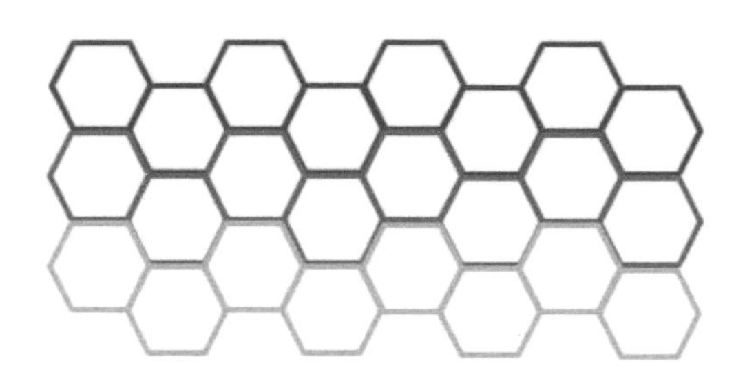

圖 9.22　蜂巢迷宮的每一列

你有想過前一節實作迷宮時，為什麼不是一邊遞迴一邊繪圖，而是收集細胞資料後，再根據細胞資料繪圖嗎？因為可以基於細胞資料，繪製不同型態的迷宮，例如，不一定要畫實線，畫虛線或甚至用石頭材質來畫牆都可以。

蜂巢迷宮既然是基於行列，就表示遞迴回溯迷宮的 `Maze` 類別不用修改，只要繪製可以基於細胞資料，畫出蜂巢狀細胞就可以了。

在六角形結構下，從目前細胞往上或往下走沒有問題，六角形細胞會沒有上牆，那麼往左或往右呢？**若行索引以 0 開始，偶數索引的細胞會沒有右下牆，奇數索引沒有右上牆：**

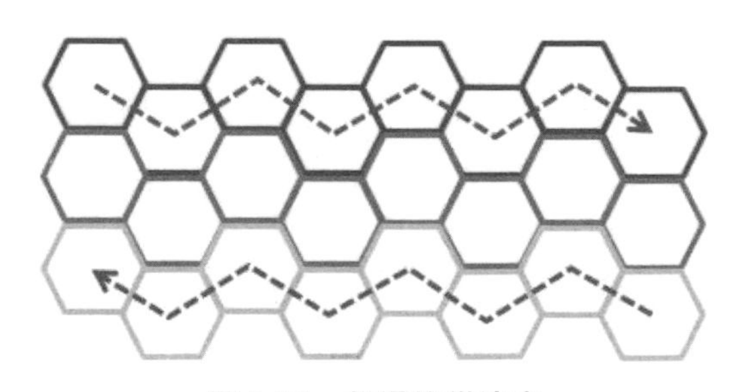

圖 9.23　打通蜂巢迷宮

細胞資料裡牆面有 Maze.TOP_RIGHT_WALL、Maze.TOP_WALL、Maze.RIGHT_WALL、Maze.NO_WALL 四個狀態，對應至六角形的話，牆面怎麼畫呢？同樣地，對於單一細胞而言，不必六邊都畫牆，單一細胞而狀態為 Maze.TOP_RIGHT_WALL 時，對應的牆面會是：

圖 9.24　**Maze.TOP_RIGHT_WALL**

將一組細胞排列，就會形成以下的結構：

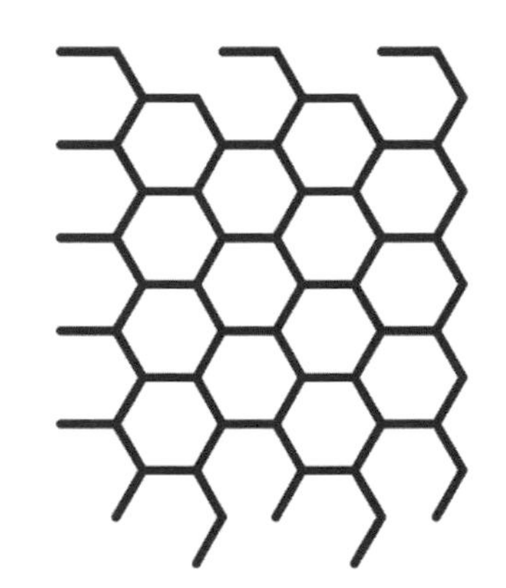

圖 9.25　一組蜂巢細胞的組合

最後只要補足邊界的牆就可以了：

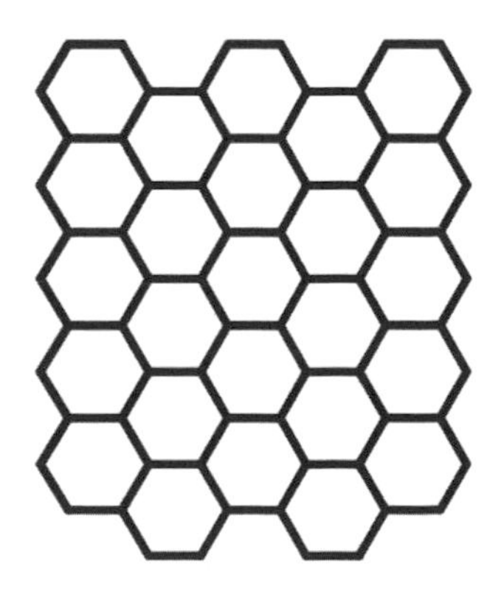

圖 9.26　補足邊界的牆

實作牆面繪製

類似 9.1.1 的做法，可以先實作繪製單一細胞的 drawHexCell 函式，牆面狀態為 Maze.TOP_WALL 只要畫出上牆。

Maze.RIGHT_WALL 呢？方才談到，若行索引以 0 開始，左右細胞可互通時，那麼偶數索引的細胞沒有右下牆，奇數索引沒有右上牆，相對地就表示，Maze.RIGHT_WALL 時，偶數索引的細胞要畫出右上牆，奇數索引的細胞要畫出右下牆。

Maze.NO_WALL 不用畫上牆，然而 Maze.NO_WALL 表示六角形細胞，表示偶數索引沒有右下牆，也就是必須繪製右上牆，奇數索引沒有右上牆，也就是必須繪製右下牆。

至於六角形要怎麼畫呢？別急著拿出三角函式，使用向量會更方便一些，若 cellWidth 是指六角形最左頂點至最右頂點間的距離，除以 2 就是六角形中心至頂點的長度，接著只要建立 p5.Vector 實例，每次旋轉 60 度，就可以得到每個頂點。

根據以上的說明，可以實作 drawHexCell 函式如下：

```
// 繪製單一細胞
function drawHexCell(wallType, cellWidth, isXOdd) {
  const a = PI / 3;
  //  p5.Vector.fromAngl 只接受徑度
  const v = p5.Vector.fromAngle(a, cellWidth / 2);

  if(wallType === Maze.TOP_RIGHT_WALL || wallType === Maze.TOP_WALL) {
    // 畫出上牆
    const v3 = p5.Vector.rotate(v, -a  * 3);
    const v2 = p5.Vector.rotate(v, -a  * 2);
    line(v3.x, v3.y, v2.x, v2.y);
  }

  if(wallType === Maze.TOP_RIGHT_WALL || wallType === Maze.RIGHT_WALL) {
    // 畫出 〉牆面
    const v1 = p5.Vector.rotate(v, -a);
    const v2 = p5.Vector.rotate(v, -a * 2);
    line(v.x, v.y, v1.x, v1.y);
    line(v1.x, v1.y, v2.x, v2.y);
  }
  else {
    if(isXOdd) {
      // 畫出 / 牆面
```

```
      const v1 = p5.Vector.rotate(v, -a);
      line(v.x, v.y, v1.x, v1.y);
    }
    else {
      // 畫出 \ 牆面
      const v1 = p5.Vector.rotate(v, -a);
      const v2 = p5.Vector.rotate(v, -a * 2);
      line(v1.x, v1.y, v2.x, v2.y);
    }
  }
}
```

接著類似地，實作 drawHexMaze 來繪製整個迷宮，這部分主要就是細心地計算出六角形的位置，令全部六角形彼此拼接在一起，同樣地，可以建立 p5.Vector 實例，每次旋轉 60 度取得頂點時，基於頂點來計算比較方便，也就是以下程式碼的粗體字部分，然後別忘了補上迷宮的邊界：

```
function drawHexMaze(maze, cellWidth) {
  const r = cellWidth / 2;
  const a = PI / 3;
  // 六角形頂點
  const vertices = [
    p5.Vector.fromAngle(a, r),
    p5.Vector.fromAngle(0, r),
    p5.Vector.fromAngle(-a, r),
    p5.Vector.fromAngle(-2 * a, r),
    p5.Vector.fromAngle(-3 * a, r),
    p5.Vector.fromAngle(-4 * a, r)
  ];

  // 排列六角形時的 x、y 步進值
  const xStep = cellWidth - (vertices[1].x - vertices[2].x);
  const yStep = vertices[0].y - vertices[2].y;

  // 逐一畫出細胞
  for(let cell of maze.cells) {
    // 奇數行？
    const isXOdd = isOdd(cell.x);
    // 細胞的繪製位置
    const px = r + xStep * cell.x;
    const py = r + yStep * cell.y + (isXOdd ? vertices[0].y : 0);

    // 繪製細胞
    push();
    translate(px, py);
    drawHexCell(cell.wallType, cellWidth, isXOdd);
    pop();
  }
```

```
  // 補右邊界
  for(let y = 0; y < maze.rows; y++) {
    const py = r + yStep * y;
    push();
    translate(r, py);
    line(vertices[3].x, vertices[3].y, vertices[4].x, vertices[4].y);
    line(vertices[4].x, vertices[4].y, vertices[5].x, vertices[5].y);
    pop();
  }

  // 補上邊界
  for(let x = 0; x < maze.columns; x += 2) {
    const px = r + xStep * x;
    push();
    translate(px, r);
    line(vertices[1].x, vertices[1].y, vertices[2].x, vertices[2].y);
    line(vertices[2].x, vertices[2].y, vertices[3].x, vertices[3].y);
    line(vertices[3].x, vertices[3].y, vertices[4].x, vertices[4].y);
    pop();
  }

  // 補下邊界
  for(let x = 0; x < maze.columns; x += 2) {
    const px = r + xStep * x;
    const py = r + yStep * maze.rows;
    push();
    translate(px, py);
    line(vertices[2].x, vertices[2].y, vertices[3].x, vertices[3].y);
    line(vertices[1].x, vertices[1].y, vertices[2].x, vertices[2].y);
    pop();

    push();
    translate(px + xStep, py - yStep / 2);
    line(vertices[5].x, vertices[5].y, vertices[0].x, vertices[0].y);
    pop();
  }
}
```

既有 `Maze` 類別的相關程式碼都沒有變動，因此可以基於 9.1.3 的 backtracker-maze 範例，將 `drawHexCell` 與 `drawHexMaze` 函式加入，就可以繪製蜂巢迷宮了：

honeycomb-maze TpwMh0nlW.js

```
function setup() {
  createCanvas(300, 300);
  frameRate(1);
}

function draw() {
```

```
  background(200);

  const rows = 15;          // 列數
  const columns = 18;       // 行數
  const cellWidth = 18;     // 細胞大小

  // 生成迷宮
  const maze = new Maze(rows, columns);
  maze.backtracker();

  strokeWeight(5);
  translate(width / 2 - columns / 2 * cellWidth * 0.75,
            height / 2 - rows / 2 * cellWidth * 0.9);
  drawHexMaze(maze, cellWidth);
}
```

...與 9.1.3 的 backtracker-maze 相同的程式碼，或是方才列出的程式碼...故略

以下是幾個隨機生成的蜂巢迷宮擷圖：

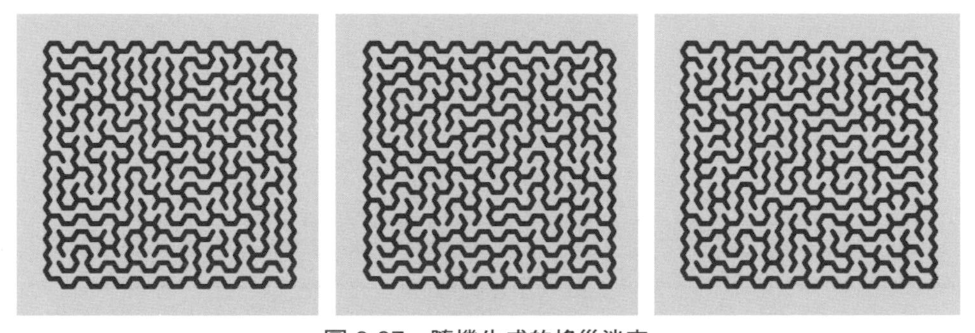

圖 9.27　隨機生成的蜂巢迷宮

9.2.2 迷宮與遮罩

想要不同形狀的迷宮，另一個簡單的方式就是，加上遮罩！只有指定的位置才能構成路徑，最後路徑的形狀就成了迷宮的形狀。例如「迷」字裡的迷宮：

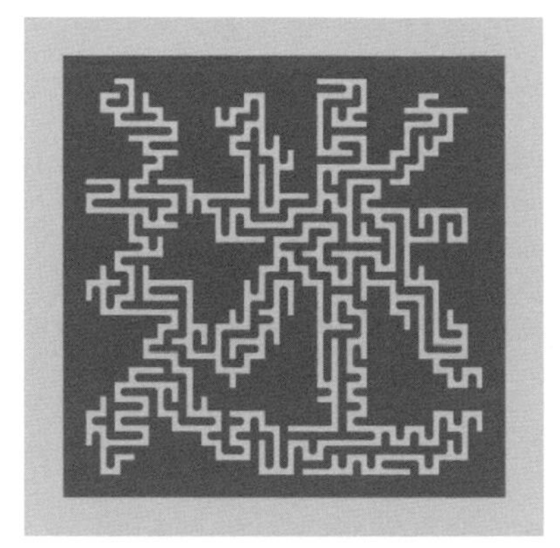

圖 9.28　「迷」字迷宮

手動指定遮罩

遮罩可以使用圖片指定，不過這邊先簡單地手動指定遮罩，例如，以下是 11 乘 11 的遮罩資料：

```
const mask = [
    [0, 0, 0, 0, 0, 0, 0, 0, 0, 0, 0],
    [0, 0, 1, 1, 0, 0, 0, 1, 1, 0, 0],
    [0, 1, 1, 1, 1, 0, 1, 1, 1, 1, 0],
    [0, 1, 1, 1, 1, 1, 1, 1, 1, 1, 0],
    [0, 1, 1, 1, 1, 1, 1, 1, 1, 1, 0],
    [0, 1, 1, 1, 1, 1, 1, 1, 1, 1, 0],
    [0, 1, 1, 1, 1, 1, 1, 1, 1, 1, 0],
    [0, 0, 1, 1, 1, 1, 1, 1, 1, 0, 0],
    [0, 0, 0, 1, 1, 1, 1, 1, 0, 0, 0],
    [0, 0, 0, 0, 1, 1, 1, 0, 0, 0, 0],
    [0, 0, 0, 0, 0, 0, 0, 0, 0, 0, 0]
];
```

這邊使用了二維陣列作為遮罩的資料結構，觀察一下可以發現，全部的 1 呈現愛心的形狀，只有 1 的位置才會用來構造路徑，0 是不能成為路徑的部分。

為了能開始走訪迷宮，走訪起點必須是遮罩資料裡 1 的位置，寫個 findStart 來尋找並不是困難之事：

```
function findStart(mask) {
  for(let y = 0; y < mask.length; y++) {
    for(let x = 0; x < mask[0].length; x++) {
      // 找到 1 就傳回 x, y
      if(mask[y][x] === 1) {
        return {x, y};
      }
```

```
    }
  }
}
```

如果希望迷宮能走訪全部的 1，記得遮罩資料裡的 1 彼此間必須接續，另外要知道的是，並非所有迷宮演算法都可以使用遮罩，例如 9.1.2 的二元樹迷宮演算就不行，理由很簡單，如果目前已經打通至以下狀態：

圖 9.29　二元樹迷宮與遮罩

若黑色是遮罩資料裡 0 的部分，也就是不能成為路徑的部分，若接下來丟硬幣決定了要打通上牆：

圖 9.30　右下角成為無法進入狀態

一旦形成以上狀態，右下角那一格，既不能打通上牆（因為遮罩）也不能打通右牆（因為邊界），就成為無法進入的狀態了。

目前 `Maze` 類別只要做一點修改，就可以簡單地加入遮罩功能，首先，細胞狀態會多一個 `Maze.MASK`：

```
Maze.MASK = 'mask';    // 細胞無法成為路徑
```

接著修改 Maze 類別的 backtracker 方法，若有指定遮罩資料，先將無法構成路徑的細胞加入 cells，這會構成該細胞已造訪的判斷，既有的 Maze 實作就不會處理該細胞：

```
class Maze {
  ...其他未修改的實作…故略
  backtracker(mask) {
    this.cells = [];

    if(mask === undefined) {
      // 加入隨機起點細胞
      const x = floor(random(this.columns));
      const y = floor(random(this.rows));
      this.cells.push(cell(x, y, Maze.TOP_RIGHT_WALL));
    }
    else { // 有指定 mask 的情況
      // 將無法構成路徑的細胞加入 cells
      // 這會構成該細胞已造訪的判斷
      for(let y = 0; y < mask.length; y++) {
        for(let x = 0; x < mask[y].length; x++) {
          if(mask[y][x] === 0) {
            this.cells.push(cell(x, y, Maze.MASK));
          }
        }
      }
      // 找出起點
      const start = findStart(mask);
      this.cells.push(cell(start.x, start.y, Maze.TOP_RIGHT_WALL));
    }

    // 就目前迷宮狀態進行遞迴回溯演算
    backtracker(this);
  }
}
```

最後可以來繪製迷宮了，這只要修改 drawMaze，讓它畫出遮罩細胞以及迷宮細胞就可以了：

```
// 指定 Maze 實例與細胞大小
function drawMaze(maze, cellWidth) {
  // 過濾出非路徑的細胞
  const maskCells = maze.cells.filter(
                    cell => cell.wallType === Maze.MASK);

  // 繪製非路徑的細胞
  for(let cell of maskCells) {
    push();

    // 細胞移至繪圖位置，畫個方塊就好
```

```
    translate(cell.x * cellWidth, cell.y * cellWidth);
    square(0, 0, cellWidth);

    pop();
  }

  // 繪製構成路徑的細胞
  const road = maze.cells.slice(maskCells.length);
  for(let cell of road) {
    push();

    // 細胞移至繪圖位置
    translate(cell.x * cellWidth, cell.y * cellWidth);
    drawCell(cell.wallType, cellWidth);

    pop();
  }
}
```

可以基於 9.1.3 的 backtracker-maze 範例，將方才的修改完成，就可以如下完成愛心迷宮：

maze-masking k17PcO07n.js

```
function setup() {
  createCanvas(300, 300);
  frameRate(1);
}

function draw() {
  background(200);

  const mask = [
    [0,0,0,0,0,0,0,0,0,0,0],
    [0,0,1,1,0,0,0,1,1,0,0],
    [0,1,1,1,1,0,1,1,1,1,0],
    [0,1,1,1,1,1,1,1,1,1,0],
    [0,1,1,1,1,1,1,1,1,1,0],
    [0,1,1,1,1,1,1,1,1,1,0],
    [0,1,1,1,1,1,1,1,1,1,0],
    [0,0,1,1,1,1,1,1,1,0,0],
    [0,0,0,1,1,1,1,1,0,0,0],
    [0,0,0,0,1,1,1,0,0,0,0],
    [0,0,0,0,0,0,0,0,0,0,0]
  ];

  const rows = mask.length;
  const columns = mask[0].length;
  const cellWidth = (width - 50) / max(rows, columns);
  const maze = new Maze(rows, columns);
```

```
  maze.backtracker(mask);

  fill(255, 0, 0);
  stroke(255, 0, 0);
  strokeWeight(5);
  translate(width / 2 - maze.columns / 2 * cellWidth,
            height / 2 - maze.rows / 2 * cellWidth);
  drawMaze(maze, cellWidth);
}
```

...與 9.1.3 的 backtracker-maze 相同的程式碼，或是方才列出的程式碼...故略

以下是幾個隨機生成的愛心迷宮擷圖：

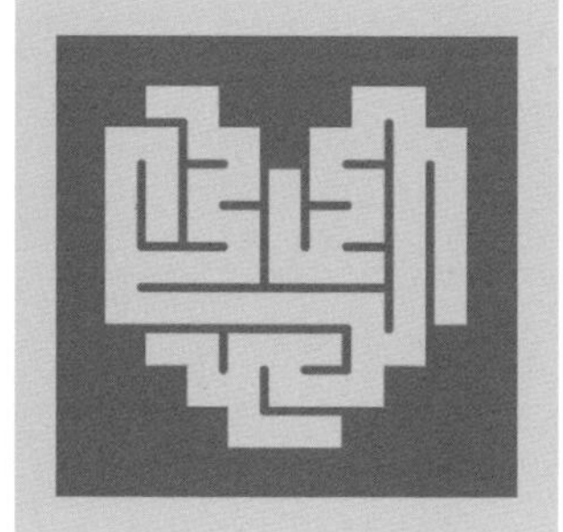

圖 9.31　愛心迷宮

圖片生成遮罩

5.2 節談過 p5.js 可以取得圖片的像素資料，既然如此，可以使用圖片繪製遮罩，由 p5.js 載入圖片、取得像素資料後自動生成遮罩資料。例如，使用以下 30 乘 30 的圖片（為了能清楚在書上顯示而放大了）：

圖 9.32　繪製遮罩圖片

白色部分是可構成路徑的部分，其實不一定要用黑白，5.2 節談過，p5.js 可以為圖片套黑白濾鏡，因此可以如下從圖片生成遮罩資料：

```
function makeMask(img) {
  // 一律轉黑白
  img.filter(THRESHOLD, 0.5);

  let mask = [];
  for(let y = 0; y < img.height; y++) {
    let row = [];
    for(let x = 0; x < img.width; x++)  {
      const px = img.get(x, y);
      // 白色的 RGB 都是 255，黑色都是 0
      // 只要第一個索引的資料除以 255 就可以了
      row.push(px[0] / 255);
    }
    mask.push(row);
  }

  return mask
}
```

可以基於方才的 maze-masking 範例，將 makeMask 函式加入，加入圖片載入的相關程式碼，方才的圖 9.28 就是以下範例繪製的成果擷圖。

maze-masking2 Qb2_MA-1q.js

```
let img;
function preload() {
  // 載入圖片
  img = loadImage('images/mask.jpg');
}

let mask;
function setup() {
  createCanvas(300, 300);
  frameRate(1);
  mask = makeMask(img);
}

function draw() {
  background(200);

  const rows = mask.length;
  const columns = mask[0].length;
  const cellWidth = (width - 50) / max(rows, columns);
  const maze = new Maze(rows, columns);
  maze.backtracker(mask);

  fill(255, 0, 0);
  stroke(255, 0, 0);
  strokeWeight(5);
  translate(width / 2 - maze.columns / 2 * cellWidth,
```

```
            height / 2 - maze.rows / 2 * cellWidth);
  drawMaze(maze, cellWidth);
}
```

...與 maze-masking 相同的程式碼，或是方才列出的程式碼...故略

9.2.3 Theta 迷宮

如果想做個圓形迷宮，方式之一是透過遮罩，透過圓形遮罩圖片結合 maze-masking2 範例，就可以做出以下迷宮：

圖 9.33 圓形迷宮？

不過，你也許會覺得用這種方式做圓形迷宮有點投機取巧，畢竟，你可能看過這樣的圓形迷宮：

圖 9.34 化方為圓的迷宮

或以下的圓形迷宮：

圖 9.35　Theta 迷宮

化方為圓？

化方為圓的迷宮其實也是一種取巧作法，可以想像一下，抓住矩形黏土的一端拉成一個圓：

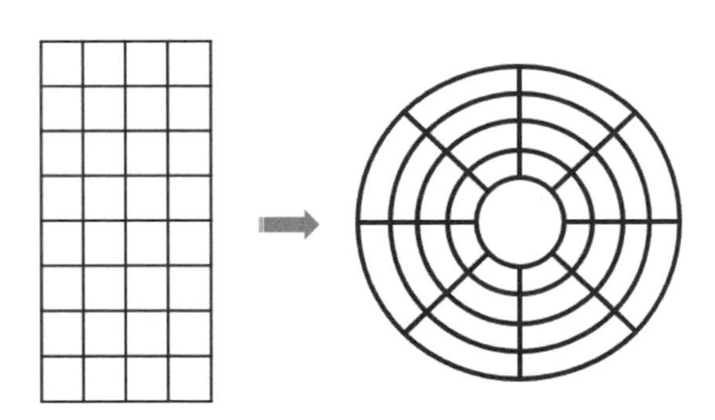

圖 9.36　將矩形拉成圓形

若要配合遞迴回溯迷宮的細胞索引方式，就像是將矩形迷宮轉 90 度後，將每一列剪下來，變成環狀，細胞索引 y 就是上圖的 y 環索引，索引 x 就是上圖每一環細胞的逆時針 x 索引，若沒有修改 `Maze` 類別的實作，純粹就是實現另一種繪圖，迷宮裡每個細胞的上牆與右牆會變成：

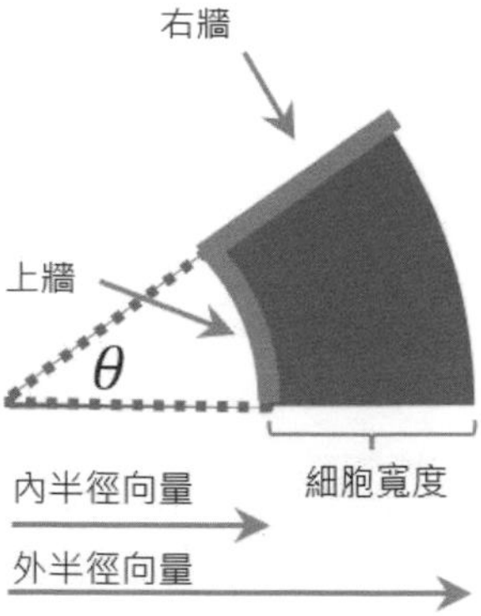

右牆

上牆

θ

內半徑向量

細胞寬度

外半徑向量

圖 9.37　細胞的牆面繪製

這麼一來，畫出來的迷宮會是：

圖 9.38　矩形拉成圓形的迷宮

從圖 9.38 可以看到繞一圈回來的接合線，想處理這個問題，只要令矩形迷宮最上與最下的列可以互通，這只要用個模數運算就可以了；雖然將矩形拉為圓形，可以簡單地製作出圓形的迷宮，然而這種迷宮的缺點也是顯而易見，每一環的細胞數量固定，這就會使得越外環的細胞弧長越大：

圖 9.39　越外環細胞弧長越大的迷宮

如果只是要製作環數不多的迷宮，是可以使用這種做法，環數很多的話就不建議了，基於篇幅限制，這邊就不談怎麼實作這種迷宮了。

提示 »» 如果真的想看看程式碼怎麼實現這種迷宮，可參考〈Theta 迷宮（一）[1]〉裡的說明。

Theta 迷宮

若要解決越外環的細胞弧長越大的問題，每一環細胞數量不能固定，在適當的時機要增加每環的細胞數量，例如，每兩環就對細胞的張角進行切分：

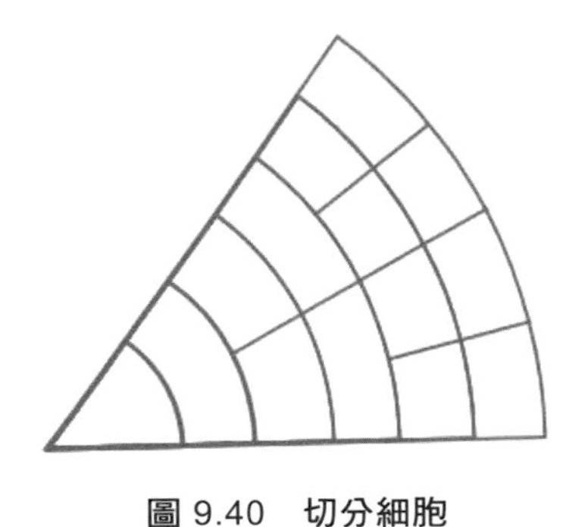

圖 9.40　切分細胞

1 Theta 迷宮（一）：openhome.cc/Gossip/P5JS/ThetaMaze.html

每兩環切分只是便於說明切分的概念，實際上不能這麼做，因為 2 次方級數增長過快，外環細胞反而會迅速變小，接下來會採取的細胞切分時機是，**細胞內弧長與細胞寬度的比例大過某值時，就切分細胞**，切分的結果會像是：

圖 9.41 基於弧長比例切分細胞

切分細胞時由於會一分為二，切分前後會構成較明顯的界線，不過整體來說，解決了越外環細胞弧長越大的問題，必要時，可以調整細胞內弧長與細胞寬度的比例閥值，令切分時在視覺上看不出界線問題；基於細胞內弧長與細胞寬度的比例只是一種方式，你也可以採用其他的切分方式，像是細胞弧長大於某值就切分。

實作 Theta 迷宮

使用二維陣列作為記錄迷宮細胞的資料結構，是比較簡單的方式，對許多人來說也是較為熟悉的方式，畢竟入門程式設計之人，總會接觸到二維陣列的概念。

二維陣列記錄迷宮細胞，意謂著某細胞可以連結的細胞，就是上、下、左、右的細胞，如果某細胞可以連結的細胞不只這幾個的話，二維陣列就不方便了，這時可以採用**鏈結（link）**（基於鏈結來製作矩形迷宮也是可以，只是初學程式的人，對鏈結處理會覺得有些困難罷了）。

例如，對於 Theta 迷宮裡某個細胞，它會有的鄰居定義為 inward（內環鄰居）、outwards（外環鄰居）、cw（順時針鄰居）、ccw（逆時針鄰居），outwards 是複數，因為外環的鄰居可能是一個或兩個：

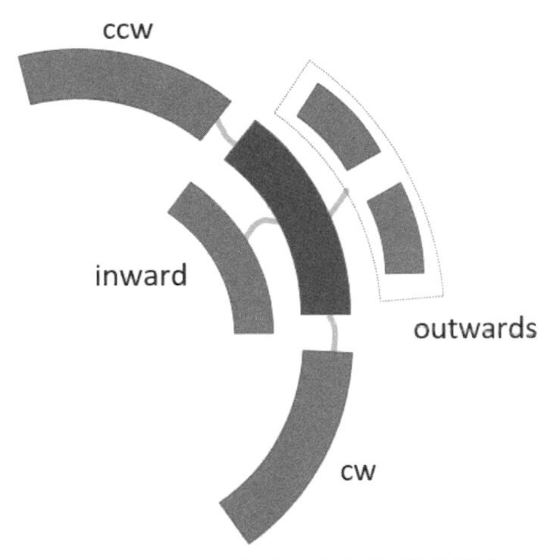

圖 9.42　使用鏈結建立細胞間的關係

除了 inward、outwards、cw、ccw 以外，每個細胞會有座標（ri, ci），代表 ri 環，逆時針的 ci 細胞，細胞最多只會有兩個牆面，往內環的牆與往逆時針方向的牆：

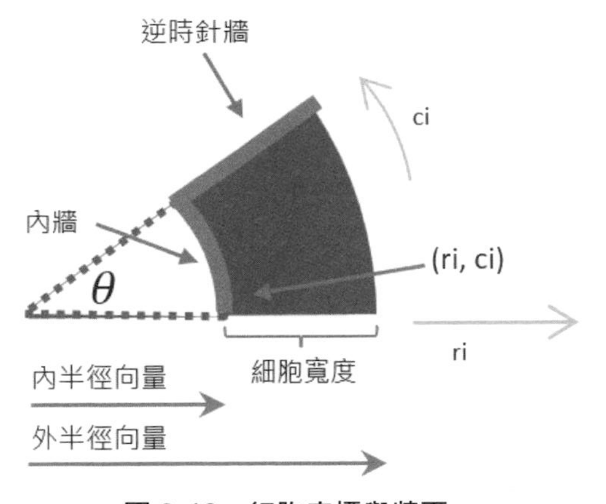

圖 9.43　細胞座標與牆面

接下來就直接用程式實作來進行說明，首先還是先定義細胞的資料結構：

```
// 指定座標 (ri, ci) 與牆面類型
function cell(ri, ci, wallType) {
  // 細胞還會有 inward、outwards、cw、ccw 等特性
  // 這邊沒有設定這些特性，也就是預設為 undefined
  return {ri, ci, wallType, notVisited: true};
}
```

因為 JavaScript 的物件沒有定義某特性時，試圖存取該特性會得到 undefined，cell 函式也就不用特別定義 inward、outwards、cw、ccw 特性；接著定義 ThetaMaze 類別：

```
// 負責 Theta 迷宮的類別
class ThetaMaze {
  // 指定環數、首環細胞數量、內外弧長比例為何時要切分細胞
  constructor(rings, beginingCells, dividedRatio = 1.5) {
    // 切分各環細胞
    divideCells(this, rings, beginingCells, dividedRatio);
    // 與鄰居建立關係
    configNeighbors(this);
  }

  backtracker() {
    // 從座標 (0, 0) 的細胞開始
    const currentCell = this.cells[0][0];
    // 設為已造訪
    currentCell.notVisited = false;
    // 遞迴回溯
    backtracker(this, currentCell);
  }
}

// 牆面會有四種狀態
ThetaMaze.NO_WALL = 'no_wall';
ThetaMaze.INWARD_WALL = 'inward_wall';
ThetaMaze.CCW_WALL = 'ccw_wall';
ThetaMaze.INWARD_CCW_WALL = 'inward_ccw_wall';
```

這個過程與 9.1 很像對吧！其中的 backtracker 函式稍後會定義，將實現遞迴回溯演算，而在建構 ThetaMaze 實例時，會進行各環細胞的切分，並鄰居建立關係，前者由 divideCells 函式負責：

```
// 切分各環細胞
function divideCells(maze, rings, beginingCells, dividedRatio) {
  // 用來收集細胞
  maze.cells = [];

  // 最內環
  const ring0 = [];
  for (let ci = 0; ci < beginingCells; ci++) {
    ring0.push(cell(0, ci, ThetaMaze.INWARD_CCW_WALL));
  }
  maze.cells.push(ring0);

  // 基於單位圓來計算
  // 以半徑為 1 來作為細胞寬度
```

```
  // 也就是內環至外環的長度
  const cellWidth = 1 / rings;
  // 因為最內環已處理，就從 ri 為 1 的環開始
  for(let ri = 1; ri < rings; ri++) {
    const r = ri * cellWidth;             // 半徑
    const circumference = TWO_PI * r;  // 內牆圓周
    const cellsOfPreRing = maze.cells[ri - 1].length;     // 前一環細胞數
    const innerArcLeng = circumference / cellsOfPreRing; // 內牆弧長
    // 決定要不要切分細胞
    const ratio = innerArcLeng / cellWidth >= dividedRatio ? 2 : 1;
    const numOfCells = cellsOfPreRing * ratio; // 這一環的細胞數

    // 建立這一環的細胞
    const ring = [];
    for(let ci = 0; ci < numOfCells; ci++) {
      ring.push(cell(ri, ci, ThetaMaze.INWARD_CCW_WALL));
    }
    maze.cells.push(ring);
  }
}
```

為了便於對照，相對應的程式碼附近都使用註解說明其作用了，接下來是負責建立鄰居關係的 configNeighbors 函式：

```
// 與鄰居建立關係
function configNeighbors(maze) {
  // 逐一設定每個細胞的 outwards、ccw、cw、inward 特性
  for(let ring of maze.cells) {
    for(let cell of ring) {
      // 不是最外環的話就會有 outwards
      if(cell.ri < maze.cells.length - 1) {
        cell.outwards = [];
      }

      const ring = maze.cells[cell.ri];
      // 逆時針與順時針的鄰居
      cell.ccw = ring[(cell.ci + 1) % ring.length];
      cell.cw = ring[(cell.ci - 1 + ring.length) % ring.length];

      // 不是最內環的話
      if(cell.ri > 0) {
        const ratio = ring.length / maze.cells[cell.ri - 1].length;
        // 會有內環鄰居
        cell.inward = maze.cells[cell.ri - 1][floor(cell.ci / ratio)];
        // 內環鄰居的外環鄰居就是 cell
        cell.inward.outwards.push(cell);
      }
    }
  }
}
```

接下來就是實作 backtracker 函式了，其中各個子任務的函式實現，與 9.1.3 的實作流程類似，若逐一說明會有許多重複之處，畢竟 ThetaMaze 裡的 cells 雖然採取了鏈結的方式組織，backtracker 函式實現的演算法，依然是遞迴回溯。

基於篇幅限制，以下直 接列出程式碼與相關註解，不過程式碼的安排順序，特意與 9.1.3 的說明流程類似，這是為了便於與 9.1.3 的說明流程對照：

```
// 往內走
function visitIN(maze, next, currentCell) {
  // 目前細胞就沒有內牆了
  if(currentCell.wallType === ThetaMaze.INWARD_CCW_WALL) {
    currentCell.wallType = ThetaMaze.CCW_WALL;
  } else {
    currentCell.wallType = ThetaMaze.NO_WALL;
  }
  // 下個細胞設為已造訪
  next.notVisited = false;
}

// 往外走
function visitOUT(maze, next, currentCell) {
  // 下個細胞就沒有內牆了
  next.wallType = ThetaMaze.CCW_WALL;
  // 下個細胞設為已造訪
  next.notVisited = false;
}

// 順時針走
function visitCW(maze, next, currentCell) {
  // 下個細胞就沒有逆時針牆了
  next.wallType = ThetaMaze.INWARD_WALL;
  // 下個細胞設為已造訪
  next.notVisited = false;
}

// 逆時針走
function visitCCW(maze, next, currentCell) {
  // 目前細胞就沒有逆時針牆了
  if(currentCell.wallType === ThetaMaze.INWARD_CCW_WALL) {
    currentCell.wallType = ThetaMaze.INWARD_WALL;
  } else {
    currentCell.wallType = ThetaMaze.NO_WALL;
  }
  // 下個細胞設為已造訪
  next.notVisited = false;
}

// 便於指定造訪方向的常數
```

```
const IN = 0;    // 內
const OUT = 1;   // 外
const CW = 2;    // 順時針
const CCW = 3;   // 逆時針

// 用來找出下個要造訪的細胞們
function nextCells(cell, dir) {
  return [
    cell.inward ? [cell.inward] : [],
    cell.outwards ? cell.outwards : [],
    cell.cw ? [cell.cw] : [],
    cell.ccw ? [cell.ccw] : [],
  ][dir];
}

// 指定迷宮、目前細胞、下個細胞與要造訪的方向
function visitNext(maze, currentCell, next, dir) {
  switch (dir) {
    case IN:
      visitIN(maze, next, currentCell);
      break;
    case OUT:
      visitOUT(maze, next, currentCell);
      break;
    case CW:
      visitCW(maze, next, currentCell);
      break;
    case CCW:
      visitCCW(maze, next, currentCell);
      break;
  }
}

// 是否造訪過 (ri, ci)
function notVisited(maze, ri, ci) {
  return maze.cells[ri][ci].notVisited;
}

// (ri, ci) 是否可造訪
function isVisitable(cell) {
  return cell.notVisited;
}

// 遞迴回溯迷宮
function backtracker(maze, currentCell) {
  // 隨機的四個方向
  const rdirs = shuffle([IN, OUT, CW, CCW]);

  // 找出可以造的方向
  const vdirs = rdirs.filter((dir) => {
    return nextCells(currentCell, dir).some(isVisitable);
```

```
  });

  // 沒有可造訪的方向，遞迴結束
  if(vdirs.length === 0) {
    return;
  }

  // 逐一造訪可行的方向
  for(let dir of vdirs) {
    // 這個方向可造訪的細胞們
    const cells = nextCells(currentCell, dir);
    // 逐一造訪細胞
    for(let cell of cells) {
      // 原先可造訪的方向，可能因為深度優先的關係被造訪過了
      // 因此必須再次確認一次是否仍然可以造訪
      if(isVisitable(cell)) {
        // 造訪下個細胞
        visitNext(maze, currentCell, cell, dir);
        // 就目前迷宮狀態進行遞迴回溯演算
        backtracker(maze, cell);
      }
    }
  }
}
```

剩下的就是基於圖 9.43，實現繪圖函式 `drawMaze`，這就直接列在以下的範例了：

theta-maze Wr0JDY_26.js

```
function setup() {
  createCanvas(300, 300);
  frameRate(1);
}

function draw() {
  background(200);

  const rings = 15;          // 15 環
  const beginingCells = 8;   // 第一環有 8 個細胞

  const cellWidth = (width - 40) / rings / 2;
  const maze = new ThetaMaze(rings, beginingCells);
  maze.backtracker();

  strokeWeight(2);
  translate(width / 2, height / 2);
  drawMaze(maze, cellWidth);
}
```

```
// 繪製迷宮
function drawMaze(maze, cellWidth) {
  // 逐一繪製細胞
  for(let ring of maze.cells) {
    for(let cell of ring) {
      const thetaStep = TWO_PI / maze.cells[cell.ri].length;

      const innerR = (cell.ri + 1) * cellWidth;
      const outerR = (cell.ri+ 2) * cellWidth;
      const theta1 = -thetaStep * cell.ci;
      const theta2 = -thetaStep * (cell.ci + 1);

      const innerVt1 = p5.Vector.fromAngle(theta1, innerR);
      const innerVt2 = p5.Vector.fromAngle(theta2, innerR);

      const outerVt2 = p5.Vector.fromAngle(theta2, outerR);

      // 內牆
      if(cell.wallType === ThetaMaze.INWARD_WALL ||
        cell.wallType === ThetaMaze.INWARD_CCW_WALL) {
        line(innerVt1.x, innerVt1.y, innerVt2.x, innerVt2.y);
      }

      // 逆時針牆
      if(cell.wallType === ThetaMaze.CCW_WALL ||
        cell.wallType === ThetaMaze.INWARD_CCW_WALL) {
        line(innerVt2.x, innerVt2.y, outerVt2.x, outerVt2.y);
      }
    }
  }

  // 補上最外環
  const thetaStep = TWO_PI / maze.cells[maze.cells.length - 1].length;
  const r = cellWidth * (maze.cells.length + 1);
  for(let theta = 0; theta < TWO_PI; theta = theta + thetaStep) {
    const vt1 = p5.Vector.fromAngle(theta, r);
    const vt2 = p5.Vector.fromAngle(theta + thetaStep, r);
    line(vt1.x, vt1.y, vt2.x, vt2.y);
  }
}

...方才列出的程式碼...故略
```

以下是幾個隨機生成的 Theta 迷宮擷圖：

圖 9.44 隨機生成 Theta 迷宮

基於鏈結可以構造的迷宮，不只有 Theta 迷宮，實際上不同的迷宮主題，都是很好的創作對象，只不過本書接下來還有其他想討論的方向，迷宮的其他冒險之旅就留給你來發揮囉！

提示 >>> 如果想要認識更多的迷宮，可以參考《Mazes for Programmers[2]》這本書，其中探討了更多的迷宮演算法。

[2] Mazes for Programmers：www.mazesforprogrammers.com

拼接之碼

10

CHAPTER

學習目標

- 認識王氏磚
- 結合迷宮與王氏磚
- 基於迷宮的哈密頓路徑
- 實作 Marching squares

10.1　拼接模式

還記得 2.2 談過的斜紋布、Truchet 拼接、日本刺繡嗎？由於找到了拼接模式，只要結合隨機，就可以創造出千變萬化的圖樣，當時談到美妙的圖樣並不是偶然，而是基於某些接合關係與分類。

10.1.1　王氏磚

數學家王浩於 1961 年提出的王氏磚（Wang tiles[1]），是一組可以彼此接合的拼接塊，以正方形為單位，每邊可以有二到四種不同的顏色，拼接時接合邊必須是同色，若兩個拼接塊旋轉或翻面後相同，視為不同的拼接塊，例如，以下兩個是不同的王氏磚：

1 Wang tiles：en.wikipedia.org/wiki/Wang_tile

圖 10.1　符合王氏磚定義的拼接塊

認識王氏磚

在這邊感興趣的是有哪些王氏磚可密鋪平面，而且可使用程式碼來隨機生成拼接結果，對於這類的王氏磚，**接合邊必須是同色代表著，接合邊兩旁的圖樣有著可對接的關係**，也就是說，只要符合此規則的圖樣，就可以產生隨機拼接。

例如，如果拼接塊只有圖 10.1 的兩種顏色，分別用數值 0 與 1 來代表，如果接合處可以對接，表示接合處顏色相同，也就表示接合處代表顏色的數值相同。

如果僅針對相鄰處隨機產生 0 或 1：

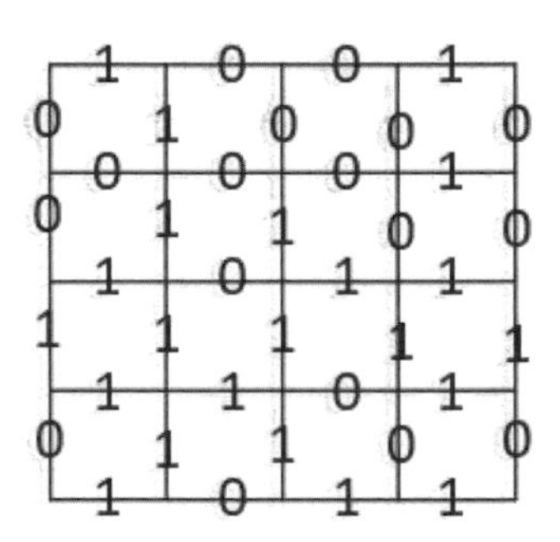

圖 10.2　隨機生成相鄰處的顏色數值

那麼對於各個方格，看看四個邊是 0 或 1，畫出對應的顏色，就可以產生符合王氏磚定義的拼接，也就是說，上圖就建立了王氏磚間的**接合關係**。

例如上圖右上角的方格，從最上面的邊以順時針取顏色數值，就是 1010，若 1 代表圖 10.1 左邊方塊三角部分的顏色，0 是另 一個顏色，對應的方塊就會是：

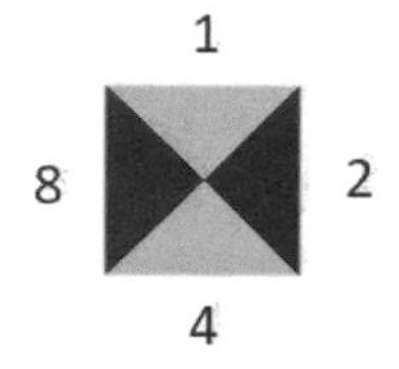

圖 10.3　1010 對應的方塊

雖然使用 1010 作為圖 10.3 的方塊編碼也可以，不過四個位數的 0 與 1 組合，方塊只會有 16 種可能性，若能使用 0 到 15 的數字來編碼方塊，會更加方便，這時可以使用圖 10.3 裡的數字，對於出現 1 的接合處，取得對應的數字並加總，就圖 10.3 而言，就是 1 加 4，方塊的編號就是 5。

因為 1、2、4、8 的加總組合，生成的數字只會有 0 到 15，將數字與對應的方塊畫出來，就會得到一組王氏磚：

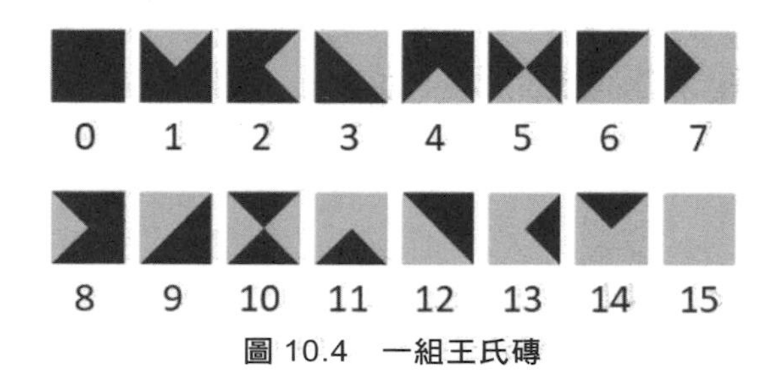

圖 10.4　一組王氏磚

如果針對圖 10.2 的接合關係，使用上圖來畫出每個方塊就會是：

圖 10.5　一組王氏磚

上圖也標示出每個方塊的編號；相對地，像是圖 10.5 的王氏磚拼接，若將每個拼接塊分類，會得到的類型就是圖 10.4，**為拼接塊編號，其實就是在進行分類的動作**。

來賣個關子，如果使用以下的拼接塊，讓接合處為 1 的部分代表著通路，會畫出什麼呢？

圖 10.6 另一組王氏磚

實作王氏磚

想使用程式碼描述圖 10.2 並不是難事，只要指定列數與行數，在每個接合處以 random([0, 1])隨機生成 0 或 1 就可以了：

```
// 隨機產生邊緣的 0 或 1 資料
function randomEdges(rows, columns) {
  let edges = [];
  for(let y = 0; y <= rows; y++) {
    let row = [];
    for(let x = 0; x <= columns; x++) {
      // 上邊緣、左邊緣
      row.push([random([0, 1]), random([0, 1])]);
    }
    edges.push(row);
  }
  return edges;
}
```

接著可以實現圖 10.3 的概念，從四個接合處的 0 或 1 來計算出 0 到 15 間的號碼：

```
// 從邊緣資料得到拼接塊的號碼
function tileNumber(edges, x, y) {
  return (edges[y][x][0] == 1     ? 1 : 0) +
         (edges[y][x + 1][1] == 1 ? 2 : 0) +
         (edges[y + 1][x][0] == 1 ? 4 : 0) +
         (edges[y][x][1] == 1     ? 8 : 0);
}
```

接著只要根據號碼選擇對應的圖片繪製就可以了，為了方便圖片載入與對照，圖片檔案名稱可以依 0 到 15 的號碼來命名：

wang-tiles a97PaBgtd.js

```
const tiles = [];

function preload() {
  const numbers = [
    '00', '01', '02', '03', '04', '05', '06', '07',
    '08', '09', '10', '11', '12', '13', '14', '15'
  ];
  for(let n of numbers) {
    tiles.push(loadImage(`images/wang-tiles${n}.jpg`));
  }
}

function setup() {
  createCanvas(300, 300);
  frameRate(1);
}

function draw() {
  background(200);
  const tileWidth = 25; // 拼接塊寬度
  wangTiles(
    height / tileWidth,
    width / tileWidth,
    tiles,
    tileWidth
  );
}

// 繪製王氏磚
function wangTiles(rows, columns, tiles, tileWidth) {
  let edges = randomEdges(rows, columns);

  for(let y = 0; y < rows; y++) {
    for(let x = 0; x < columns; x++) {
      const n = tileNumber(edges, x, y);
      image(tiles[n],
        x * tileWidth,
        y * tileWidth,
        tileWidth, tileWidth
      );
    }
  }
}

...方才的 randomEdges、tileNumber 實作...故略
```

那麼圖 10.6 的王氏磚，可以畫出什麼圖樣呢？以下是隨機擷取的三個結果，很像是電路板吧！

圖 10.7 隨機的電路板

提示>>> 這邊談到的是雙邊王氏磚，依照接合方式的不同，還有其他類型的王氏磚，有興趣可參考〈Wang Tiles[2]〉。

10.1.2 迷宮拼接

從王氏磚的探討可以知道，**拼接就是在尋找接合關係並進行分類**，只要找出接合關係與分類，就可以設計各種風格的拼接塊，有些基於拼接的隨機地圖演算法，都有著類似的概念。

方才的圖 10.7 說是像電路板，不過是否也有點像迷宮？當然，其中有些路徑構成了循環，有些路徑形成了孤島，不是第 9 章談過的完全迷宮；然而，有辦法基於圖 10.6 拼接出一個完全迷宮嗎？

先來看個完全迷宮吧！

---

[2] Wang Tiles：www.cr31.co.uk/stagecast/wang/intro.html

圖 10.8　完全迷宮

如果身處迷宮，可以觀察到的牆面與通路會有幾個類型，如果將之擷圖出來作為拼接塊，並與圖 10.6 對照：

圖 10.9　迷宮的拼接塊

可以發現與圖 10.6 可以逐一對照，上圖的編號 0 沒有對應的拼接塊，是因為圖 10.8 沒有套用遮罩，如果有某些格套用遮罩而無法行走，就會有全黑的方塊，這時就會是對應 0 的拼接塊。

也就是說，如果身處迷宮的某格，與鄰居有通路的邊標記為 1，有牆的邊標記為 0，若以 9.2.2 的 maze-masking2 為基礎，由於遞迴回溯演算後，`Maze` 實例的 `cells` 特性已經有牆面資訊，可以走訪每個細胞來產生如圖 10.2 的接合邊標記：

```
// 基於 Maze 實例建立接合邊的資料
function findEdges(maze)  {
  // 初始儲存邊的陣列
  let edges = [];
```

```
  for(let y = 0; y <= maze.rows; y++) {
    edges.push([]);
  }

  // 根據細胞的牆面型態，決定邊的 0 或 1
  for(let cell of maze.cells) {
    let x = cell.x + 1; // 邊索引要位移 1，因為必須考量迷宮最左邊
    let y = cell.y;
    let type = cell.wallType;
    edges[y][x] = [
      // 標記上邊
      type === Maze.NO_WALL || type === Maze.RIGHT_WALL ? 1 : 0,
      // 標記右邊
      type === Maze.NO_WALL || type === Maze.TOP_WALL   ? 1 : 0
    ];
  }

  // 迷宮最左邊的標記
  for(let y = 0; y <= maze.rows; y++) {
    edges[y][0] = [0, 0];
  }

  // 迷宮最下邊的標記
  for(let x = 1; x <= maze.columns; x++) {
    edges[maze.rows][x] = [0, 0];
  }

  return edges;
}
```

然後根據四個方向的 0 與 1 編碼，按照圖 10.3 決定是否加總 1、2、4、8，就可以得到 0 到 15 的數字：

```
// 從邊緣資料得到拼接塊的號碼
function tileNumber(edges, cx, cy) {
  let x = cx + 1;
  let y = cy;
  return (edges[y][x][0] == 1     ? 1 : 0) +
         (edges[y][x][1] == 1     ? 2 : 0) +
         (edges[y + 1][x][0] == 1 ? 4 : 0) +
         (edges[y][x - 1][1] == 1 ? 8 : 0);
}
```

也就可以決定要使用圖 10.6 的哪個拼接塊：

```
// 繪製王氏磚
function wangTiles(maze, tiles, tileWidth) {
  let edges = findEdges(maze);

  for(let cell of maze.cells) {
```

```
    const n = tileNumber(edges, cell.x, cell.y);
    image(tiles[n],
      cell.x * tileWidth,
      cell.y * tileWidth,
      tileWidth, tileWidth
    );
  }
}
```

最後的拼接結果，就會是完全迷宮，為了讓迷宮有趣一些，可以使用以下 60 乘 30 的圖片作為遮罩（為了能清楚在書上顯示而放大了）：

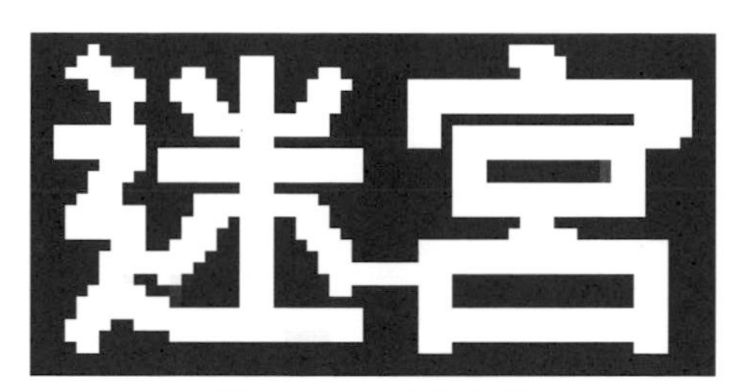

圖 10.10　遮罩圖片

若以 9.2.2 的 maze-masking2 為基礎，加入方才的函式，載入上圖的遮罩圖片，並使用圖 10.6 的拼接塊：

maze-tiles a97PaBgtd.js

```
let maskImg;
let tiles = [];
function preload() {
  // 載入圖片
  maskImg = loadImage('images/mask.jpg');

  const numbers = [
    '00', '01', '02', '03', '04', '05', '06', '07',
    '08', '09', '10', '11', '12', '13', '14', '15'
  ];
  for(let n of numbers) {
    tiles.push(loadImage(`images/wang-tiles${n}.jpg`));
  }
}

let mask;
function setup() {
  createCanvas(600, 300);
  frameRate(1);
  mask = makeMask(maskImg);
}
```

```
function draw() {
  background(200);

  const rows = mask.length;
  const columns = mask[0].length;
  const cellWidth = width / max(rows, columns);
  const maze = new Maze(rows, columns);
  maze.backtracker(mask);

  wangTiles(maze, tiles, cellWidth);
}

... maze-masking2 既有的程式碼，或方才的幾個函式實作...故略
```

這就可以建立「迷宮」裡的迷宮了：

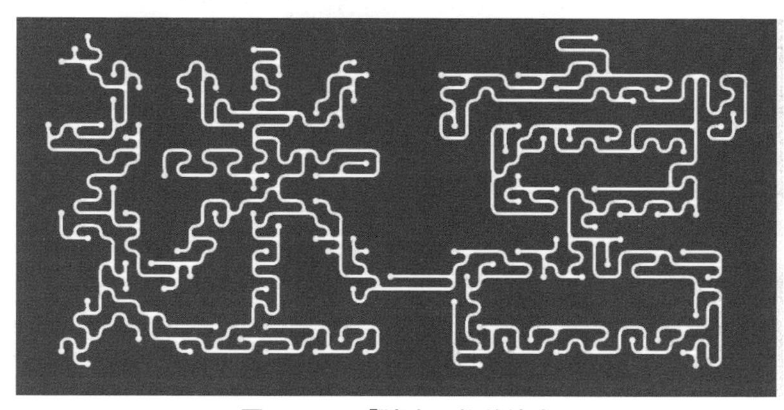

圖 10.11 「迷宮」裡的迷宮

10.2 尋找輪廓

拼接就是在尋找接合關係並進行分類，這一節會將此概念延伸，應用在迷宮牆面的輪廓尋找，然後進一步探討 Marching squares 演算。

10.2.1 迷宮牆面輪廓

你知道如何走出迷宮嗎？如果是完全迷宮，最簡單的方式之一是沿壁法，也就是固定一隻手摸著牆壁，手不離牆面地前進，一定可以從起點細胞走到終點細胞，原理很簡單，第 9 章談過，迷宮路徑就是一棵樹，摸著牆走，就是繞著整棵樹畫一圈。

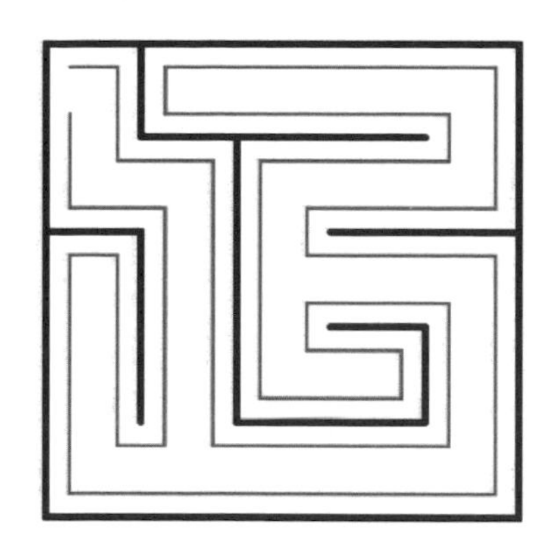

圖 10.12 迷宮牆面的輪廓

迷宮與哈密頓路徑

繞著整棵樹畫一圈，就是繞出了迷宮牆面的輪廓，現在問題來了，給你一個迷宮，有辦法自動找出牆面輪廓嗎？只是檢查各細胞牆面狀態的方式行不通，看看上圖的輪廓線就知道了，有些細胞裡出現的輪廓線，單就該格細胞來看並沒有接合在一起。

既然有些細胞裡的輪廓線沒有接合有一起，若將細胞再細分為四小格呢？

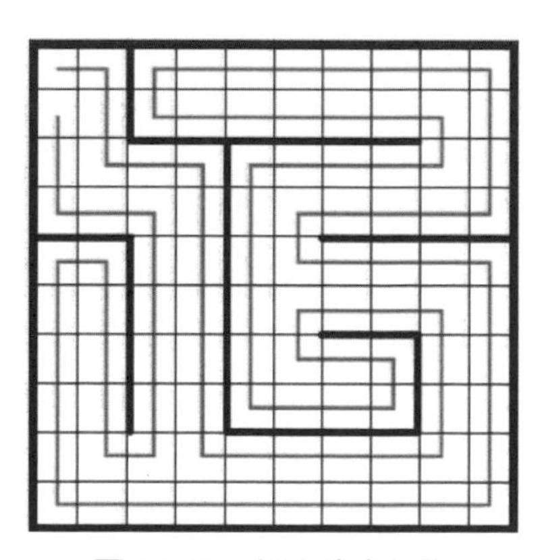

圖 10.13 切分迷宮細胞

這麼一來，各格裡出現的輪廓線一定會接合，而且上圖裡的線可通過全部的格子，而且不會重複走過，這是一種哈密頓路徑（Hamiltonian path）[3]，由於可以隨機生成迷宮，基於迷宮也就可以生成隨機的哈密頓路徑。

將迷宮中全部細胞切成四小格，路徑就是在小格子間前進，想求得前進方向，直覺地會想查看格子旁是否有牆面，不過有些格子沒有牆面？

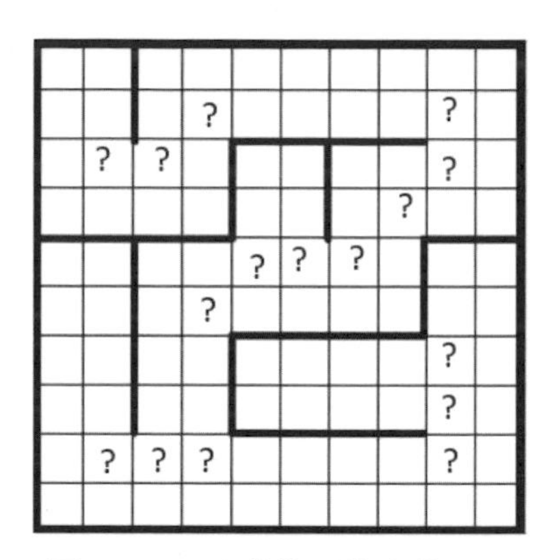

圖 10.14　有些格子沒有牆面？

上圖中被標示「?」的格子，其實有個角接觸著牆，既然如此，就用接觸點來判斷，來將牆的接觸點畫出來：

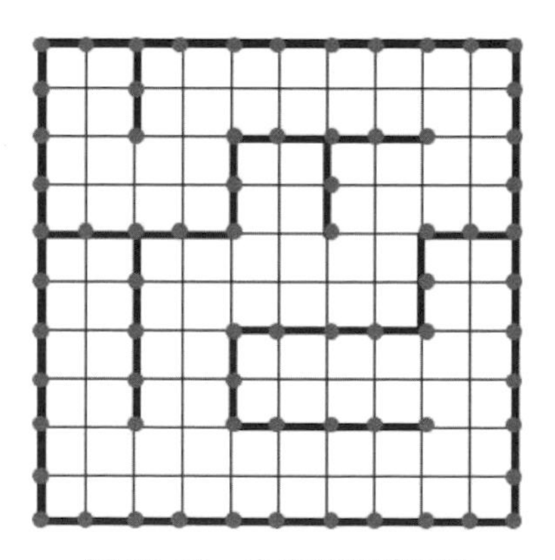

圖 10.15　畫出牆的接觸點

3 哈密頓路徑：en.wikipedia.org/wiki/Hamiltonian_path

這些接觸點就是一種**接合關係**，在一個小格子裡，可以看看四個接觸點的分佈，決定該怎麼走往下一格，若進一步**進行分類**，就完全迷宮而言，小格子的四個接觸點分佈可分出 12 種類型，如果只關心摸牆前進時是要上、下、左、右，那麼可以將這 12 種類型分類如下：

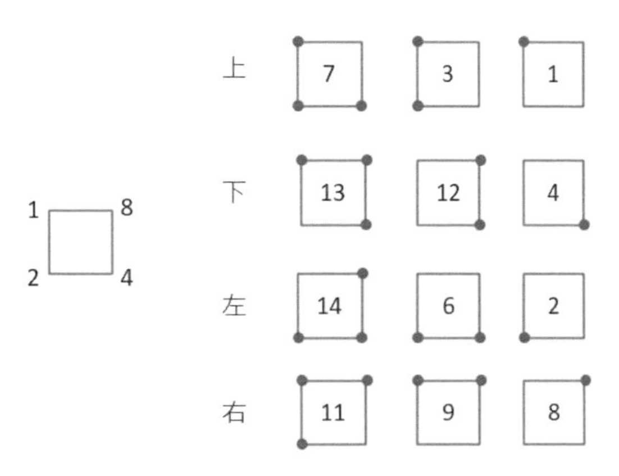

圖 10.16　接觸點的分類

為了便於為分類編號，採取了上一節談過的方式，四個角落給予 1、2、4、8，如果有接觸點就加上該數字，得到的數字加總，也列在上圖裡了。

實作哈密頓路徑

若以 9.2.2 的 maze-masking2 為基礎，必須有函式可以將迷宮各細胞的牆面資訊，轉換為接觸點資料，如果接觸點使用二維陣列 `dots` 來儲存，有點的位置就標示為 `true`，可以實作出以下的函式，因為一個細胞會被切為四格，其中細胞 x、y 座標都要乘以 2，才能對應接觸點的座標（索引）：

```
// 上牆接觸點
function topDots(cell, dots) {
  const nx = cell.x * 2;
  const ny = cell.y * 2;
  dots[ny][nx] = true;
  dots[ny][nx + 1] = true;
  dots[ny][nx + 2] = true;
}

// 上右牆接觸點
function topRightDots(cell, dots) {
  const nx = cell.x * 2;
  const ny = cell.y * 2;
```

```
    dots[ny][nx] = true;
    dots[ny][nx + 1] = true;
    dots[ny][nx + 2] = true;
    dots[ny + 1][nx + 2] = true;
    dots[ny + 2][nx + 2] = true;
}

// 右牆接觸點
function rightDots(cell, dots) {
  const nx = cell.x * 2;
  const ny = cell.y * 2;
  dots[ny][nx + 2] = true;
  dots[ny + 1][nx + 2] = true;
  dots[ny + 2][nx + 2] = true;
}

// 邊界牆接觸點
function borderDots(dots) {
  for (let y = 0; y < dots.length; y++) {
    dots[y][0] = true;
  }

  for (let x = 0; x < dots[0].length; x++) {
    dots[dots.length - 1][x] = true;
  }
}
```

接觸點設定完成後，就可以基於接觸點計算 1、2、4、8 的加總，得知接觸點的分佈是哪個類型：

```
// 計算接觸點類型，x、y 是指接觸點座標（不是細胞座標）
function dotValue(x, y, dots) {
  return (
    (dots[y][x]         ? 1 : 0) +
    (dots[y + 1][x]     ? 2 : 0) +
    (dots[y + 1][x + 1] ? 4 : 0) +
    (dots[y][x + 1]     ? 8 : 0)
  );
}
```

取得接觸點類型的號碼後，就可以根據圖 10.15，計算下一個小格子的座標：

```
// 下個小格子座標
function nextCoord(x, y, dValue) {
  // 編號: 方向
  const dirTable = {
     '7' : 0,  '3': 0, '1': 0, // 上
    '13' : 1, '12': 1, '4': 1, // 下
    '14' : 2,  '6': 2, '2': 2, // 左
    '11' : 3,  '9': 3, '8': 3  // 右
```

```
  };

  // 方向的位移量
  const offset = [
    [0, -1],  // 上
    [0,  1],  // 下
    [-1, 0],  // 左
    [1,  0]   // 右
  ];

  // 取得位移量
  const i = dirTable[dValue];

  // 傳回下個小格子座標
  return {
    x: x + offset[i][0],
    y: y + offset[i][1],
  };
}
```

接著就可以計算哈密頓路徑了：

```
// 基於 Maze 實例計算哈密碼路徑，可以指定迷宮的細胞起點
function hamiltonianPath(maze, x, y) {
  // 用來標示接觸點的二維陣列
  const dots = new Array(maze.rows * 2 + 1);
  for(let y = 0; y < dots.length; y++) {
    dots[y] = new Array(maze.columns * 2 + 1);
  }

  // 處理每個細胞
  for(let cell of maze.cells) {
    switch (cell.wallType) {
      // MASK 與上右牆都是呼叫 topRightDots
      case Maze.MASK:
      case Maze.TOP_RIGHT_WALL:
        topRightDots(cell, dots);
        break;
      case Maze.TOP_WALL:
        topDots(cell, dots);
        break;
      case Maze.RIGHT_WALL:
        rightDots(cell, dots);
        break;
    }
  }

  // 處理邊界
  borderDots(dots);

  // 開始走訪每一格
```

```
  // 記得迷宮細胞起點座標要乘 2
  // 才是接觸點座標的起點
  let current = {x: x * 2, y: y * 2};

  // 收集路徑
  const path = [current];
  while(path.length < maze.rows * maze.columns * 4) {
    // 目前格子是哪個類型
    const dv = dotValue(current.x, current.y, dots);
    // 下一格要往哪走
    const next = nextCoord(current.x, current.y, dv);
    // 收集起來
    path.push(next);
    // 接下處理下一個格
    current = next;
  }

  return path;
}
```

要拿傳回的路徑資訊畫些什麼，就隨個人發揮了，像圖 10.12 只畫線也可以，不過基於路徑的每個座標畫些彩色的圓點也不錯，為了讓圖案有趣一些，會使用以下的遮罩圖片：

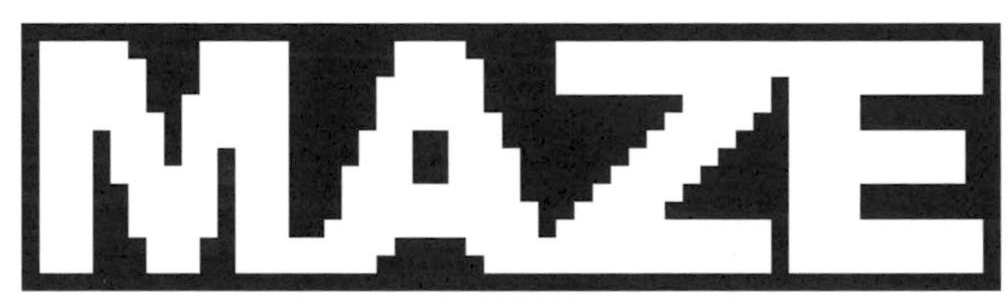

圖 10.17　使用遮罩圖片

hamiltonian-path aej3XeNQo.js

```
let maskImg;
function preload() {
  // 載入圖片
  maskImg = loadImage('images/mask.jpg');
}

let mask;
function setup() {
  createCanvas(800, 200);
  frameRate(1);
  mask = makeMask(maskImg);
}

function draw() {
  background(200);
```

```
  const rows = mask.length;
  const columns = mask[0].length;
  const cellWidth = width / max(rows, columns);
  const maze = new Maze(rows, columns);
  maze.backtracker(mask);

  const {x, y} = findStart(mask); // 迷宮起點
  const path = hamiltonianPath(maze, x, y); // 計算路徑
  const gridWidth = cellWidth / 2;
  translate(
      width / 2 - columns / 2 * cellWidth,
      height / 2 - rows / 2 * cellWidth
  );
  drawPath(path, gridWidth);
  drawCircles(path, gridWidth);
}

// 依路徑畫線
function drawPath(path, gridWidth) {
  const halfGridWidth = gridWidth / 2;
  push();
  strokeWeight(2);
  stroke(255, 0, 0);
  noFill();
  beginShape();
  for(let coord of path) {
    vertex(
      coord.x * gridWidth + halfGridWidth,
      coord.y * gridWidth + halfGridWidth
    );
  }
  endShape();
  pop();
}

// 彩色圈圈
function drawCircles(path, gridWidth) {
  for(let coord of path) {
    // 隨機顏色
    fill(random(255), random(255), random(255));
    circle(
      coord.x * gridWidth + gridWidth / 2,
      coord.y * gridWidth + gridWidth / 2,
      gridWidth / 1.6
    );
  }
}

... maze-masking2 既有的程式碼，或方才的幾個函式實作...故略
```

繪製出來的效果，就像是彩色燈串招牌呢！

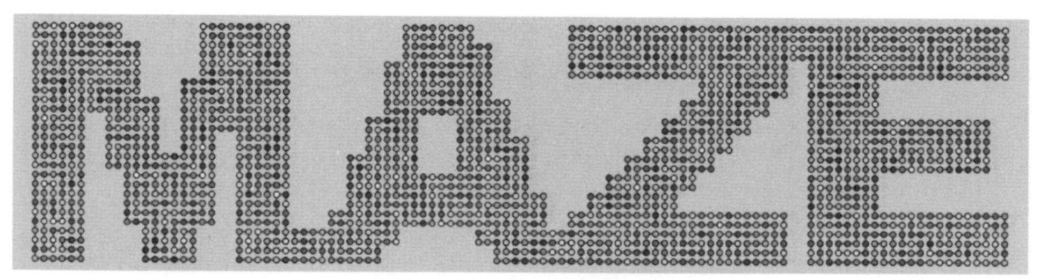

圖 10.18 彩色燈串招牌

10.2.2 Marching squares

你應該有在地圖上看過看過等高線，或者在氣象新聞裡看過等壓線之類的圖形，這類圖形可以藉由 Marching squares[4] 演算來建立。

等值線

Marching squares 的資料來源會被劃分為網格，基於某個閥值逐一在網格計算等值點，並使用線段連接等值點，全部的網格處理完畢後，線段與線段間能夠接合，結果會像是有個平面，在某高度橫切過某地形，得到一個地形輪廓。

如果針對多個閥值，都得到一個地形輪廓，將輪廓繪製在同一張畫布上，就可以產生如下的圖形：

---

4 Marching squares：en.wikipedia.org/wiki/Marching_squares

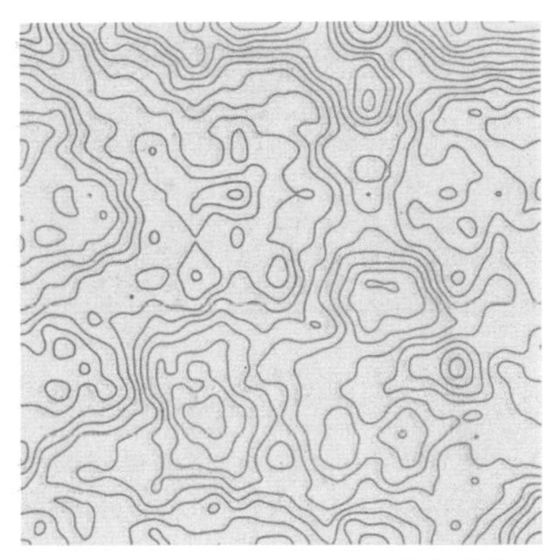

圖 10.19　Marching squares 演算繪製的圖案

上圖其實是使用了第 8 章談過的二維 Perlin 雜訊，產生出圖 8.6 的灰階圖，然後選擇 0 到 255 間的多個閥值，透過 Marching squares 演算繪製出來的結果。

Marching squares 演算的出發點很簡單，以灰階圖為例，若有四個像素的灰階值如下，選擇 1.5 作為閥值，像素間灰階值等於閥值的點就會是圖中的圓點：

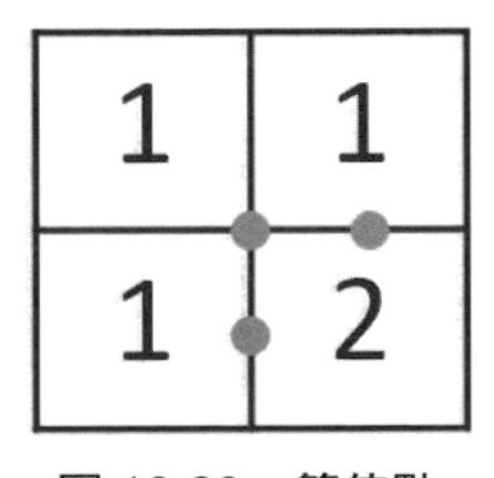

圖 10.20　等值點

可以將這三個點連接成線，不過若每格資料都要估算等值點，會耗費大量運算，因此通常省略像素間對角線的資料，只如下取等值點並連接成**等值線**（**isoline**）：

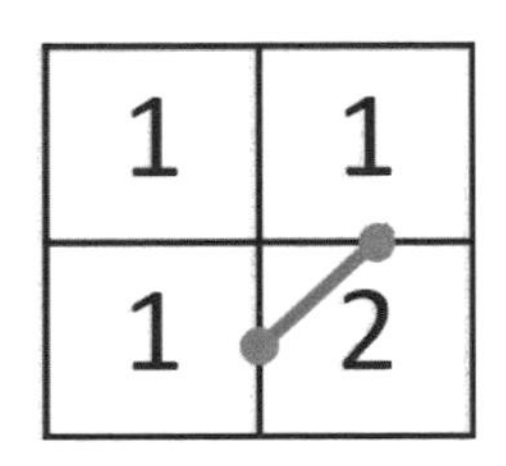

圖 10.21　連接等值點成為等值線

如果能事先過濾掉不需要計算等值點的像素，可以增加效率並便於分類，方式是將資料標記大於、小於閥值。例如下圖是閥值設為 1.5 的情況，小於閥值標記 0，大於閥值標記為 1：

1	1	1	1	1
1	2	3	2	1
1	3	3	3	1
1	2	3	2	1
1	1	1	1	1

0	0	0	0	0
0	1	1	1	0
0	1	1	1	0
0	1	1	1	0
0	0	0	0	0

圖 10.22 標記小於或大於閥值

正中間被 1 圍繞的 1 就不用計算它與周圍像素的等值點，問題在於怎麼知道它被 1 圍繞著？這時可以將 0 看成是黑點，1 看成是白點，將點與點連接起來：

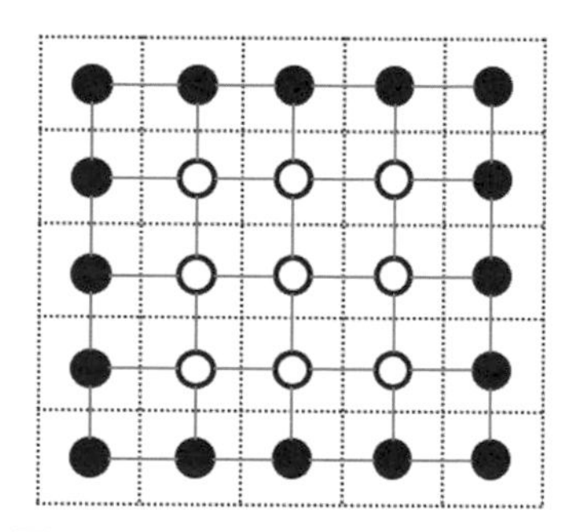

圖 10.23 四個點看成一個細胞

現在每四個點可以看成一個細胞，四個角落的黑與白組合會有 16 種可能性，為了便於處理，可以給予角落 1、2、4、8，將出現黑點的數值加總，就可以看到各細胞的分類編號：

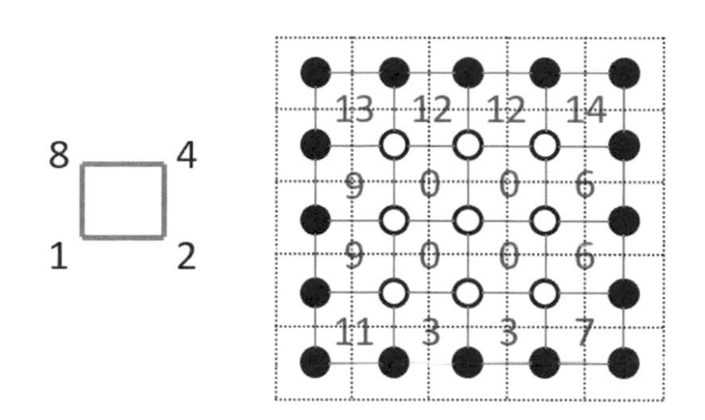

圖 10.24 計算細胞分類編號

若將 16 個細胞類型的等值線畫上去，就會如下圖：

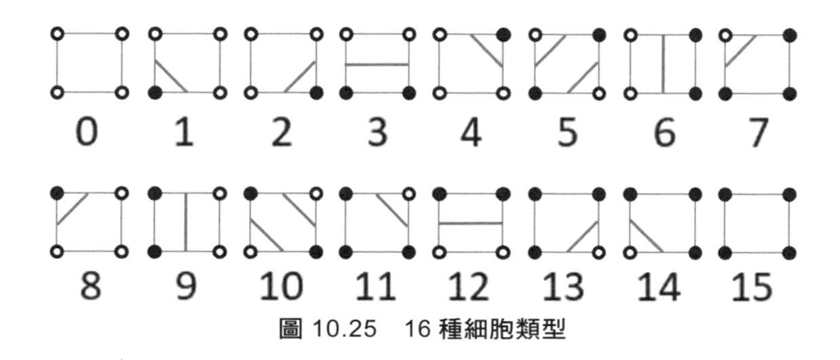

圖 10.25 16 種細胞類型

提示 >>> 可以看到有些類型的圖樣是重複的，這是因為只考慮線段，而沒有考慮數值是由低往高或由高往低，如果要考慮這點，就必須構造等值帶（isoband），可參考〈Marching squares（三）[5]〉。

[5] Marching squares（三）：openhome.cc/Gossip/P5JS/MarchingSquares3.html

如果將圖 10.23 對照上圖，等值線彼此間連結，就會組成輪廓圖：

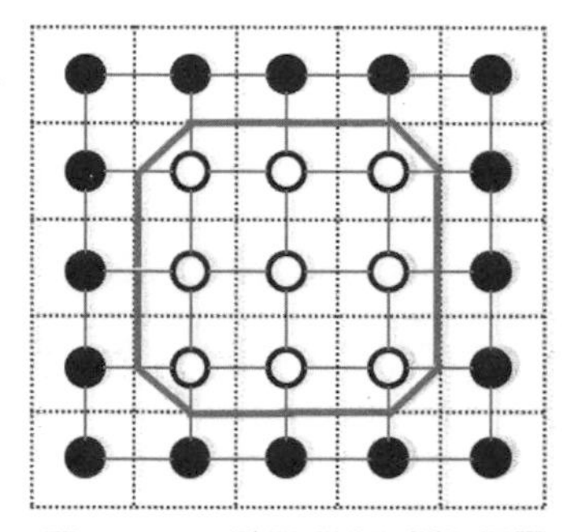

圖 10.26 等值線組成輪廓圖

不過，圖 10.24 的編號 5 與 10，其實各自有兩種可能性：

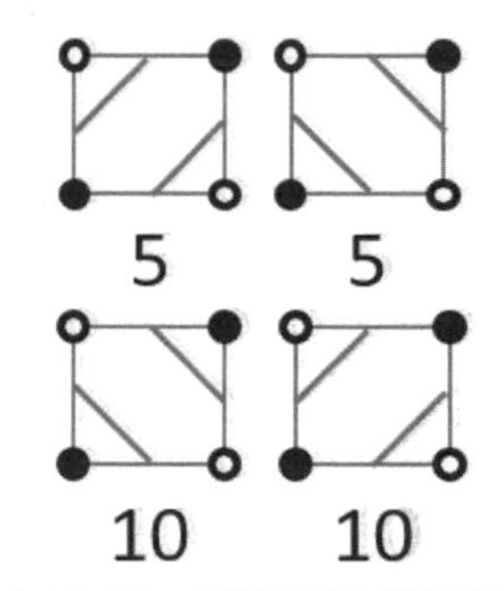

圖 10.27 等值線組成輪廓圖

不處理這部分也是可以，若要處理的話，可以求出鞍點的值 ，也就是使用四個點的像素值平均，看看值是大於或小於閥值，決定要畫分為哪種：

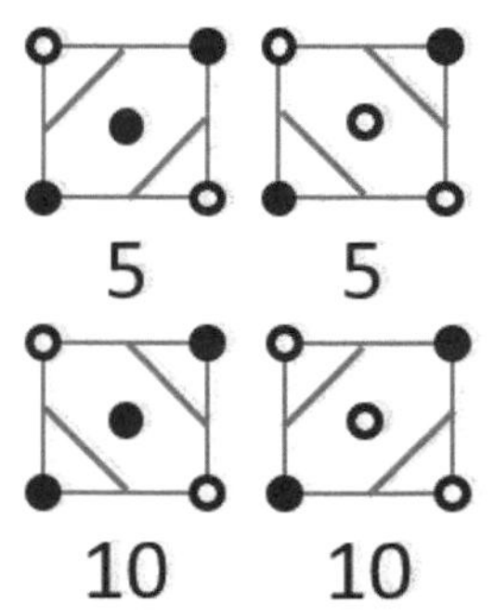

圖 10.28 根據鞍點決定等值線

提示»» 類似地，如果需要更細緻的輪廓線，就需要進一步考量更多的等值點可能性，有興趣可以參考維 基百科〈Marching squares[6]〉條目。

實作等值線

從方才一連串的說明，Marching squares 的實作，可以分為幾個子任務：

1. 標記資料是否為小於或大於閥值。
2. 建立細胞資料（四個座標點與編號）。
3. 根據編號值建立對應的等值線。

資料來源將會使用二維陣列儲存，例如圖 10.21 會使用以下方式儲存：

```
const values = [
  [1, 1, 1, 1, 1],
  [1, 2, 3, 2, 1],
  [1, 3, 3, 3, 1],
  [1, 2, 3, 2, 1],
  [1, 1, 1, 1, 1]
];
```

首先依閥值對資料進行標記，因為標記是二元資料，也可以用 `true`、`false` 表示：

```
// 指定閥值進行標記
function labels(values, threshold) {
  let all = [];
  for(let r = 0; r < values.length; r++) {
    const row = [];
    for(let c = 0; c < values[r].length; c++) {
      row.push({
        // 使用向量記錄座標，為的是利用 p5.Vector 的便利方法
        vt: createVector(c, r, values[r][c]),
        // 標記
        lessThanThreshold: values[r][c] < threshold,
      });
    }
    all.push(row);
  }
```

[6] Marching squares：en.wikipedia.org/wiki/Marching_squares

```
  return all;
}
```

這邊使用 `createVector` 函式，將來源資料的列、行作為 y、x，元素值作為 z，這是因為稍後有些運算，可以直接利用 `p5.Vector` 的方法，實作上會方便許多。

接著是建立細胞資料，雖然根據圖 10.24 準備好 16 個拼接塊，基於細胞編號選擇畫出對應的拼接塊，然後位移至相對應的位置也可以，不過為了讓等值線繪製時更多樣化，可以一併記錄細胞四個角落的座標，稍後可用來計算等值線上各個點的座標，這樣想畫什麼線都可以，而不一定只能是實線。

```
// 基於標記建立細胞資料
function cells(labels) {
  let all = [];
  for(let r = 0; r < labels.length - 1; r++) {
    for(let c = 0; c < labels[r].length - 1; c++) {
      all.push({
        // 細胞四個角落座標
        vts: [
          labels[r][c].vt,
          labels[r + 1][c].vt,
          labels[r + 1][c + 1].vt,
          labels[r][c + 1].vt,
        ],
        // 細胞編號
        cellNumber: cellNumber([
          labels[r + 1][c].lessThanThreshold,
          labels[r + 1][c + 1].lessThanThreshold,
          labels[r][c + 1].lessThanThreshold,
          labels[r][c].lessThanThreshold
        ]),
      });
    }
  }
  return all;
}

// 計算細胞編號
function cellNumber(marks) {
  return (
    (marks[0] ? 1 : 0) +
    (marks[1] ? 2 : 0) +
    (marks[2] ? 4 : 0) +
    (marks[3] ? 8 : 0)
  );
}
```

有了細胞資料之後，接下來就是建立等值線，這邊需要的是細心，座標點別對應錯誤，每條等值線會使用`[{x1, y1, z1}, {x2, y2, z2}, ...]`的資料結構記錄線上每個點，由於一個細胞可能有多條等值線，因此會使用`[isoline1, isoline2, ...]`的形式儲存，因此以下的 isolines 函式傳回值，會是二維陣列：

```
// 指定細胞資料與閥值建立等值線
function isolines(cell, threshold) {
  const vts = cell.vts;
  switch(cell.cellNumber) {
    case 0:
    case 15:
      return []; // 沒有等值線
    case 1:
    case 14:
      return [
        [
          inter_pt(vts[0], vts[1], threshold),
          inter_pt(vts[1], vts[2], threshold),
        ]
      ];
    case 2:
    case 13:
      return [
        [
          inter_pt(vts[1], vts[2], threshold),
          inter_pt(vts[2], vts[3], threshold),
        ]
      ];
    case 3:
    case 12:
      return [
        [
          inter_pt(vts[0], vts[1], threshold),
          inter_pt(vts[2], vts[3], threshold),
        ]
      ];
    case 4:
    case 11:
      return [
        [
          inter_pt(vts[2], vts[3], threshold),
          inter_pt(vts[0], vts[3], threshold),
        ]
      ];
    case 5:  // 有考量圖 10.27 的鞍點值問題
      var cp = centerPts(vts);
      return cp.z < threshold
        ? [
            [
```

```
                  inter_pt(vts[0], vts[1], threshold),
                  inter_pt(cp, vts[1], threshold),
                  inter_pt(vts[1], vts[2], threshold),
                ],
                [
                  inter_pt(vts[2], vts[3], threshold),
                  inter_pt(cp, vts[3], threshold),
                  inter_pt(vts[0], vts[3], threshold),
                ]
              ]
            : [
                [
                  inter_pt(vts[0], vts[1], threshold),
                  inter_pt(cp, vts[0], threshold),
                  inter_pt(vts[0], vts[3], threshold),
                ],
                [
                  inter_pt(vts[1], vts[2], threshold),
                  inter_pt(cp, vts[2], threshold),
                  inter_pt(vts[2], vts[3], threshold),
                ]
              ];
    ...略
  }
}

// 以內插法計算 v1、v2 的等值點座標
function inter_pt(v1, v2, threshold) {
  return p5.Vector.lerp(v1, v2, (threshold - v1.z) / (v2.z - v1.z));
}

// 計算中心點座標
function centerPts(vts) {
  return p5.Vector.add(vts[0], vts[1]).add(vts[2]).add(vts[3]).div(4);
}
```

基於篇幅限制，以上沒有列出完整的案例，因為基本上只是考量細胞編號，求出對應的等值線，完整程式碼可參考範例的原始碼檔案。

最後可以建立一個 contours 函式，將方才的函式全部串聯起來：

```
// 指定資料來與閥值
function contours(values, threshold) {
  const labeled = labels(values, threshold); // 標記
  return cells(labeled)                      // 建立細胞
           .map((cell) => isolines(cell, threshold)) // 建立等值線
           .filter((lines) => lines.length > 0) // 濾掉沒有等值線的情況
           .flat(); // 攤平成為一串等值線
}
```

底下的範例會基於多個不同的閥值，畫出對應的等值線，在沒有清除背景的情況下，等值線就會逐層畫出，構成圖 10.18 的圖樣：

marching-squares W5u6m20Zk.js

```
let values = [];
function setup() {
  createCanvas(300, 300);
  frameRate(3);
  noFill();
  background(200);

  // 基於 Perlin noise 建立資料
  for(let y = 0; y < height; y++) {
    const row = [];
    for (let x = 0; x < width; x++) {
      const c = 255 * noise(x / 100, y / 100);
      row.push(c);
    }
    values.push(row);
  }
}

let threshold = 10;
let step = 10;
function draw() {
  // 基於不同閥值畫出等值線
  if(threshold < 255) {
    stroke(threshold, 255 - threshold, 0); // 基於不同閥值指定顏色
    contours(values, threshold).forEach((pts) => {
      beginShape();
      for(let p of pts) {
        vertex(p.x, p.y);
      }
      endShape();
    });
    threshold += step;
  }
  else {
    noLoop();
  }
}

...方才的幾個函式實作...故略
```

基於 Marching squares 尋找輪廓線的有趣應用之一是，可以將圖片轉為灰階後，使用不同閥值來繪製圖片的輪廓線，例如，可基於方才的範例來實作：

marching-squares2 W5u6m20Zk.js

```
let img;
function preload()  {
  img = loadImage('images/caterpillar.jpg');
}

let values;
function setup() {
  createCanvas(img.width, img.height);
  frameRate(3);
  noFill();
  background(200);

  // 使用圖片作為來源資料
  values = img2Values(img);
}

let threshold = 30;
let step = 30;
function draw() {
  // 基於不同閥值畫出等值線
  if(threshold < 255) {
    stroke(threshold, 255 - threshold, 0);
    contours(values, threshold).forEach(pts => {
      beginShape();
      for(let p of pts) {
        vertex(p.x, p.y);
      }
      endShape();
    });
    threshold += step;
  }
  else {
    noLoop();
  }
}

// 使用圖片作為來源資料
function img2Values(img) {
  img.filter(GRAY); // 轉灰階
  let values = [];
  for(let y = 0; y < img.height; y++) {
    const row = [];
    for (let x = 0; x < img.width; x++) {
      const c = img.get(x, y)[0];
      row.push(c);
```

```
      }
      values.push(row);
    }
    return values;
}
```

...方才的幾個函式實作...故略

如果指定我的挖土機吉祥物圖片：

圖 10.29　用來尋找輪廓的圖片

執行方才的範例，就會看到以下的結果：

圖 10.30　找出圖片輪廓線

提示 »» Marching squares 概念可以推廣到 3D 層面，也就是基於體素（voxel）資料來建立 3D 模型，演算方式稱為 Marching cubes[7]，通常用來建立斷層掃描之類的 3D 圖形。

這一章介紹了幾個概念相近的拼接演算，實際上還有其他的拼接演算方式，像是 Wave Function Collapse[8]、Penrose tiling[9]等，都是值得探索的創作方向，下一章要探討的 Delaunay 三角分割，就視覺效果上有點類似拼接，不過是基於空間劃分的概念，也是個不錯創作靈感來源。

7 Marching cubes：en.wikipedia.org/wiki/Marching_cubes
8 Wave Function Collapse：openhome.cc/Gossip/P5JS/WaveFunctionCollapse.html
9 Penrose tiling：en.wikipedia.org/wiki/Penrose_tiling

空間劃分 11

CHAPTER

學習目標

- 半平面交集 Voronoi 圖
- 網格 Voronoi 圖
- 實現 Delaunay 三角化
- 從 Delaunay 三角建立 Voronoi

11.1 Voronoi

在 8.2 曾經談過，Worley 雜訊是建立 Voronoi 圖的一種捷徑，另一種方式是想透過計算幾何（Computational geometry），實作時的複雜度較高，然而好處是，可以取得每個細胞，也就是泰森多邊形（Thiessen polygon）的頂點，可用來從事更進一步的創作，光是隨機對多邊形著色，就能構成馬賽克風格的圖片。

11.1.1 半平面交集

想透過計算幾何來求得 Voronoi 圖形，最易於理解的是**半平面交集（Half-plane intersection）**，因為也是從影響力的觀點來求 Voronoi 圖。

影響力範圍

例如，若一開始有兩個點，兩個點的中垂線將平面劃分為兩半，兩邊的半平面就代表兩個點的影響力範圍：

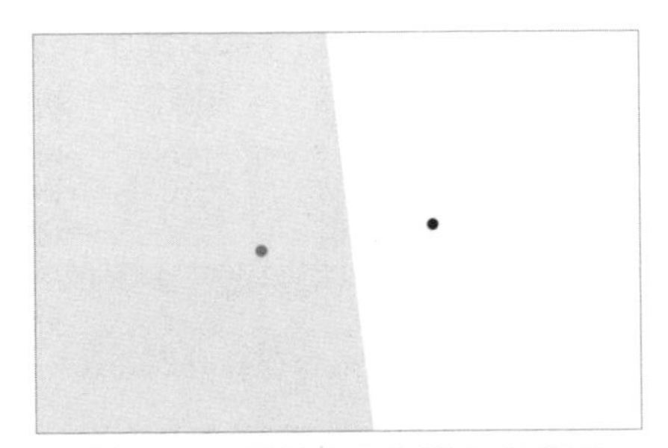

圖 11.1　兩個點的影響力半平面

理論上兩個半平面會是無限大，不過實際上畫布大小有限，因此上圖使用了虛線框代表畫布範圍。

如果有多個點，那麼各點就要逐一與其他點劃分出半平面，例如，下圖左下的點與另兩個點劃分半平面：

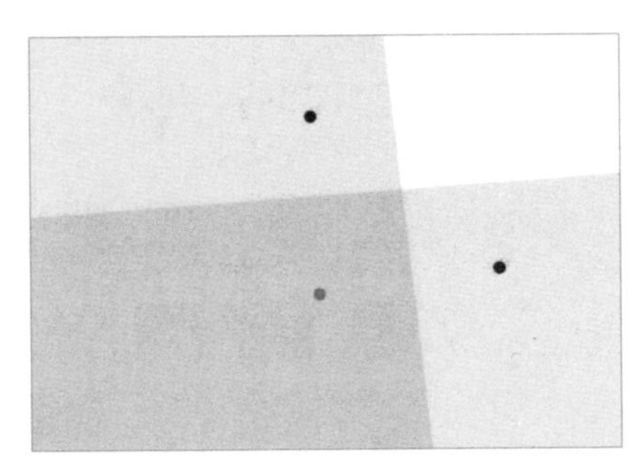

圖 11.2　左下的點佔有的半平面

左下的點可以擁有的影響力半平面，就是兩個半平面交集的部分，也就是圖中深色部分。如果有更多的點，例如以下有五個點，若想求中間點佔有的半平面，就必須與其他四點各自畫出半平面，然後求半平面的交集：

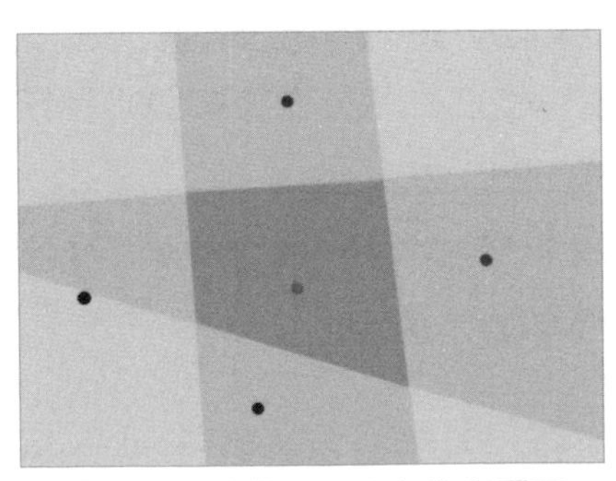

圖 11.3　中間的點佔有的半平面

可以看到中間深色的交集部分，就是中間點獲得的影響力範圍，其他四個點使用相同的步驟，各自獲得自己的半平面的話，就會得到 Voronoi 圖：

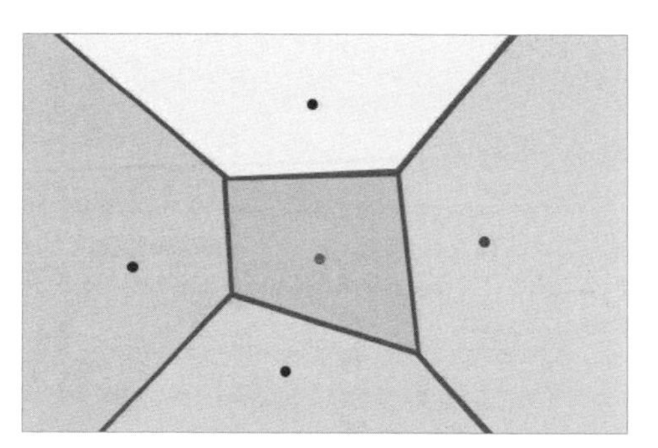

圖 11.4　半平面交集法得到 Voronoi 圖

凸多邊形交集

方才談到，理論上兩個半平面會是無限大，不過實際上畫布大小有限，因此在實現半平面交集時，只要有個夠大的正方形就可以了。

可以定義一個 squareVertices 函式，若指定正方形邊長，傳回正方形逆時針順序的頂點清單，頂點都使用 p5.Vector 實例表示，這是因為透過向量，後續的計算會很方便：

```
// 建立正方形頂點
function squareVertices(w) {
  const halfW = w / 2;
  // 逆時針順序
  return [
    createVector(halfW, -halfW),
    createVector(halfW, halfW),
    createVector(-halfW, halfW),
    createVector(-halfW, -halfW),
  ];
}
```

接下來要求多邊形交集了，雖然多邊形交集是個複雜的議題，幸運地，凸多邊形交集簡單多了，而正方形就是凸多邊形，交集後的多邊形也會是凸多邊形，先看看下圖：

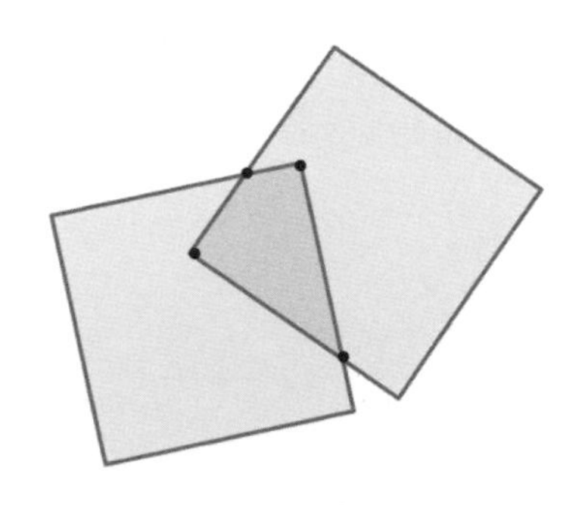

圖 11.5 凸多邊形的交集

想求得凸多邊形交集後的凸多邊形頂點，只要求得另一多邊形在自身範圍內的頂點，以及邊的交點，將點逆時針排序就可以了，因此有三個子任務必須完成：

1. 另一多邊形在自身範圍內的頂點
2. 邊的交點
3. 將點逆時針排序

就第 1 個子任務而言，你可能會想起 6.2.1 實現過的 `inShape` 函式，使用該函式也是可以，不過判斷點是否在凸多邊形內，有更簡單、更有效率的方式。

如果點在凸多邊形內，該點與凸多邊形的每個頂點相連而成的向量，若逆時針每兩個向量求外積（cross），可以得到一個向量：

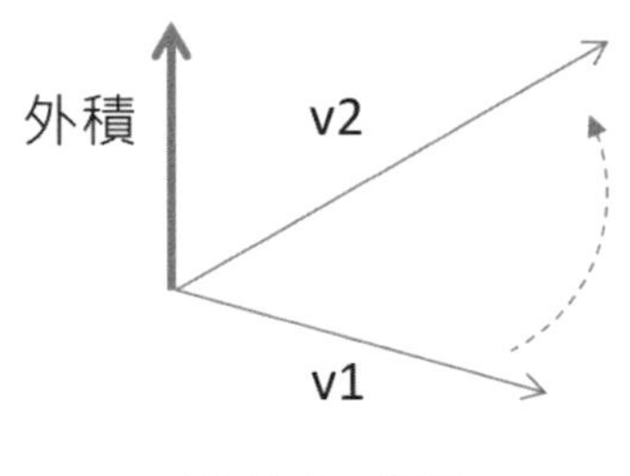

圖 11.6 外積

如上圖所示，可以使用右手握拳，四指彎曲的方向為 v1 至 v2 時，立起的姆指方向就是 v1、v2 的外積方向，外積向量會與兩個向量構成的平面垂直，也就是法向量，可以透過 `p5.Vector` 實例的 **`cross`** 方法來求外積。

如果每兩向量外積後的法向量方向都相同，就表示點在凸多邊形內，因為點是在 2D 平面，法向量只會在 z 分量部分有差異，z 分量的正負號就足以代表法向量的方向了，z 分量的絕對值就是外積的長度，等於兩向量構成的平行四邊形面積，也可以透過 p5.Vector 的 mag 方法取得：

```
// 是否為凸多邊形裡的一點
function inConvex(convexVertices, p) {
  // 第一次求外積
  // 因為是在 2D 平面，取 z 值就可以了
  const firstZ = p5.Vector.cross(
    p5.Vector.sub(convexVertices[convexVertices.length - 1], p),
    p5.Vector.sub(convexVertices[0], p)
  ).z;
  // 逐一求外積
  for(let i = 0; i < convexVertices.length - 1; i++) {
    const z = p5.Vector.cross(
      p5.Vector.sub(convexVertices[i], p),
      p5.Vector.sub(convexVertices[i + 1], p)
    ).z;
    // 正負號是否都相同？相同的話，相乘會大於 0
    if(firstZ * z <= 0) {
      return false;
    }
  }

  return true;
}
```

接下來要求邊的交點，若線的資料結構定義為{p1, p2}，其中 p1、p2 是以 p5.Vector 表示的座標，若有兩個線段 line1、line2，以向量表示可以如下：

```
// 兩線段建立的向量
const v1 = p5.Vector.sub(line1.p2, line1.p1);
const v2 = p5.Vector.sub(line2.p2, line2.p1);
```

方才談到，外積的長度等於兩向量構成的平行四邊形面積，若外積長度為 0，表示面積為 0，也就是兩向量無法構成平行四邊形，這時會是共線或平行的狀況，也就是 p5.Vector.cross(v1, v2).mag()為 0 時，就是共線或平行的狀況。

在不是共線或平行的情況下，如果有兩個線段如下：

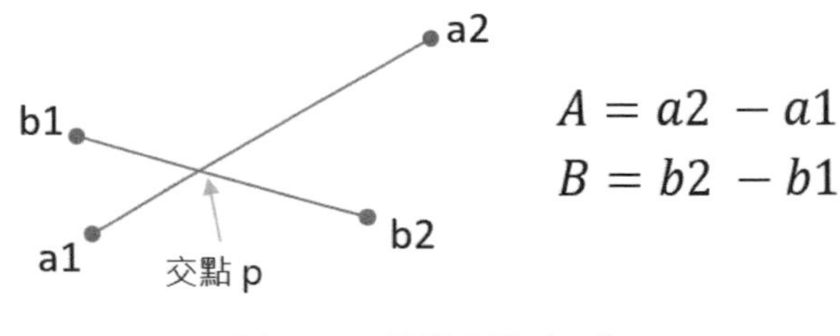

圖 11.7 線段交點（一）

其中 a1、a2、b1、b2 是線段端點，都以向量代表座標，如果有**純量 t、u 在 0 到 1 之間**，那麼交點 p 可以表示為：

$$p = a1 + t * A = b1 + u * B$$

圖 11.8 線段交點（二）

也就是只要想辦法得到 t、u，就可以得到交點 p，如果等號兩邊都與 B 求外積，透過以下過程就可以推導出 t 的關係：

$$\begin{aligned} a1 + t * A &= b1 + u * B \\ (a1 + t * A) \times B &= (b1 + u * B) \times B \\ a1 \times B + t * (A \times B) &= b1 \times B + u * \underline{(B \times B)} \\ a1 \times B + t * (A \times B) &= b1 \times B \\ t * (A \times B) &= b1 \times B - a1 \times B \\ t * (A \times B) &= (b1 - a1) \times B \end{aligned}$$

零向量

圖 11.9 線段交點（三）

類似地，如果等號兩邊都與 A 求外積，透過推導也能得到 u 的關係：

$$u * (B \times A) = (a1 - b1) \times A$$

圖 11.10 線段交點（四）

t 與 u 的關係式裡，等號兩邊的向量有倍數關係，由於是 2D 向量處理，只要各取 z 分量進行相除，就可以各自得到 t 與 u。

綜合以上，就可以來實作計算交點的函式：

```
// 取得兩線段交點
function intersectionOf(line1, line2) {
  // 兩線段建立的向量
  const v1 = p5.Vector.sub(line1.p2, line1.p1);
  const v2 = p5.Vector.sub(line2.p2, line2.p1);

  // 求外積
  const v = p5.Vector.cross(v1, v2);

  if(v.mag() > 0) { // 不共線、不平行
    // 套用公式求 t、u
    const t = p5.Vector.cross(
                p5.Vector.sub(line2.p1, line1.p1), v2).z / v.z;
    const u = p5.Vector.cross(
                p5.Vector.sub(line1.p1, line2.p1), v1).z / -v.z;
    if(t >= 0 && t <= 1 && u >= 0 && u <= 1) {
      // 傳回交點
      return p5.Vector.add(line1.p1, p5.Vector.mult(v1, t));
    }
  }

  // 沒有交點
  return null;
}
```

接著就是針對收集到的頂點進行排序，可先找出凸多邊形的幾何中心，也就是凸多邊形的頂點相加後進行平均：

```
// 凸多邊形幾何中心
function convexCenterPoint(convexVertices) {
  let x = 0;
  let y = 0;
  for(let i = 0; i < convexVertices.length; i++) {
    x += convexVertices[i].x;
    y += convexVertices[i].y;
  }
  return createVector(
    x / convexVertices.length, y / convexVertices.length
  );
}
```

將幾何中心作為各頂點的原點求得夾角，就可以根據夾角進行排序：

```
// 排序頂點
function convexCtClk(convexVertices) {
  const p = convexCenterPoint(convexVertices);
  return convexVertices.sort((p1, p2) =>
    p5.Vector.sub(p1, p).heading() - p5.Vector.sub(p2, p).heading()
```

```
  );
}
```

完成三個子任務的實作了，現在可以指定某個凸多邊形，以及另一個凸多形的邊來收集交點：

```
// 凸多邊形與線段的交點
function intersectionConvexLine(convexVertices, line) {
  const pts = []; // 收集交點
  // 逐一以凸多邊形的邊及指定線段來計算交點
  for (
    let i = convexVertices.length - 1, j = 0;
    j < convexVertices.length;
    i = j++
  ) {
    const p = intersectionOf(
      line, {p1: convexVertices[i], p2: convexVertices[j]}
    );
    if(p !== null) {
      pts.push(p); // 有交點就收集
    }
  }
  return pts;
}
```

接下來就是將全部組合在一起，實現出圖 11.5 的概念：

```
// 求凸多邊形交集
function convexIntersection(convexVertices1, convexVertices2) {
  let points = [];  // 收集邊的交點
  // 逐一將 convexVertices1 的邊與 convexVertices2 計算交點
  for(
    let i = convexVertices1.length - 1, j = 0;
    j < convexVertices1.length;
    i = j++
  ) {
    const pts = intersectionConvexLine(
      convexVertices2,
      { p1: convexVertices1[i], p2: convexVertices1[j] }
    );
    points = points.concat(pts);
  }

  // 加入另一方在自身範圍內的頂點
  points = points
    .concat(convexVertices1.filter(p => inConvex(convexVertices2, p)))
    .concat(convexVertices2.filter(p => inConvex(convexVertices1, p)));
  // 排序後傳回
  return convexCtClk(points);
}
```

計算影響力範圍

接下來要計算出某點面對另一點時的影響力範圍，這需要一個夠大的正方形，轉動正方形至其中一邊與兩點的中垂線平行，平移正方形的中心至兩點的中點，然後基於兩點構成的向量倒退正方形邊長的一半：

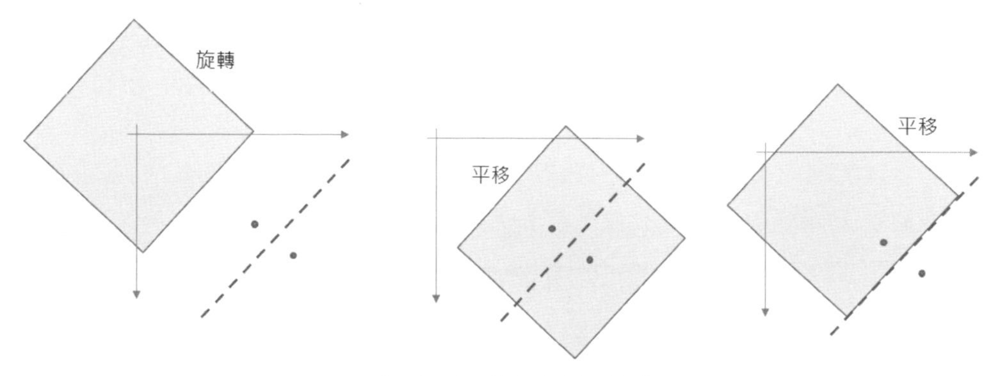

圖 11.11　建立影響力範圍

針對上圖的程式碼實現如下：

```
// 轉動多邊形
function polygonRotate(vertices, angle) {
  return vertices.map(p => p5.Vector.rotate(p, angle));
}

// 位移多邊形
function polygonTranslate(vertices, x, y) {
  return vertices.map(p => createVector(p.x + x, p.y + y));
}

// 在自己與 p 間建立領域
function domain(me, p, w) {
  const sq = squareVertices(w);
  const halfW = w / 2;
  const v = p5.Vector.sub(p, me);
  const a = v.heading();  // 旋轉角度
  const middlePt = p5.Vector.lerp(p, me, 0.5); // 中點
  // 計算總位移量
  const offset = p5.Vector.sub(middlePt, v.normalize().mult(halfW));

  // 旋轉並位移正方形
  return polygonTranslate(polygonRotate(sq, a), offset.x, offset.y);
}
```

接著，對於某個點，若已經計算出它面對其他各點時的領域，將這些領域交集，就可以得到一個 Voronoi 細胞：

```
// 將領域交集，得到一個細胞
function cell(domains) {
  let c = domains[0];
  for(let i = 1; i < domains.length; i++) {
    c = convexIntersection(c, domains[i]);
  }
  return c;
}
```

每個點都求出 domains，求得交集後的細胞，就能得到全部的 Voronoi 細胞，至於正方形要取多大呢？只要能涵蓋畫布就可以了：

```
// 建立全部的 Voronoi 細胞
function voronoi(points) {
  // 兩倍畫布寬或長作為正方形邊長
  const w = max(width * 2, height * 2);

  const cells = []; // 收集細胞
  // 逐一處理各點
  for(let i = 0; i < points.length; i++) {
    const me = points[i];
    const other = points.slice(0, i).concat(points.slice(i + 1));
    // 我的領域們
    const domains = other.map(p => domain(me, p, w));
    // 取交集得到細胞並收集起來
    cells.push(cell(domains));
  }
  return cells;
}
```

來個範例吧！為了讓事情有趣一些，令滑鼠位置為其中一點，可以移動滑鼠來操控其中一個細胞：

half-plane-intersection dWqeZjWcj.js

```
const points = [];

function setup() {
  createCanvas(300, 300);
  strokeWeight(5);

  const halfW = width / 2;
  const halfH = height / 2;
  // 建立隨機點
  for(let i = 0; i < 20; i++) {
```

```
    points.push(
      createVector(random(-halfW, halfW), random(-halfH, halfH))
    );
  }
}

function draw() {
  background(200);

  const halfW = width / 2;
  const halfH = height / 2;

  // 加入滑鼠位置
  const pts = points.concat(
    [createVector(mouseX - halfW, mouseY - halfH)]
  );

  // 建立 Voronoi 細胞
  const cells = voronoi(pts);

  translate(halfW, halfH);

  // 畫出細胞
  for(let cell of cells) {
    beginShape();
    for(let p of cell) {
      vertex(p.x, p.y);
    }
    endShape(CLOSE);
  }

  // 細胞核
  for(let p of pts) {
    point(p.x, p.y);
  }
}

...方才的幾個函式實作...故略
```

來看看幾個隨機產生的結果：

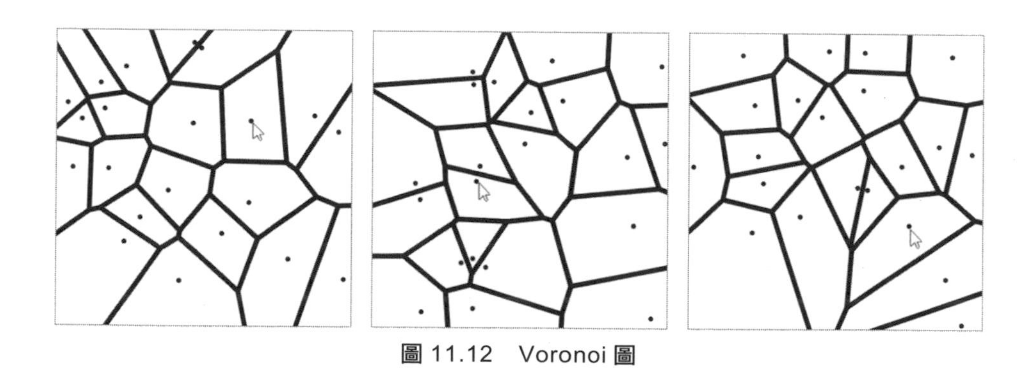

圖 11.12　Voronoi 圖

提示 ›››› 如果改用其他的凸多邊形做為交集，可以構成不同的圖案，例如用圓來交集，會產生下圖：

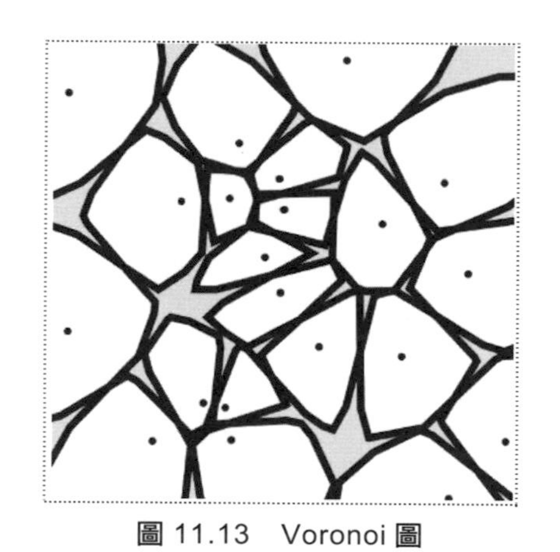

圖 11.13　Voronoi 圖

11.1.2　網格 Voronoi

運用半平面交集時，每個細胞核要與其他細胞核進行影響力範圍的計算，細胞核越多，計算時間越長，若能事先排除遠處的細胞核，就可以省下不少運算，只不過細胞核的散佈又要有隨機性，該怎麼辦呢？

這段話似乎在哪聽過？是的！8.2.2 談網格 Worley 雜訊時，也談到了類似的問題，同樣地，如果可以允許 Voronoi 細胞尺寸差異不要過大，可以將畫布基於網格分割，在網格內隨機散佈一個細胞核，也就是採取 8.2.2 的作法，來減輕計算的負擔。

首先是基於網格來隨機散佈細胞核，與網格 Worley 雜訊稍微不同的是，如果細胞核太接近網格邊界，容易造成計算誤差，一個簡單的處理方式是，讓細胞跟網格邊界有一定的距離，例如：

```
// 建立網格內隨機點
function points(size) {
  // 依畫布大小與網格尺寸計算列數與行數
  const rows = floor(height / size);
  const columns = floor(width / size);

  // 收集隨機點
  const points = [];
  for (let r = 0; r < rows; r++) {
    points.push([]);
    for (let c = 0; c < columns; c++) {
      // 網格左上座標(c*size,r*size)
      // 使用 random 建立網格內的隨機點
      points[r][c] = createVector(
        // 避免過於靠近網格邊界，以免計算誤差
        random(size * 0.15, size * 0.85) + c * size,
        random(size * 0.15, size * 0.85) + r * size
      );
    }
  }
  return points;
}
```

這邊的 points 函式與 8.2.2 的 points 函式很類似，差別僅在粗體字部分；接下來，為了封裝網格內隨機細胞核的產生以及細胞生成，來定義一個 **GridVoronoi** 類別：

```
// 封裝網格 Voronoi
class GridVoronoi {
  constructor(size) {
    this.size = size;              // 網格大小
    this.points = points(size); // 生成網格內隨機點
  }

  // 核座標為 point 的細胞
  cell(point) {
    const xi = floor(point.x / this.size);
    const yi = floor(point.y / this.size);

    // 九宮格鄰居的索引位移
    // 現在不是要計算像素距離，因此不需要[0, 0]
    const nbrIndices = [
      [-1, -1], [0, -1], [1, -1],
      [-1,  0],          [1,  0],
```

```
    [-1,  1], [0,  1], [1,  1]
  ];

  // 收集九宮格內的點
  const neighbors = [];
  for(let nbrIdx of nbrIndices) {
    const row = this.points[nbrIdx[1] + yi];
    if(row !== undefined) {     // 該列存在
       const p = row[nbrIdx[0] + xi];
       if(p !== undefined) {    // 該網格存在
           neighbors.push(p);
       }
    }
  }

  // 計算細胞的凸多邊形
  const w = max(width * 2, height * 2);
  const domains = neighbors.map(p => domain(point, p, w));
  return cell(domains);
 }

 // 全部的細胞
 cells() {
   return this.points.flat().map(p => this.cell(p));
 }
}
```

其中 domain、cell 等函式，直接使用上一小節的實作就可以了，來個簡單的範例，使用隨機顏色繪製每個細胞，看來就像個馬賽克拼接：

grid-voronoi dWqeZjWcj.js

```
let cells;
let pts;
let colors;
function setup() {
  createCanvas(300, 300);

  const gridVoronoi = new GridVoronoi(width / 20);
  cells = gridVoronoi.cells();
  pts = gridVoronoi.points.flat();
  // 隨機顏色
  colors = pts.map(_ => [random(255), random(255), random(255)]);
}

function draw() {
  background(200);

  for(let i = 0; i < cells.length; i++) {
    fill(colors[i]);
```

```
    // 畫出細胞
    beginShape();
    for(let v of cells[i]) {
      vertex(v.x, v.y);
    }
    endShape(CLOSE);
  }

  // 畫出細胞核
  for(let p of pts) {
    point(p.x, p.y);
  }
}

...方才的幾個函式實作，以及上一小節的實作...故略
```

以下是隨意設置網格寬度後擷取的幾個畫面：

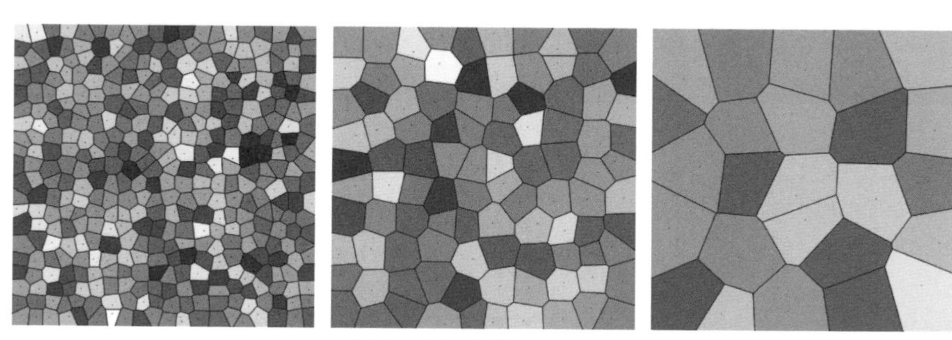

圖 11.14　網格 Voronoi

11.2 Delaunay 三角化

Voronoi 圖與 Delaunay 三角化有一對一的關係，從 Voronoi 圖可以得到 Delaunay 三角化，從 Delaunay 三角化可以建立 Voronoi 圖，這一節就要來探討，如何實現 Bowyer-Watson 演算進行 Delaunay 三角化，接著建立 Voronoi 圖。

11.2.1 Bowyer-Watson 演算

如果給你一張 Voronoi 圖，每個相鄰細胞彼此間，以直線連接細胞核，會如何呢？

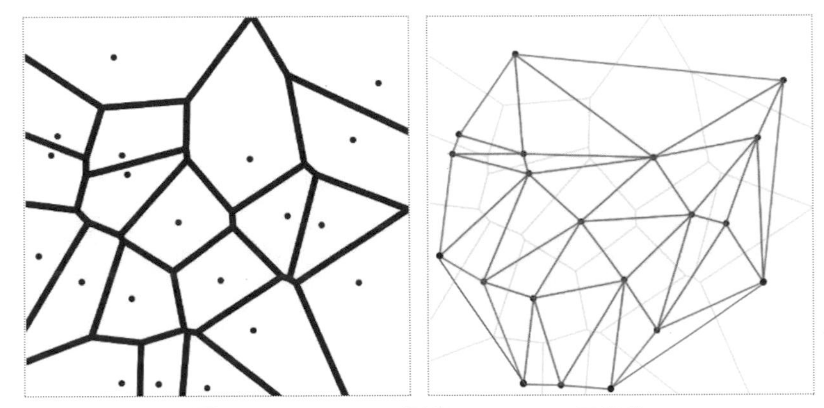

圖 11.15　Voronoi 圖與 Delanuay 三角化

上圖右邊的三角形稱為 Delanuay 三角，每個三角形，若找出各自的外接圓，圓內不會包含其他頂點， 例如，隨便找兩個鄰接三角形的外接圓看看：

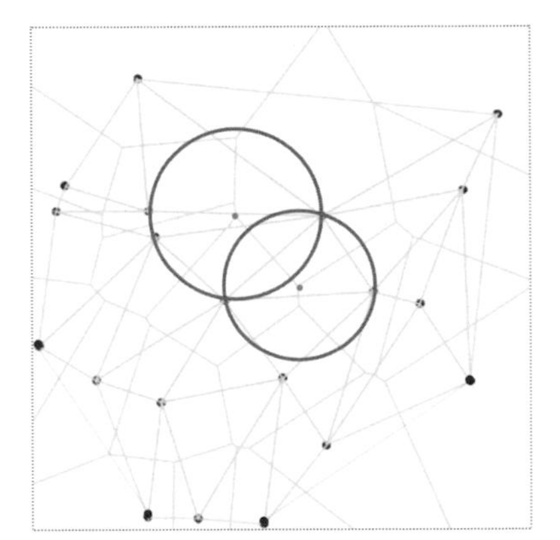

圖 11.16　Voronoi 圖與 Delanuay 三角化

從上圖也可以觀察到，外接圓的圓心，是 Voronoi 圖凸多邊形的頂點；若有隨機散佈的點，對這些點進行 Delanuay 三角化，接著相鄰三角形外接圓的圓心連接，就能得到 Voronoi 圖，三角形的頂點就是 Voronoi 細胞的核。

Delaunay 三角的外接圓不會包含其他點，三角形彼此不重疊，取樣的資訊就不會重複，也就能獨立地對三角空間內包含的資訊進行分析，因此 Delaunay 三角化在臉部辨識、地理資料分析等領域，都有著重要的應用。

想求得 Delaunay 三角分割，推薦的演算法之一是 Bowyer-Watson 演算[1]，先選擇三個點構成三角形，接著增加一個點，若新增的點在三角形內：

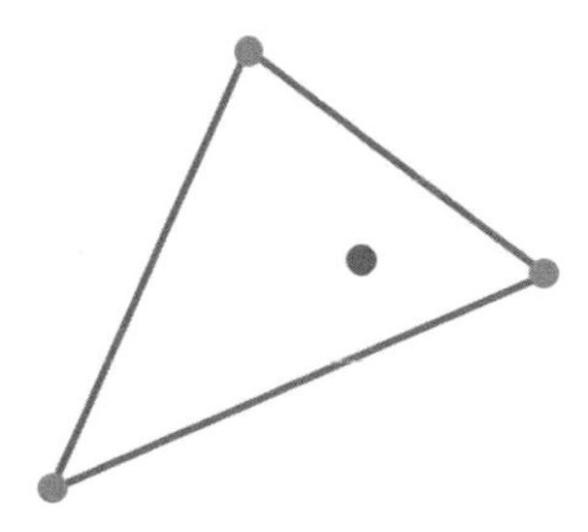

圖 11.17　Bowyer - Watson 演算（一）

這個點顯然在三角形外接圓內，就不是 Delaunay 三角形了，拆掉這個三角形，然後新增的點與原三角形頂點形成新的一組三角形：

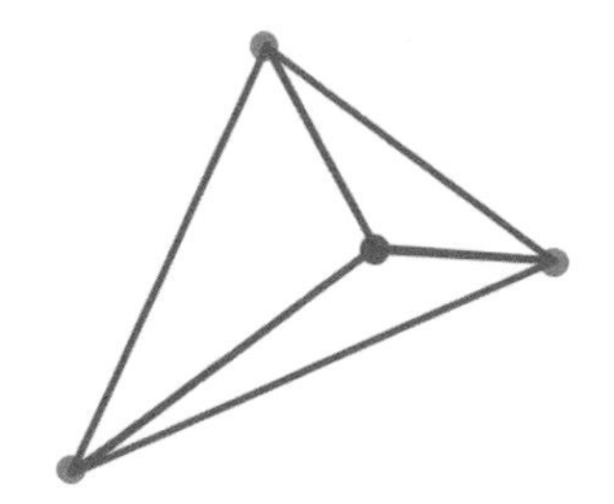

圖 11.18　Bowyer - Watson 演算（二）

這就構成了新的 Delaunay 三角，若新增的點不在三角形內，但是在其外接圓內：

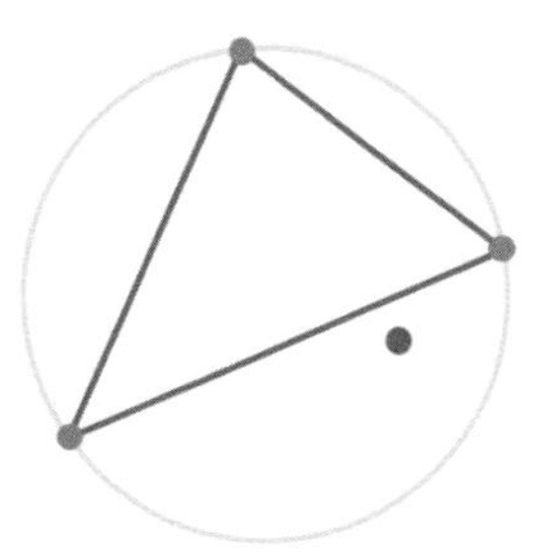

圖 11.19　Bowyer - Watson 演算（三）

1 Bowyer – Watson 演算：en.wikipedia.org/wiki/Bowyer%E2%80%93Watson_algorithm

這個三角形當然也是不合格，只不過拆掉它後，新增的點與原三角形頂點不能形成以下的三角形：

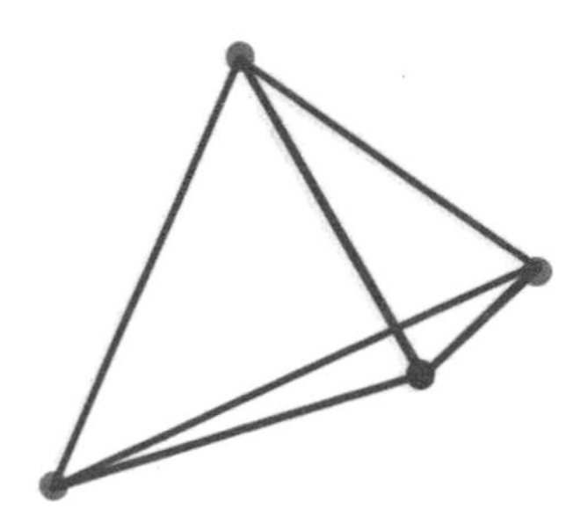

圖 11.20 Bowyer - Watson 演算（四）

視覺上可以看出邊交叉了，最下方三角形的外接圓會包含最上面的點，去除不合格三角形後得到的 Delaunay 三角會是：

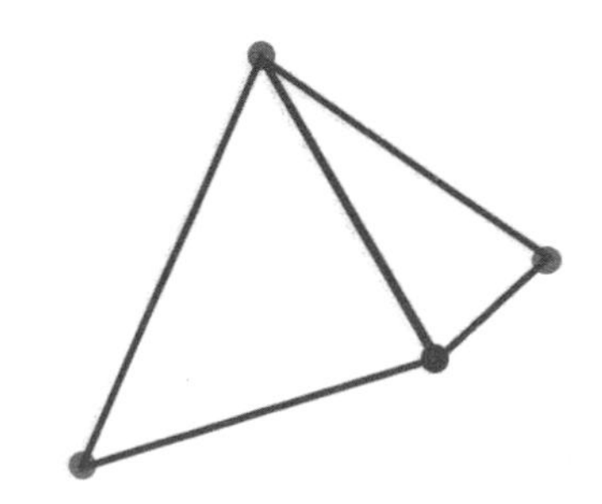

圖 11.21 Bowyer - Watson 演算（五）

接下來的問題是，如果有一組隨機點，要選擇哪三個點作為初始三角形，如果任意選取，第一個三角形可能極為瘦長，也就是三角形會有很極小的銳角，這容易會造成計算時的誤差等問題。

Bowyer-Watson 演算的方法是，構造一個可涵蓋全部點的超級三角形，然後一次加入一個點，進行三角分割，直到全部的點都加入為止。

例如，以下左邊有個超級三角形並加入了新的點，接著拆掉超級三角形，形成新的一組三角形：

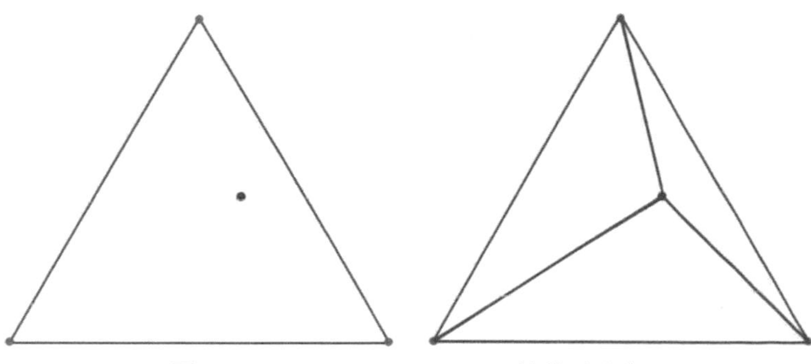

圖 11.22　Bowyer - Watson 演算（六）

現在再加入一個新點，左邊三角形的外接圓會包含新點，這就不合格了，不合格三角形被拆掉，形成新的一組三角形：

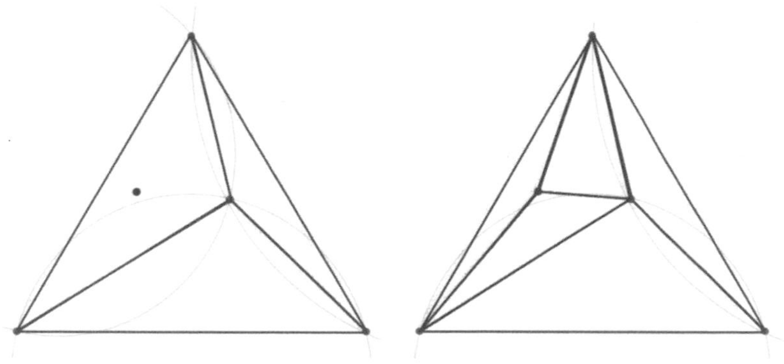

圖 11.23　Bowyer - Watson 演算（七）

現在又加入一個新點，有兩個三角形不合格了（為了不令畫面太複雜，其他外接圓就不畫了），拆掉這兩個三角形，得到新的三角分割：

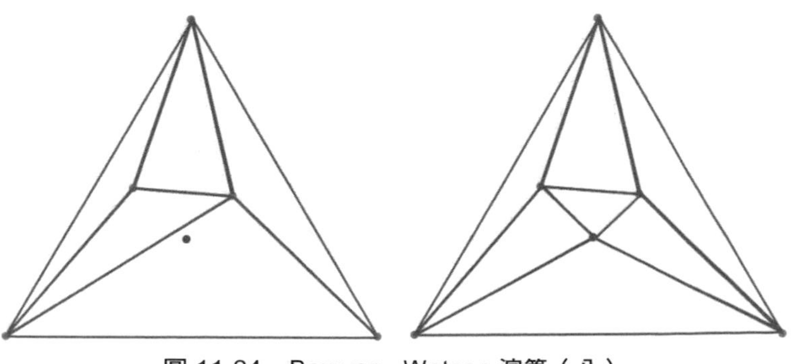

圖 11.24　Bowyer - Watson 演算（八）

新的點可以依上述方式加入，去除不合格三角形，建立新的三角分割，直到全部點加入為止，不過別忘了，一開始的超級三角形是額外增加的，必須刪除，而連到超級三角形頂點的邊也要刪除，如果以圖 11.24 來處理， 因為只加入了三個點，最後得到的三角分割就是下圖實線部分：

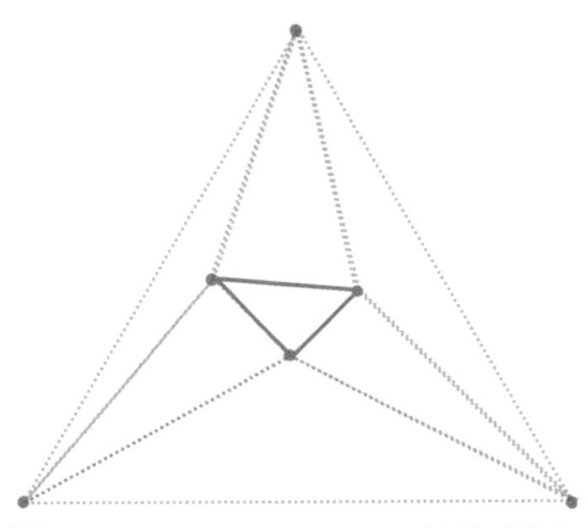

圖 11.25 Bowyer - Watson 演算（九）

11.2.2 實作 Bowyer-Watson 演算

要實現 Bowyer-Watson 演算，需要幾個子任務，顯然地，需要取得三角形的外接圓，具體來說，需求是給定三角形頂點，計算出圓心與半徑，圓心座標就是三角形的外心座標，公式可參考維基百科〈外接圓[2]〉條目，半徑只要取三角形任一頂點與圓心的距離，因此可寫出以下的實現：

```
// 求三角形的同心圓的圓心、半徑
function circumcircle(triangle) {
  // triangle 是逆時針頂點順序
  const [p1, p2, p3] = triangle;
  const v1 = p5.Vector.sub(p2, p1);
  const v2 = p5.Vector.sub(p3, p2);
  const det = -p5.Vector.cross(v1, v2).z;
  if(det !== 0) { // 三點不共線，套用公式
    const d1 = p5.Vector.add(p2, p1).mult(0.5).dot(v1);
    const d2 = p5.Vector.add(p3, p2).mult(0.5).dot(v2);
    const x = (d2 * v1.y - d1 * v2.y) / det;
    const y = (d1 * v2.x - d2 * v1.x) / det;
```

[2] 外接圓：bit.ly/3wDCpey

```
    const center = createVector(x, y);    // 圓心
    const v = p5.Vector.sub(p1, center);
    // 半徑平方，減少開根號的誤差
    const rr = v.x * v.x + v.y * v.y;
    const radius = sqrt(rr);
    return {center, radius, rr};
  }
  return null; // 三點共線，不存在外接圓
}
```

circumcircle 函式的 triangle 參數會是逆時針順序的頂點座標，以 p5.Vector 實例表示，傳回的物件中，center 是圓心座標，radius 半徑可用來比較某點是否在圓內，因為求距離時會開根號，這會造成誤差，若在意這個誤差，可以直接比較點與圓心的平方距離，是否小於半徑的平方距離，這就是傳回物件具有 **rr** 特性的原因。

接著要有個超級三角形，由於畫布是矩形，更方便的方式是，建立一個比畫布大很多的正方形，正方形中心為畫布中心，然後依對角線分為兩個三角形，選擇正方形的原因在於，依對角線分出的兩個三角形，外接圓不會涵蓋另一個三角形的頂點：

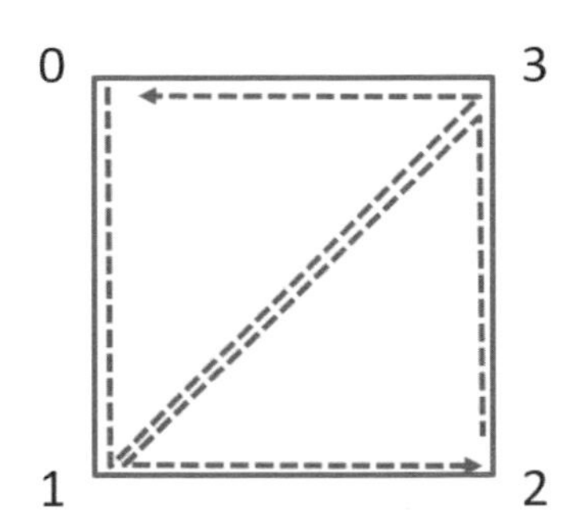

圖 11.26　建立一個足夠大的正方形

這麼一來也有個好處，Bowyer-Watson 演算過程在拆掉不合格三角形後，要建立新三角形，這時逐一列舉三個頂點，看看是否為合格三角形雖然是個方式，然而根據圖 11.26，新加入點會在兩個三角形內，拆掉三角形後建立的新三角形，一定會用到原本不合格三角形的非共用邊。

因為是三角形，某頂點一定正對一個邊，這個邊可能與另一個三角形共用，既然需要判斷三角形是否為合格三角形，那就一開始就記錄某頂點正對邊的三角形。

為了將方才的過程封裝起來，可以定義 Delaunay 類別如下：

```
// 封裝 Delaunay 三角化的類別
class Delaunay {
  // 指定畫布寬高
  constructor(width, height) {
    // 畫布中心
    const center = createVector(width, height).mult(0.5);
    // 建立一個比畫布大上許多的正方形區域
    const halfW = max(width, height) * 100;
    this.coords = [
      p5.Vector.add(center, createVector(-halfW, -halfW)),
      p5.Vector.add(center, createVector(-halfW, halfW)),
      p5.Vector.add(center, createVector(halfW, halfW)),
      p5.Vector.add(center, createVector(halfW, -halfW)),
    ];

    // 將正方形劃為兩個三角形，使用頂點索引來代表三角形
    const t1 = [0, 1, 3];
    const t2 = [2, 3, 1];

    // 三角形頂點索引 => [依頂點索引順序，各自面對的三角形]（鄰居）
    this.triangles = new Map();
    // 三角形頂點索引 => 外接圓
    this.circles = new Map();

    // t1 頂點 0 面對 t2，另兩個頂點沒有面對的三角形
    this.triangles.set(t1, [t2, null, null]);

    // t2 頂點 0 面對 t1，另兩個頂點沒有面對的三角形
    this.triangles.set(t2, [t1, null, null]);

    // 設定初始的兩個外接圓
    this.circles.set(t1, circumcircle(t1.map(i => this.coords[i])));
    this.circles.set(t2, circumcircle(t2.map(i => this.coords[i])));
  }
  ...
}
```

這邊使用了 Map，Delaunay 實例的特性 triangles 與 circles，都是使用三角形頂點索引陣列作為鍵；如果有點加入了，可以實現 delaunayBadTriangles 函式來判斷哪些三角形不合格：

```
// 指定 Delaunay 實例與點座標，收集不合格三角形
function delaunayBadTriangles(delaunay, p) {
  return Array
          .from(delaunay.triangles.keys()) // 目前每個三角形
          // 被外接圓涵蓋
          .filter(tri => inCircumcircle(tri, p, delaunay.circles));
```

```
}

// 點是否在 triangle 的外接圓
function inCircumcircle(triangle, p, circles) {
  const c = circles.get(triangle); // 取得外接圓
  // 以半徑平方比較
  const v = p5.Vector.sub(c.center, p);
  return v.x * v.x + v.y * v.y <= c.rr;
}
```

接著需要從不合格三角形收集非共用的邊，尋找鄰接三角形與邊的方式，直接寫在註解了：

```
// 從不合格三角形裡收集非共用的邊
function delaunayBoundary(delaunay, badTriangles) {
  const boundary = [];

  // 從任一不合格三角形開始尋找邊，這邊從 0 開始
  let t = badTriangles[0];

  // vi 是用來走訪鄰接三角形的索引
  let vi = 0;
  while(true) {
    // 取得不合格三角形，第 vi 頂點面對的三角形
    const opTri = delaunay.triangles.get(t)[vi];
    // 如果不是不合格三角形
    if(badTriangles.find((tri) => tri === opTri) === undefined) {
      boundary.push({
        // 記錄邊索引，這邊有處理循環與負索引
        edge: [t[(vi + 1) % 3], t[vi > 0 ? vi - 1 : t.length + vi - 1]],
        // 記錄 vi 頂點面對的三角形（目前是合格的 delaunay 三角形）
        delaunayTri: opTri,
      });

      // 下個頂點索引
      vi = (vi + 1) % 3;

      // 邊頂點索引有相接了，表示繞行不合格的三角形們一圈了
      if(boundary[0].edge[0] === boundary[boundary.length - 1].edge[1]) {
        break;
      }
    }
    // 如果 opTri 也是不合格三角形，不收集邊
    else {
      // 共用邊面對的 opTri 頂點
      const i = delaunay.triangles.get(opTri)
                                  .findIndex(tri => tri === t);

      // 下個頂點索引
```

```
      vi = (i + 1) % 3;
      // opTri 也是不合格三角形，用它繼續尋找邊
      t = opTri;
    }
  }

  return boundary;
}
```

重點在於粗體字部分，函式傳回的陣列裡，每個元素的物件有兩個特性，edge 是非共用邊的頂點索引，delaunayTri 是使用該邊的三角形。

有了以下的函式，就可以為 Delaunay 類別加個 addPoint 方法：

```
class Delaunay {
  ..方才的建構式...故略

  // 加入新點 p
  addPoint(p) {
    // 新頂點索引
    const idx = this.coords.length;
    // 新頂點
    this.coords.push(p);

    // 既有的三角形外接圓若包含 p，收集在 badTriangles
    const badTriangles = delaunayBadTriangles(this, p);

    // 找出不合格三角形的邊（不含共用邊）
    const boundary = delaunayBoundary(this, badTriangles);

    // 刪除不合格的三角形以及外接圓
    badTriangles.forEach(tri => {
      this.triangles.delete(tri);
      this.circles.delete(tri);
    });

    // 用收集的邊建立新三角形
    const newTriangles = boundary.map(b => {
      return {
        t: [idx, b.edge[0], b.edge[1]], // 新三角形頂點索引
        edge: b.edge,                   // 用哪個邊建立
        delaunayTri: b.delaunayTri,     // 該邊接著這個三角形
      };
    });

    // 將新三角形加入 Delaunay 的 triangles 特性，並新增外接圓
    addTo(this, newTriangles);

    // 調整新三角形與既有的 Delaunay 三角鄰接關係
```

```
    adjustNeighbors(this, newTriangles);
  }
  ...
}
```

相關說明都列於註解了，其中粗體字部分要留意的是，新三角形會記錄頂點索引、用哪個邊建立以及該邊上既有的三角形，這三個特性的資訊，主要是便於調整新三角形與既有的 Delaunay 三角鄰接關係：

```
// 將新三角形加入 Delaunay 的 triangles 特性，並新增外接圓
function addTo(delaunay, newTriangles) {
  for(let i = 0; i < newTriangles.length; i++) {
    const {t, _, delaunayTri} = newTriangles[i];
    // 將新三角形頂點索引加入，記錄三個頂點對邊的三角形
    delaunay.triangles.set(t, [delaunayTri, null, null]);
    // 新外接圓
    delaunay.circles.set(t,
       circumcircle(t.map(i => delaunay.coords[i])));
  }
}

// 調整新三角形與既有的 Delaunay 三角鄰接關係
function adjustNeighbors(delaunay, newTriangles) {
  // 設定新三角形彼此間的鄰接關係
  for(let i = 0; i < newTriangles.length; i++) {
    const t = newTriangles[i].t;
    delaunay.triangles.get(t)[1] =
      newTriangles[(i + 1) % newTriangles.length].t;
    delaunay.triangles.get(t)[2] =
      newTriangles[i > 0 ? i - 1 : newTriangles.length + i - 1].t;
  }

  // 設定新三角形與 delaunayTri 的鄰居關係
  for(let i = 0; i < newTriangles.length; i++) {
    const {t, edge, delaunayTri} = newTriangles[i];
    if(delaunayTri !== null) {
      // 三個頂點對邊的三角形就是鄰居
      const neighbors = delaunay.triangles.get(delaunayTri);
      // 逐一造訪鄰居
      for(let i = 0; i < neighbors.length; i++) {
        const neighbor = neighbors[i];
        if(
           // 本來有鄰居
          neighbor !== null &&
          // 鄰居的邊相同
          neighbor.includes(edge[1]) &&
          neighbor.includes(edge[0])
        ) {
          neighbors[i] = t; // delaunayTri 邊上的新鄰居更新為新三角形
```

```
          break;
        }
      }
    }
  }
}
```

粗體字部分的註解，說明了調整鄰居時有兩個子任務，剩下的只是走訪細節，這麼一來 addPoint 方法就完成了，可以定義 verticesOfTriangles 方法，匯出各個三角形的頂點座標：

```
class Delaunay {
  ...
  // 匯出各個三角形的頂點座標
  verticesOfTriangles() {
    return Array.from(this.triangles.keys())
      .filter(tri => tri[0] > 3 && tri[1] > 3 && tri[2] > 3)
      .map(tri => [
        this.coords[tri[0]],
        this.coords[tri[1]],
        this.coords[tri[2]],
      ]);
  }

  // 三角形頂點索引
  indicesOfTriangles() {
      return Array.from(this.triangles.keys())
              .filter(tri => tri[0] > 3 && tri[1] > 3 && tri[2] > 3)
              // 基於客戶端新增頂點順序的索引
              .map(tri => [tri[0] - 4, tri[1] - 4, tri[2] - 4]);
  }
}
```

為什麼只取索引值大於 3 的呢？記得嗎？最初的兩個三角形（用了四個索引，也就是 0 到 3）是額外建立的，只要是三角形的邊連接至這兩個三角形的頂點，就不納入最後取得的三角形；至於 indicesOfTriangles 方法，是以客戶新增頂點的順序，傳回索引值，因此都要減去 4。

以下來個有趣的範例，可以使用滑鼠新增頂點，使用頂點來建立 Delaunay 三角分割：

delaunay-triangulation LBbH4rCtf.js

```
let points = [];
let delaunay;

function setup() {
```

```
  createCanvas(300, 300);
  delaunay = new Delaunay(width, height);
  stroke(255, 0, 0);
}

function draw() {
  background(200);

  // 繪製三角形
  strokeWeight(1);
  delaunay.verticesOfTriangles().forEach(triangle => {
    beginShape();
    triangle.forEach(p => vertex(p.x, p.y));
    endShape(CLOSE);
  });

  // 繪製頂點
  strokeWeight(5);
  points.forEach(p => point(p));
}

// 滑鼠點選時新增頂點
function mousePressed() {
  const p = createVector(mouseX, mouseY);
  points.push(p);
  delaunay.addPoint(p);
}

...方才的幾個函式或類別實作...故略
```

下圖是隨意點選新增頂點後的一個擷圖：

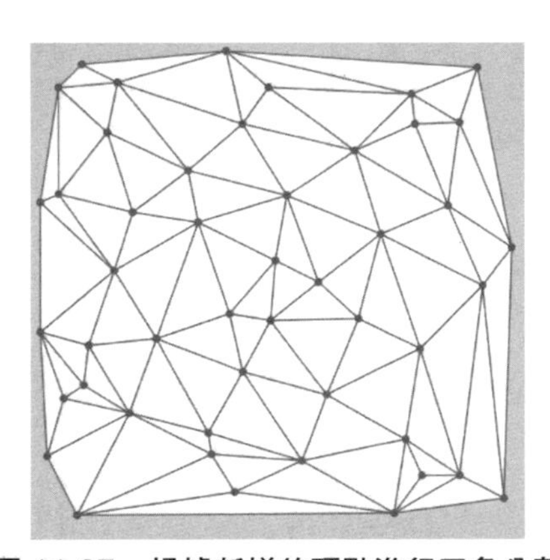

圖 11.27　根據新增的頂點進行三角分割

11.2.3 Delaunay 三角／Voronoi 圖

在 11.2.1 談過，若有隨機散佈的點，對這些點進行 Delanuay 三角化，接著相鄰三角形的外接圓圓心連接，就能得到 Voronoi 圖，這邊就來實現從 Delanuay 三角建立 Voronoi 圖。

既然是相鄰三角形，表示有共用頂點，Voronoi 細胞的細胞核，就是一組相鄰三角形的共用頂點，例如下圖，中間的細胞核是六個三角形的共用頂點：

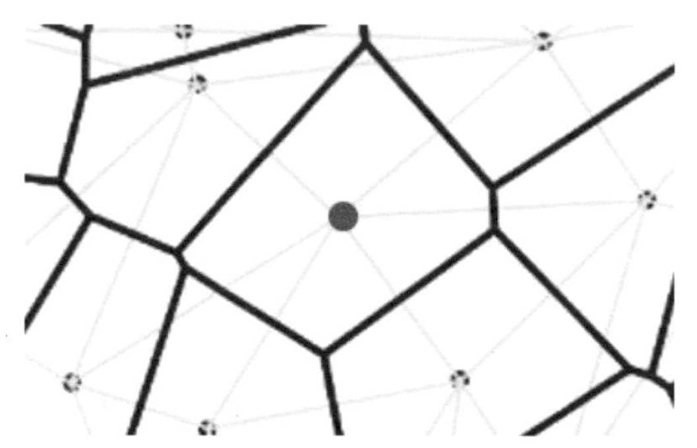

圖 11.28　細胞核是三角形的共用頂點

因此要找出 Voronoi 細胞，是由哪些相鄰三角形的外接圓心連接而成，就是找出哪些三角形的頂點包含該 Voronoi 細胞核，然後求得其外接圓心，以逆時針排序就可以得到 Voronoi 細胞頂點。

上一小節的 `Delaunay` 實例本身，帶有 `triangles` 特性，它可以用來尋找三角形的頂點，`Delaunay` 實例的 `circles` 特性，可以用來取得外接圓心，例如以某細胞核為頂點的一組三角形，若頂點編號如下：

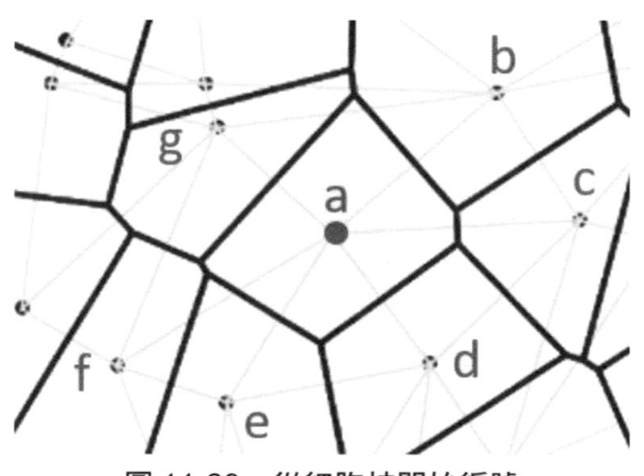

圖 11.29　從細胞核開始編號

這些共用頂點 a 的三角形若給予頂點順序(b, c, a)、(c, d, a)、(d, e, a)、(e, f, a)、(f, g, a)、(g, b, a)：

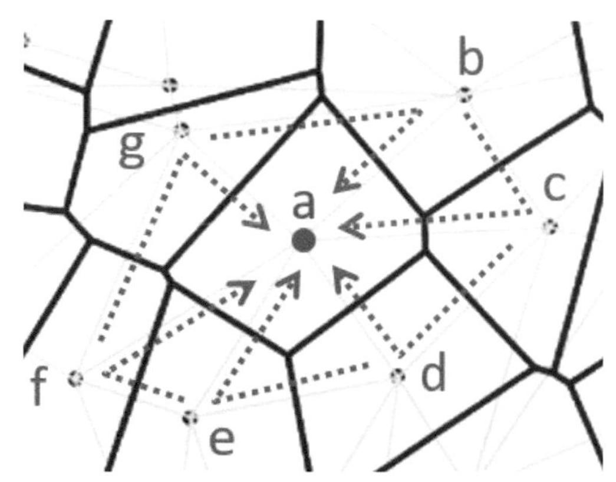

圖 11.30　共用頂點 a 的三角形頂點順序

也就是三角形最後一個頂點，都是細胞核 a，若找到有 a 頂點的某三角形，該三角形第 2 個頂點，就是下個三角形的第一個頂點。例如，(d, e, a)三角形的第 2 個頂點是 e，下個三角形就是(e, f, a)，依此類推下去，就可以依序找出圍繞著 a 的一組三角形了。

因此現在有兩個子任務要實現：

1. 建立圍繞某點的三角形頂點關係
2. 建立 Voronoi 細胞的頂點

實作第一個子任務時，可以使用陣列，定義陣列索引為 `i`，該處元素會是一組以頂點索引 `i` 為共用頂點的三角形清單：

```
// 指定特性 coords 長度與全部的 Delaunay 三角形
function connectedTrisIndices(coordsLen, tris) {
  // connectedTris 的 i 索引元素是共用頂點索引 i 的一組三角形
  let connectedTris = [];
  for(let i = 0; i < coordsLen; i++) {
    connectedTris.push([]);
  }

  // 三角形與外接圓心的索引對應
  let triIndices = new Map();

  // 逐一造訪三角形
  for(let j = 0; j < tris.length; j++) {
    const [a, b, c] = tris[j];
```

```
    // rt1、rt2、rt3 都代表 tris[j]，只是頂點順序不同
    const rt1 = [b, c, a];
    const rt2 = [c, a, b];
    const rt3 = [a, b, c];

    connectedTris[a].push(rt1); // rt1 共用頂點 a
    connectedTris[b].push(rt2); // rt2 共用頂點 b
    connectedTris[c].push(rt3); // rt3 共用頂點 c

    // rt1、rt2、rt3 的外接圓心為頂點索引 j
    triIndices.set(rt1, j);
    triIndices.set(rt2, j);
    triIndices.set(rt3, j);
  }

  return {connectedTris, triIndices};
}
```

connectedTrisIndices 函式傳回的物件，還會有個 triIndices 特性，它與 connectedTris 相反，是三角形與外接圓心的索引對應（稍後會看到，會有個 vertices 收集了三角形外接圓心，順序與 tris 相同），只是為了便於後續實作第二個子任務時，用來取得頂點 i：

```
// 指定共用頂點 i 的一組三角形，以及三角形與外接圓心的索引對應
function indicesOfCell(iTriangles, triIndices) {
  // 取得第一個三角形的第一個頂點
  let v = iTriangles[0][0];
  let fstV = v;
  let indices = [];
  for(let i = 0; i < iTriangles.length; i++) {
    // 找到以 v 為起點的三角形
    const t = iTriangles.find(t => t[0] === v);
    // 收集細胞頂點索引
    indices.push(triIndices.get(t));
    v = t[1];  // 下個三角形的第一個頂點
  }

  return indices;
}
```

接著，就可以在 Delaunay 類別定義 indicesOfVoronoiCells 方法，傳回細胞的頂點索引了，為了便於繪圖，也實現了 verticesOfVoronoiCells 方法，傳回傳回細胞的頂點座標：

```
class Delaunay {
  ...

  indicesOfVoronoiCells() {
    const tris = Array.from(this.triangles.keys());

    // 映射為外接圓心（Voronoi 細胞頂點）
    const vertices = tris.map(t => this.circles.get(t).center);

    // 計算圍繞某點的三角形關係
    // connectedTris: 以頂點索引 i 為共用頂點的三角形清單
    // triIndices: 三角形與外接圓心的索引對應
    const {connectedTris, triIndices} =
              connectedTrisIndices(this.coords.length, tris);

    // 收集各細胞的頂點索引
    const cells = [];
    // 從 4 開始是因為不包含自設的矩形頂點
    for(let i = 4; i < this.coords.length; i++) {
        // 連接 i 點的三角形們構成的細胞
        cells.push(indicesOfCell(connectedTris[i], triIndices));
    }

    return {vertices, cells};
  }

  verticesOfVoronoiCells() {
    const {vertices, cells} = this.indicesOfVoronoiCells();
    return cells.map(cell => cell.map(i => vertices[i]));
  }
}
```

這邊注意到粗體字部分，將 `tris` 映射至 `vertices`，也就是將三角形映射至外接圓心，因此方才 `connectedTrisIndices` 與 `indicesOfCell` 函式出現的 `triIndices`，才會說是三角形與外接圓心的索引對應。

類似地，來個有趣的範例，可以使用滑鼠新增頂點，使用頂點來建立 Delaunay 三角分割，然後一併畫出 Voronoi 細胞：

delaunay-voronoi -c6QKxN-Q.js

```
let points = [];
let delaunay;

function setup() {
  createCanvas(300, 300);
  delaunay = new Delaunay(width, height);
  noFill();
```

```
}

function draw() {
  background(200);

  // 繪製三角形
  strokeWeight(1);
  stroke(0, 255, 255);
  delaunay.verticesOfTriangles().forEach(triangle => {
    beginShape();
    triangle.forEach(p => vertex(p.x, p.y));
    endShape(CLOSE);
  });

  // 繪製細胞
  stroke(255, 0, 0);
  delaunay.verticesOfVoronoiCells()
          .forEach(pointsOfCell => {
              beginShape();
              pointsOfCell.forEach(p => {
                  vertex(p.x, p.y);
              });
              endShape(CLOSE);
          });

  // 繪製頂點
  strokeWeight(5);
  points.forEach(p => point(p));
}
...方才的幾個函式或類別實作...故略
```

下圖是隨意點選新增頂點後的一個擷圖：

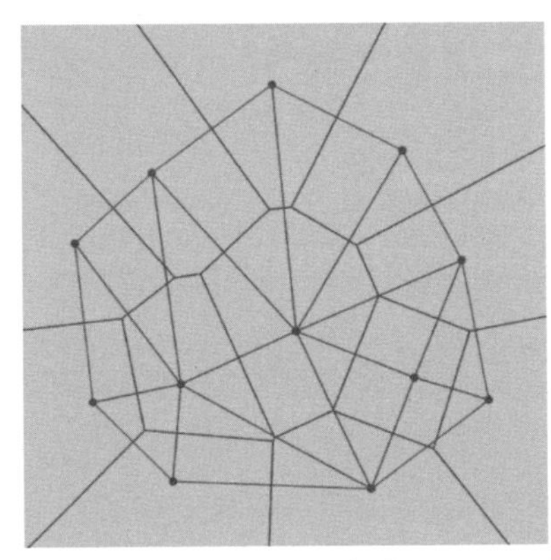

圖 11.31　Delaunay 三角與 Voronoi 圖

從 Delaunay 三角分割建立 Voronoi 圖，雖然程式實作時的細節與難度較高，不過好處是比半平面交集快，也就能隨意地散佈更多的點來建立 Voronoi 圖，從事更複雜的創作。

如果想從事更有深度的創作，逐漸探索更多仍至於更複雜的演算法，會是必然的過程，畢竟創意不是天馬行空，基於知識與經驗，才有可能產生更多的創意，為作品增添更多的故事與深度！

力的運用

12

CHAPTER

學習目標

- 牛頓運動定律
- 模擬重力／空氣阻力
- 群聚演算
- 差別生長／雜訊圓堆砌

12.1　力的模擬

第 8 章談過，萬物皆有規律，只不過在人類發掘出規律之前，對於無法理解的現象，將之稱為隨機；自古至今有些規律已被發掘，像是物理上力的相關定律，在創意寫碼時，若能適當借助力的模擬，就有機會生成一些具有自然現象的圖樣。

12.1.1　牛頓運動定律

要在虛擬世界中進行力的模擬，可以先從認識牛頓運動定律（Newton's laws of motion）[1]開始：

- 第一定律是關於慣性：若施加於物體的外力為零，物體的運動速度不變。靜者恆靜，動者恆動。
- 第二定律是關於加速度：施加於物體的外力為質量與加速度的乘積。若 F 為力，m 為質量，a 為加速度，那麼 F=ma。

[1] 牛頓運動定律：bit.ly/3edt1bk

- 第三定律是關於作用力與反作用力：兩物體互相施力於對方時，力的大小相等、方向相反。

為了模擬物體，需要物體的位置，在畫布上就是指座標，為了便於計算，可以使用向量代表座標；模擬慣性定律時，需要有速度資訊，速度具有大小與方向，因此也可使用向量來記錄速度。

只不過速度有單位，數位世界裡該怎麼定義單位呢？這要問你的數位世界本身包含什麼。就 p5.js 而言，繪圖是基於像素，可以定義移動單位為像素，由於 p5.js 可透過 `frameRate` 設定每秒呼叫 `draw` 的次數，可以定義 `draw` 的呼叫間隔為一個時間單位，速度也就可以定義為兩次 `draw` 間，物理移動了幾個像素。

可以設計一個 `Body` 類別具有 `updateCoordinate` 方法，若每次 `draw` 就呼叫一次 `updateCoordinate`，那麼速度就可以代表物體的位移量，在呼叫 `updateCoordinate` 後，物體目前座標與速度相加，就可以得到新座標：

```
// 模擬物體
class Body {
  constructor(coordinate, velocity, mass = 1) {
    this.coordinate = coordinate; // 座標
    this.velocity = velocity;     // 速度
    this.mass = mass;             // 質量
  }

  applyForce(force) {
    // 在既有的速度上加上速度變化量
    this.velocity.add(force.acceleration);
  }

  updateCoordinate() {
    // 每次更新時，速度就等同於位移量
    this.coordinate.add(this.velocity);
  }

  // 傳回複製品，方便做模擬預測用
  copy() {
    return new Body(this.coordinate, this.velocity, this.mass);
  }
}

// 封裝力的資訊，牛頓第二定律 F=ma
class Force {
  constructor(mass, acceleration) {
    this.mass = mass;                     // 質量
```

```
    this.acceleration = acceleration; // 加速度
  }
}
```

Body 類別裡可以看到定義了 mass（預設值 1），也就是質量，質量的單位是？這也是看數位世界本身包含什麼，可以定義為一個像素具有質量 1，好處是物體可以搭配某種形狀，這時可根據形狀的面積（也就是形狀內有多少像素）來得到質量，例如，若物體形狀搭配半徑為 r 的圓，建構 Body 實例時就可以指定 mass 為 PI*r*r。

根據牛頓第二定律 F=ma，Force 類別就是封裝此資訊的類別，每次套用力後速度會改變，加速度就是速度的變化量，Body 類別的 applyForce 方法，只是單純地在既有的速度加上變化量。

那麼牛頓第三定律呢？可以想想圓碰到邊界反彈，圓被施予反作用力，單純地畫個圓在畫布裡彈來彈去是很簡單，若這邊要特意模擬反作用力，令圓在畫布裡彈來彈去，要怎麼計算呢？

若物體速度為向量(x,0)，碰到邊界的瞬間，速度會是(-x,0)，也就是速度變化（加速度）為(-2*x,0)，結合物體的質量 mass，碰到邊界的瞬間，可看成受到 mass*(-2*x,0)的反作用力。

來看看物體搭配半徑為 10 的圓，在畫布中來回運動的範例：

laws-of-motion U_4fc5gpk.js

```
const r = 10; // 圓半徑
let body;
function setup() {
  createCanvas(300, 300);
  body = new Body(
    createVector(width / 2, height / 4), // 初始位置
    createVector(2, 3),                  // 初始速度
    PI * r * r                           // 質量
  );
}

function draw() {
  background(200);

  // 更新座標
  body.updateCoordinate();

  // 檢查是否超過邊界
```

```
  checkEdges(body);
  circle(body.coordinate.x, body.coordinate.y, 2 * r); // 畫圓
}

// 檢查是否超過邊界
function checkEdges(body) {
  // 用複製品更新一下座標，看看會不會超出邊界
  let copiedBody = body.copy();
  copiedBody.updateCoordinate();

  const {x, y} = copiedBody.coordinate;
  const velocity = copiedBody.velocity.copy();

  if(x + r >= width || x - r <= 0) {  // 超出左或右邊界
    body.applyForce(  // 套用力（反作用力）
      new Force(body.mass, createVector(-2 * body.velocity.x, 0))
    );
  }

  if(y + r >= height || y - r <= 0) { // 超出左或右邊界
    body.applyForce(  // 套用力（反作用力）
      new Force(body.mass, createVector(0, -2 * body.velocity.y))
    );
  }
}

...方才的幾個類別實作...故略
```

checkEdges 函式用來檢查是否超出邊界，這邊只是純粹為了示範反作用力，因此先單純地檢查圓邊界是否超出邊界，執行這個範例，只會看到一個圓在碰到邊界後反彈，就不擷圖了。

提示»» 反彈必須確認形狀是否接觸，不同形狀是否接觸是個複雜議題，這邊使用圓已經是個簡化過的範例，然而還是有要考量的要素，有興趣可參考〈邊界反彈[2]〉。

12.1.2 重力／空氣阻力

自然界最基本的就是重力了吧！以地球的重力 G 而言，G=mg，m 物體為質量，單位為公斤，而 g 大約是 9.8 公尺／秒 ^{2} 左右（地球上不同地點會略有不同），如果想在 p5.js 裡模擬重力，可以定義 Gravity 類別如下：

[2] 邊界反彈：openhome.cc/Gossip/P5JS/Bounce.html

gravity mIcNptN4u.js

```
const r = 15;  // 圓半徑
let area;
let body;
let gravity;
function setup() {
  createCanvas(300, 300);
  area = PI * r * r;
  body = new Body(
    createVector(width / 2, height / 4),
    createVector(2, 0),
    area
  );
  gravity = new Gravity(body.mass);  // 重力
}

function draw() {
  background(200);

  body.updateCoordinate();

  body.applyForce(gravity);  // 套用重力

  checkEdges(body);

  circle(body.coordinate.x, body.coordinate.y, 2 * r);
}

...方才的 Body、Force 類別與 checkEdges 函式實作...故略

// 重力
class Gravity extends Force {
  constructor(mass, g = createVector(0, 0.4)) {
    super(mass, g);
  }
}
```

咦？g 不是 9.8 嗎？在模擬的世界中，g 要怎麼定義，要看你的世界想包含什麼，在需要精確模擬實體世界物理現象的程式裡，可能需要採用 9.8，然而這邊只是想要動畫顯示時，物體會像是在有重力的環境就可以了，因此只要簡單地試誤找出適當值，這就是範例裡採用大小 0.4 的原因。

因為現在只有重力，若執行這個範例，球只會不停地跳動，若要像真實世界的球會逐漸停下，還要考慮空氣阻力、摩擦力等其他力的因素，力的交互種類越多，越能像真實世界。

例如，來為模擬的世界加個空氣阻力，空氣是流體的一種，根據維基百科的〈阻力方程[3]〉，流體的阻力大小是：

$$F_d = \frac{1}{2}\rho v^2 C_D A$$

圖 12.1 阻力方程

其中 v 是速度，A 是參考面積，ρ 為流體密度、C_D 為阻力係數，如果只想模擬某種流體（例如空氣阻力），讓動畫看來像是自然現象的展現，ρ 、C_D 的值就只要取適當常數，因此程式碼裡，公式可以簡化 `c*v*v*A`，其中 `c` 是代表 ρ 、C_D 等常數相乘後的結果，最後只要 `c` 取個適當值就可以了。

如果想繼承 `Force` 類別來實作 `Drag` 類別封裝阻力運算，因為這一節使用面積代表質量，加速度就是阻力除以面積：

drag Q7floFv07.js

```
const r = 15;
let area;
let body;
let gravity;
function setup() {
  createCanvas(300, 300);
  area = PI * r * r;
  body = new Body(
    createVector(width / 2, height / 4),
    createVector(2, 0),
    area
  );
  gravity = new Gravity(body.mass);
}

function draw() {
  background(200);

  body.updateCoordinate();

  body.applyForce(gravity);
  body.applyForce(new Drag(area, body.velocity)); // 套用阻力
```

[3] 阻力方程：bit.ly/3QiuQkG

```
  checkEdges(body);

  circle(body.coordinate.x, body.coordinate.y, 2 * r);
}

...方才的 Body、Force 等類別與 checkEdges 函式實作...故略

// 空氣阻力
class Drag extends Force {
  constructor(area, velocity, c = 2) {
    // 阻力的單位向量
    const uv = velocity.copy().normalize().mult(-1);
    // 求得阻力大小，計算加速度
    super(area, uv.mult(pow(velocity.mag() * c, 2) / area));
  }
}
```

若執行這個範例，球就會越彈越低，只不過最後停止前會微幅彈跳比較久的時間，這是因為只考慮一種阻力，如果想更真實一些，可以考慮更多，像是加入地面摩擦力等因素，其他力的模擬方式，也是找出對應的物理公式，定義需要的單位，選擇適當的值，讓動畫效果看來合理就可以了。

提示»» 在〈彈性碰撞[4]〉裡，模擬了多個圓的交互碰撞行為，有興趣可以參考一下。

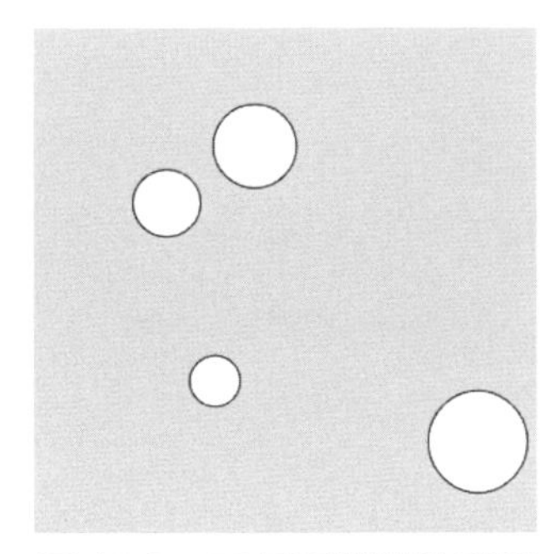

圖 12.2　四個圓的彈性碰撞

[4] 彈性碰撞：openhome.cc/Gossip/P5JS/Collision.html

12.2 複雜系統

力的概念不只能用於物理模擬，也可用來模擬生物行為，可以想像一群生物，面對各種力的交互，**雖然各自的行為很單純，然而從群體來看，卻像是一種複雜的系統行為**。

12.2.1 群聚演算

Craig Reynolds 在 1986 年實作了 Boids 程式，發表在〈Flocks, Herds, and Schools: A Distributed Behavioral Model[5]〉，Boid 是個虛構單字，為 bird-oid 的縮寫，代表著類似鳥的對象。

Boids 程式用來模擬羊、鳥等在個體決策下會展現出何種群聚行為，個體會偵測鄰近環境，決定**分離（separation）**、**凝聚（cohesion）**，以及**對齊（alignment）**等**轉向（steer）**等行為，這些行為可視為一種個體內部的力，力的結合會決定個體的走向。

為了簡化範例，這邊只討論分離、凝聚與對齊三種行為，若各自定義如下：

- 分離：個體為了避免彼此過於擁擠的轉向行為，就像鳥會避免飛行時彼此碰撞，可以理解為物理上的某種斥力。
- 凝聚：個體為了避免落單，往鄰近群體移動的轉向行為，就像羊會選擇鄰近的羊群靠攏，可以理解為物理上的某種引力。
- 對齊：個體試圖跟隨鄰近群體移動方向的轉向行為，就像魚會觀察魚群往哪個方向移動，然後試著跟上。

提示 >>> 隨機地給予節點引力或斥力，交互作用之下，可能構成類似生物的行為，有興趣可以參考〈The behaviour of ball bearings[6]〉的電擊影片。

---

5 Flocks, Herds, and Schools: A Distributed Behavioral Model：bit.ly/3yTfHRL

6 The behaviour of ball bearings：bit.ly/3wJGEG5

p5.js 官方網站有個〈Flocking[7]〉範例，源頭來自《The Nature of Code[8]》第 6 章的 Processing 範例，p5.js 官方網站的〈Flocking〉範例雖然使用 JavaScript 實現了，不過是基於 ECMAScript 2015 之前的 JavaScript 語法實作。

接下來為了說明群聚演算，也為了配合 12.1 力的模擬，將基於 p5.js 官方網站的〈Flocking〉範例，重新實作一個 Boids 程式，為了簡化程式架構，這邊不會如上一節定義 `Body` 類別，而是定義 `Boid` 類別，除了具有座標、速度，`Boid` 類別也封裝了最大速度、可以承受的最大力道等資訊：

```
class Boid {
  constructor(coordinate, velocity, maxSpeed = 2, maxForce = 0.03) {
    this.coordinate = coordinate;
    this.velocity = velocity.limit(maxSpeed);
    this.maxSpeed = maxSpeed;  // 最大速度
    this.maxForce = maxForce;  // 最大力道
  }

  applyForce(force) {
    // F=ma，始終假設 m 為 1，因此 F=a
    this.velocity.add(force); // 加速度就是 force
    this.velocity.limit(this.maxSpeed); // 限速
  }

  updateCoordinate() {
    this.coordinate.add(this.velocity);
  }

  ...一些待實作的方法
}
```

`Boid` 實例不具質量，或說隱含著質量就是 1，這是為了簡化力的模擬，因為 F=ma 而 m 為 1，F 就是 a，加速度就是力，也就不需要 12.1 的 `Force` 類別；`applyForce` 方法的實作裡，只要將 `force` 與 `velocity` 相加就可以了，至於為什麼要限速？因為 `Boid` 實例代表著類似鳥的對象，這種仿生的對象在行動總會有個速度上限吧！

7 Flocking：p5js.org/examples/simulate-flocking.html
8 The Nature of Code：natureofcode.com/

個別的 Boid 實例會觀察群體（也就是一組 Boid 實例）計算分離力，如果與某些 Boid 實例過於靠近，就會試圖避開，為了取得避開的方向，這邊是使用實例的座標相減後取得向量並累加，實作出 separate 方法：

```
class Boid {
  ...同前…略

  // 從群體計算分離力
  // minSeparation 是最小間距
  separate(boids, minSeparation = 25) {
    let steer = createVector(0, 0); // 初始分離力
    // 計算期望速度
    for(let boid of boids) {
      let d = p5.Vector.dist(this.coordinate, boid.coordinate);
      // 太近了
      if(d > 0 && d < minSeparation) {
        let diff = p5.Vector
                     .sub(this.coordinate, boid.coordinate)
                      // 跟距離平方成反比，越近影響越大
                     .div(d * d);
        steer.add(diff); // 累加
      }
    }

    // 如果速度不為 0
    if(steer.mag() > 0) {
      steer.normalize();            // 只需要方向
      steer.mult(this.maxSpeed);    // 拚命避開（用最大速度）
      steer.sub(this.velocity);     // 轉向力=期望速度-目前速度
      steer.limit(this.maxForce);   // 限制力道
    }

    return steer;
  }

  ...一些待實作的方法
}
```

向量累加後的結果，會被當成是速度，粗體字的部分，是基於 Craig Reynolds 的轉向力計算公式，**轉向力＝期望速度-目前速度**：

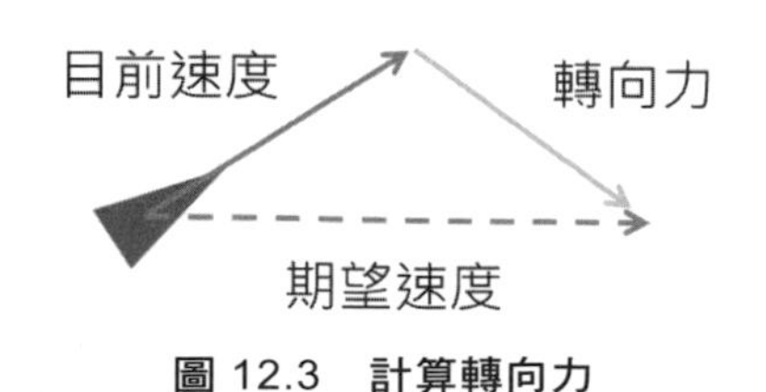

圖 12.3 計算轉向力

最後必須限制力道，畢竟鳥之類的個體，就算使出渾身解數，可以得到的轉向力道也是有限的吧！

凝聚力是個體觀察附近夠近的鄰居，希望往鄰居靠攏的轉向力（當然，夠靠近的距離會比方才看到的 minSeparation 大），想將凝聚力看成是分離力的相反，套用方才的 separate 實作也不是不行，然而為了更多樣化地模擬個體決策行為，這邊會以鄰居們位置的幾何中心來作為計算依據，模擬個體想躲到群體中心求得安全感（減少被攻擊、吃掉的風險）的概念：

```
class Boid {
  ...同前…略

  // 計算凝聚力
  // neighborDist 是視為鄰居的距離
  cohesion(boids, neighborDist = 50) {
    let steer = createVector(0, 0); // 初始分離力
    let count = 0;
    // 計算期望速度
    for(let boid of boids) {
      let d = p5.Vector.dist(this.coordinate, boid.coordinate);
      if(d < neighborDist) {           // 夠近的鄰居
        steer.add(boid.coordinate);    // 累加鄰居位置
        count++;
      }
    }

    if(count > 0) {
       steer.div(count);               // 鄰居們的幾何中心
       steer.sub(this.coordinate);     // 跟自己的位置相減
       steer.normalize();              // 只需要方向
       steer.mult(this.maxSpeed);      // 拼命跟上（用最大速度）
       steer.sub(this.velocity);       // 結合當前速度取得力的方向
       steer.limit(this.maxForce);     // 限制力道
    }

    return steer;
  }

  ...一些待實作的方法
}
```

至於對齊力，是個體觀察附近夠近的鄰居，想跟著鄰居們有著一致前進方向的轉向力，談到前進方向會想到速度，因此可以基於個體們的速度來計算：

```
class Boid {
  ...同前…略

  // 從群體計算對齊力
  // neighborDist 是視為鄰居的距離
  align(boids, neighborDist = 50) {
    let steer = createVector(0, 0); // 初始對齊力
    // 計算期望速度
    for(let boid of boids) {
      let d = p5.Vector.dist(this.coordinate, boid.coordinate);
      if(d < neighborDist) {        // 夠近的鄰居
         steer.add(boid.velocity);  // 加上鄰居的速度
      }
    }

    // 如果速度不為 0
    if(steer.mag() > 0) {
      steer.normalize();            // 只需要方向
      steer.mult(this.maxSpeed);    // 拼命跟上（用最大速度）
      steer.sub(this.velocity);     // 轉向力=期望的速度-目前速度
      steer.limit(this.maxForce);   // 限制力道
    }

    return steer;
  }

  ...一些待實作的方法
}
```

單一個體都會衡量分離、凝聚以及對齊，然而哪個比較重要呢？不同的個體可能會有不同考量，為此可以提供三種轉向力不同的權重，最後加總在一起，才是最終套用在個體身上的力：

```
class Boid {
  ...同前…略

  // 跟一組 Boid 群聚
  // 可提供分離、凝聚以及對齊不同權重
  flock(boids,
        seperateWeight = 1.5, alignWeight = 1, cohesionWeight = 1) {
    // 衡量三種轉向量
    let sep = this.separate(boids);
    let ali = this.align(boids);
    let coh = this.cohesion(boids);
    // 各自乘上權重
```

```
    sep.mult(seperateWeight);
    ali.mult(alignWeight);
    coh.mult(cohesionWeight);
    // 加總後套用至個體
    this.applyForce(sep.add(ali).add(coh));
    // 更新座標
    this.updateCoordinate();
  }

  ...一些待實作的方法
}
```

現在可以使用 Boid 類別來產生一組 Boid 實例，看看最終會產生什麼複雜的行為，由於畫布空間有限，如果 Boid 跑出畫布了，這邊就令其出現在畫布的另一邊：

boids 6ZwPvtDoy.js

```
const number = 150; // 個體數量

let boids = [];
function setup() {
  createCanvas(300, 300);
  // 產生一組 Boid 實例
  for(let i = 0; i < number; i++) {
    boids.push(
      new Boid(
        createVector(width / 2, height / 2), // 從中心冒出
        p5.Vector.random2D()                 // 隨機初始速度
      )
    );
  }
}

function draw() {
  background(200);

  const radius = 2; // 繪製三角形用

  // 逐一處理個體
  for(let boid of boids) {
    boid.flock(boids);        // 執行群聚
    borders(boid);            // 邊界檢查
    render(boid, radius);     // 繪製個體
  }
}

// 按下滑鼠新增個體
function mousePressed() {
```

```
  boids.push(
    new Boid(
      createVector(mouseX, mouseY), // 在點選處生成
      p5.Vector.random2D()          // 隨機速度
    )
  );
}

// 邊界處理，超出範圍的話，會出現在畫布另一邊
function borders(boid, radius) {
  if(boid.coordinate.x < 0) {
    boid.coordinate.x = width;
  }
  else if(boid.coordinate.x > width) {
    boid.coordinate.x = 0;
  }

  if(boid.coordinate.y < 0) {
    boid.coordinate.y = height;
  }
  else if(boid.coordinate.y > height) {
    boid.coordinate.y = 0;
  }
}

// 畫三角形
function render(boid, radius) {
  // 讓三角形的尖端指向前進方向
  const theta = boid.velocity.heading() + radians(90);
  fill(255, 0, 0);
  stroke(255, 0, 0);

  push();
  translate(boid.coordinate.x, boid.coordinate.y);
  rotate(theta);
  triangle(
    0, -radius * 2,
    -radius, radius * 2,
    radius, radius * 2
  );
  pop();
}

...方才的 Boid 類別...故略
```

為了讓範例有趣一些，你可以使用滑鼠來新增 Boid 實例，調整範例中 maxSpeed、maxForce、minSeparation 等參數，就會令群聚行為有不同的表現，

來看看隨機擷取的幾個執行畫面，看來是不是像鳥群、羊群、魚群之類成群結隊的樣子呢？

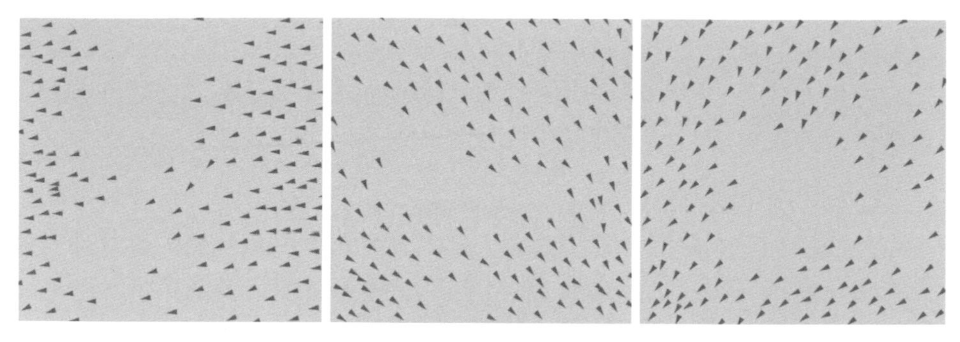

圖 12.4　模擬群體行為

提示 ››› 這邊實作裡的單一個體要觀察全體，好處是實作會簡單一些，然後缺點是耗費過多運算，若有 1000 個體就會慢到不行；真正的世界裡，個體觀察的範圍有限，因此可基於 8.2 或 11.1 談過的網格空間分割，令單一個體僅觀察同網格內的個體，這可以改進效能，有興趣可參考我另一個〈Boids[9]〉的實作，其中也使用了魚的圖片來模擬魚群。

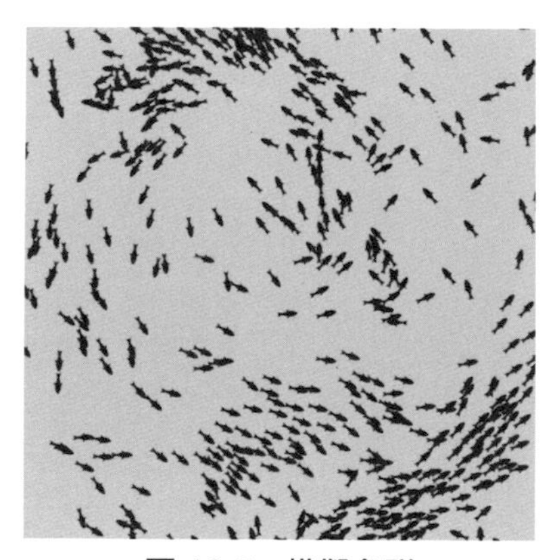

圖 12.5　模擬魚群

[9] Boids：openprocessing.org/sketch/1639042

12.2.2 差別生長

差別生長（Differential Growth）是生物或醫學領域研究的對象，是指生物組織各部位會由於環境因素的不同，而以不同速率或 方式成長；影響影響成長的因素很多，也就有各種模擬差別生長的方式，這一章的主題是力，就來試著基於力進行模擬。

為了簡化模擬，這邊會使用少量的節點組成一條線，這意謂著節點間有前後連接的關係，節點會觀察環境，彼此不能太近，然而也不會太遠地進行各自不同的運動，這就是**差別**的部分；如果前後連接的節點間相距太遠，就在兩個節點間生成新節點，這就是**生長**的部分，因為整體看來線不斷扭曲生長，有些文件將這類模擬稱為差別線生長（Differential line growth）。

在差別的部分，每個節點的行為都很單純，這意謂著，可以基於方才群聚演算的 `Boid` 類別來建立節點模型，就這邊的範例來說需要的修改不多，主要是類別、參數等名稱，還有幾個預設值等：

```
class Node {
  constructor(coordinate, velocity, maxSpeed = 1, maxForce = 1.25) {
    this.coordinate = coordinate;
    this.velocity = velocity.limit(maxSpeed);
    this.maxSpeed = maxSpeed;  // 最大速度
    this.maxForce = maxForce;  // 最大力道
  }

  applyForce(force) {
    // F=ma，始終假設 m 為 1，因此 F=a
    this.velocity.add(force); // 加速度就是 force
    this.velocity.limit(this.maxSpeed); // 限速
  }

  updateCoordinate() {
    this.coordinate.add(this.velocity);
  }

  separate(nodes, minSeparation = 20) {
    let steer = createVector(0, 0); // 初始分離力
    // 計算期望速度
    for(let node of nodes) {
      let d = p5.Vector.dist(this.coordinate, node.coordinate);
      // 太近了
      if(d > 0 && d < minSeparation) {
        let diff = p5.Vector
                   .sub(this.coordinate, node.coordinate)
```

```
                    // 跟距離平方成反比，越近影響越大
                    .div(d * d);
      steer.add(diff); // 累加
    }
  }

  // 如果速度不為 0
  if(steer.mag() > 0) {
    steer.normalize();          // 只需要方向
    steer.mult(this.maxSpeed);  // 拼命避開（用最大速度）
    steer.sub(this.velocity);   // 轉向力-期望速度-目前速度
    steer.limit(this.maxForce); // 限制力道
  }

  return steer;
}

cohesion(nodes, neighborDist = 50) {
  let steer = createVector(0, 0); // 初始分離力
  let count = 0;
  // 計算期望速度
  for(let node of nodes) {
    let d = p5.Vector.dist(this.coordinate, node.coordinate);
    if(d < neighborDist) {             // 夠近的鄰居
      steer.add(node.coordinate);      // 累加鄰居位置
      count++;
    }
  }

  if(count > 0) {
     steer.div(count);                 // 鄰居們的幾何中心
     steer.sub(this.coordinate);       // 跟自己的位置相減
     steer.normalize();                // 只需要方向
     steer.mult(this.maxSpeed);        // 拼命跟上（用最大速度）
     steer.sub(this.velocity);         // 結合當前速度取得力的方向
     steer.limit(this.maxForce);       // 限制力道
  }

  return steer;
}

differentiate(nodes, seperateWeight = 1.5, cohesionWeight = 0.25) {
  // 衡量三種轉向量
  let sep = this.separate(nodes);
  let coh = this.cohesion(nodes);
  // 各自乘上權重
  sep.mult(seperateWeight);
  coh.mult(cohesionWeight);
  // 加總後套用至節點
  this.applyForce(sep.add(coh));
```

```
    // 更新座標
    this.updateCoordinate();
  }
}
```

原本 Boid 類別裡的 flock 方法，這邊更名為 differentiate 方法；因為是線的生長模擬，不需要模擬生物群聚行為，這邊捨棄了 align 方法。

在生長的部分，若前後連接的節點間相距太遠，會生成新節點，這個動作由誰來負責呢？ Node 實例不會知道自身前後會是哪個 Node 實例，顯然地，會有另一個角色負責節點如何組成線，並且知道何時生成新節點。這邊打算讓線繞成一個圓，然後開始差別生長，就來定義個 DiffCircle 類別：

```
// 負責節點如何組成線，知道何時該生成新節點
class DiffCircle {
  // 初始節點數、初始圓半徑、圓中心
  constructor(nodesStart, radiusStart, center) {
    const aStep = TWO_PI / nodesStart;

    // 節點繞成一個圓
    const nodes = [];
    for (let a = 0; a < TWO_PI; a += aStep) {
      nodes.push(
        new Node(
          createVector(radiusStart, 0).rotate(a).add(center),
          p5.Vector.random2D()
        )
      );
    }

    this.nodes = nodes;
  }

  ...一些待實作的方法
}
```

接著就是實作 grow 方法，在前後連接的節點間相距太遠時生成新節點，這邊也會看到 update 方法，用來封裝差別生長的流程：

```
class DiffCircle {
  ...

  grow(maxEdgeLength = 15) {
    const n = this.nodes.length;

    const nodes = [];
    for(let i = 0, j = 1; i < n; i++, j++) {
      // 前後兩個節點
```

```
        const node = this.nodes[i];
        const nxNode = this.nodes[j % n];
        // 收集目前節點
        nodes.push(node);
        const d = p5.Vector.dist(node.coordinate, nxNode.coordinate);
        // 如果與下一節點距離夠遠，生成、收集新節點
        if(d > maxEdgeLength) {
          nodes.push(
            new Node(
              // 新節點是取前後節點的中點位置
              middlePoint(node.coordinate, nxNode.coordinate),
              p5.Vector.random2D(),
              (node.maxSpeed + nxNode.maxSpeed) / 2,
              (node.maxForce + nxNode.maxForce) / 2
            )
          );
        }
      }

      this.nodes = nodes;
    }

    // 更新差別生長狀態
    update() {
      // 每個節點逐一觀察環境以更新狀態
      for(let node of this.nodes) {
        node.differentiate(this.nodes);
      }
      // 進行生長
      this.grow();
    }
  }

// 計算中點
function middlePoint(p1, p2) {
  return p5.Vector.add(p1, p2).div(2);
}
```

提示 »» DiffCircle 類別是個簡單的粒子系統（Particle system）實作，粒子系統負責管理一組例子的生命週期，像是粒子的生成、狀態更新、滅亡等；12.1 的圓碰撞也可以建立簡單的粒子系統，令大量的圓相互碰撞，有興趣的話可參考〈粒子系統[10]〉的實作。

10 粒子系統：openhome.cc/Gossip/P5JS/ParticleSystem.html

來看看這個差別生長圓會構成什麼樣的圖案吧！

differential-growth fM9bxatWb.js

```
const maxNodeNumbers = 500; // 節點最大數量
const nodesStart = 10;      // 超始節點數量
const radiusStart = 20;     // 差別生長圓的半徑

let diffCircle;
function setup() {
  createCanvas(300, 300);
  noFill();
  strokeWeight(4);
  stroke(255, 255, 0);

  diffCircle = new DiffCircle(
    // 從畫布中心開始
    nodesStart, radiusStart, createVector(width / 2, height / 2)
  );
}

function draw() {
  background(200);

  diffCircle.update();       // 更新
  render(diffCircle.nodes); // 繪製

  // 到達節點最大數量就停止呼叫 draw
  if(diffCircle.nodes.length >= maxNodeNumbers) {
    noLoop();
  }
}

// 基於節點位置繪製線
function render(nodes) {
  beginShape();
  for(let node of nodes) {
    const {x, y} = node.coordinate;
    vertex(x, y);
  }
  endShape(CLOSE);
}

...方才的 Node、DiffCircle 等實作...故略
```

同樣地，調整範例中 maxSpeed、maxForce、minSeparation 等參數，會有不同的差別生長表現，來看看隨機擷取的幾個執行畫面：

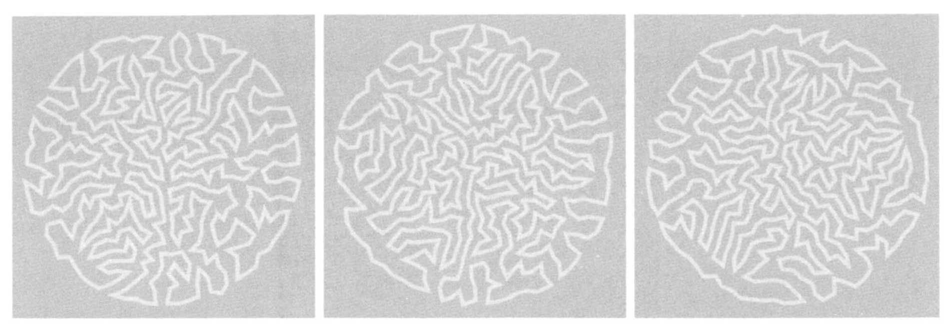

圖 12.6 差別生長圓

12.2.3 雜訊圓堆砌

圓堆砌（Circle packing）是在指定的表面，圓與圓之間不重疊的情況，依不同的需求進行圓排列，需求可能是在等圓或各種大小的圓、得到最大數量、最大密度，或者遵循某種取樣規則等，不同的需求會採用不同的演算法。

既然這一章是跟力有關，就來試試一組圓彼此排斥直到平衡，自然而然地達到圓堆砌的效果，為了令事情有趣一些，在圓堆砌的過程，會不斷地使用圓心座標來進行 Perlin 雜訊的取樣，取樣值會是計算圓大小的基準，最後得到的就是本書第 1 章的圖 1.3，像是被被攪和過的泡泡效果。

方才談到圓會排斥，這表示可以基於 12.2.1 的 Boid 類別來改寫，然而只留下分離力：

```
class Circle {
  constructor(coordinate, velocity,
              maxSpeed = 1.5, maxForce = 1.5, maxDiameter = 50) {
    this.coordinate = coordinate;
    this.velocity = velocity.limit(maxSpeed);
    this.maxSpeed = maxSpeed;          // 最大速度
    this.maxForce = maxForce;          // 最大力道
    this.maxDiameter = maxDiameter; // 最大半徑
    this.diameter = 1;                 // 從直徑 1 開始
  }

  applyForce(force) {
    // F=ma，始終假設 m 為 1，因此 F=a
    this.velocity.add(force); // 加速度就是 force
```

```
    this.velocity.limit(this.maxSpeed); // 限速
  }

  separate(circles) {
    let steer = createVector(0, 0); // 初始分離力
    // 計算期望速度
    for(let c of circles) {
      let d = p5.Vector.dist(this.coordinate, c.coordinate);

      // 如果圓交疊了
      if(d > 0 && d < (this.diameter + c.diameter) / 2) {
        let diff = p5.Vector
                     .sub(this.coordinate, c.coordinate)
                      // 跟距離平方成反比，越近影響越大
                     .div(d * d);
        steer.add(diff); // 累加
      }
    }

    // 如果速度不為 0
    if(steer.mag() > 0) {
      steer.normalize();           // 只需要方向
      steer.mult(this.maxSpeed);   // 拼命避開（用最大速度）
      steer.sub(this.velocity);    // 轉向力=期望速度-目前速度
      steer.limit(this.maxForce);  // 限制力道
    }

    return steer;
  }

  updateCoordinate() {
    this.coordinate.add(this.velocity);
  }

  ... 其他尚待實作的方法
}
```

粗體字是主要有修改的部分，因為個體就是圓，這邊就將圓的相關資訊都封裝至 `Circle` 類別了，圓最小會從直徑 1 開始，圓不會一直變大，最大直接由 `maxDiameter` 決定，因為目的只是令圓不重疊，只有在重疊時才產生分離力。

在圓堆砌的過程，會不斷地使用圓心座標來進行 Perlin 雜訊的取樣，作為計算圓大小的依據，這實作在 `updateDiameter` 方法：

```
class Circle {
  ...

  updateDiameter(sampleScale = 0.01) {
    const {x, y} = p5.Vector.mult(this.coordinate, sampleScale);
```

```
    this.diameter = noise(x, y) * this.maxDiameter + 1;
  }

  ... 其他尚待實作的方法
}
```

p5.js 的 noise 函式會傳回 0 到 1 的值，乘上 this.maxDiameter，就可以得到大小不同的圓，因為是 Perlin 雜訊，大小變化會具有連續性，最後堆砌出來的圓就不會忽大忽小；如果想要等圓，那就令 this.diameter 等於 this.maxDiameter 就可以了，只不過畫面會單調許多。

每個圓會看看是否與其他圓重疊，最後得到分離力，接著套用力、更新圓心座標、更新圓直徑，然後圓會停下來，以便下一個週期的環境觀察：

```
class Circle {
  ...

  // 堆砌
  pack(circles) {
    let sep = this.separate(circles);

    // 加總後套用至節點
    this.applyForce(sep);
    // 更新座標
    this.updateCoordinate();
    this.updateDiameter();

    // 停下來
    this.velocity.mult(0);

    // 是否受過分離力
    return sep.mag() !== 0;
  }

  ... 其他尚待實作的方法
}
```

pack 方法最後會傳回布林值，指出圓本身是否受過分離力，後續可以依此資訊，決定對圓做其他處理，例如，全部的圓都沒受過分離力的話，表示已經處於穩定狀態，這時就不用再進行堆砌處理了。

接下來試著產生 300 個圓進行堆砌吧！為了讓畫面更豐富一些，圓採隨機顏色繪製：

circle-packing -1PoRAsRf.js

```
const number = 300;  /// 初始的圓數量

let circles = [];
function setup() {
  createCanvas(640, 480);

  noStroke();

  for(let i = 0; i < number; i++) {
    circles[i] = new Circle(
      // 全部從畫布中心開始
      createVector(width / 2, height / 2),
      // 一開始給隨機速度，初次堆砌就會是隨機散佈
      p5.Vector.random2D()
    );
  }
}

function draw() {
  background(255);

  let states = [];
  for(let c of circles) {
    const updated = c.pack(circles);
    states.push(updated);
    borders(c); // 邊界檢查，如果允許圓超出邊界，也可以不檢查
    fill(random(255), random(255), random(255)); // 隨機顏色
    circle(c.coordinate.x, c.coordinate.y, c.diameter);
  }

  // 如果全部狀態都是未更新，就停止 draw 的重複呼叫
  if(states.every(updated => !updated)) {
     noLoop();
  }
}

// 按下滑鼠新增圓
function mousePressed() {
  const c = new Circle(
    createVector(mouseX, mouseY),
    p5.Vector.random2D()
  );
  c.updateDiameter(); // 直接依座標更新直徑
  circles.push(c);
```

```
  loop(); // 一律重啟 draw 迴圈呼叫
}

// 邊界檢查，不能超出邊界
function borders(c) {
  const r = c.diameter;
  if(c.coordinate.x - r < 0) {
    c.coordinate.x = r;
  }
  else if(c.coordinate.x + r > width) {
    c.coordinate.x = width - r;
  }

  if(c.coordinate.y - r < 0) {
    c.coordinate.y = r;
  }
  else if (c.coordinate.y + r > height) {
    c.coordinate.y = height - r;
  }
}

...方才的 Circle 類別實作...故略
```

為了有點互動感，這邊也可以按下滑鼠來新增圓，新增的圓必須依位置更新直徑資訊，然後重啟 draw 迴圈呼叫，以便重新進行圓堆砌，讓新增圓與其他圓間找到新平衡，來看看執行時擷取的畫面之一：

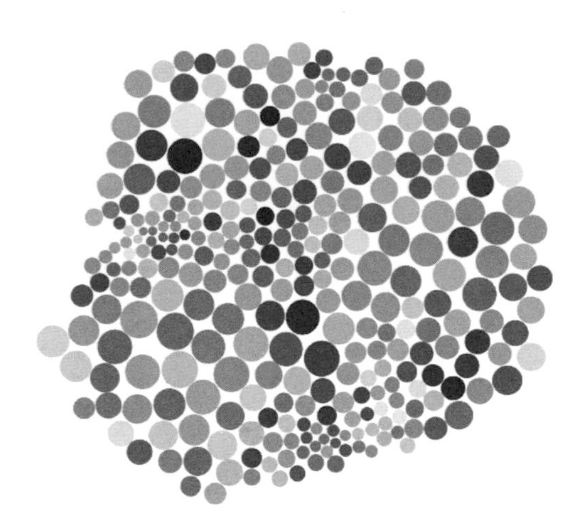

圖 12.7　雜訊圓堆砌

如果想模擬實體世界的物體運動，力的模擬是必修的課題之一，更複雜的模擬通常依賴物理引擎，有興趣的話可以基於本章的觀念來進行探索；接下來，會將焦點轉移至另一個創作的來源，也就是聲音與視訊！

音與影

13

CHAPTER

學習目標

- 音源／音樂檔案輸入
- 聲音的視覺化
- 攝影機／影片檔案輸入
- 影像的像素處理

13.1 使用 p5.sound

如果想在使用 p5.js 時結合聲音進行創作，p5.js 團隊實現的 p5.sound 程式庫是最佳選擇，在這一節裡，會來看看如何透過 p5.sound 取得聲音來源、音量、頻率等資訊，進行聲音視覺化的創作。

13.1.1 音源輸入設備

在 1.1.4 裡談過，官方網站的 Download[1]可以下載 p5.js 程式庫，如果選擇下載 **Complete Library** 版本，會是個 zip 檔案，其中除了包含 p5.js 的原始碼，在 addons 資料裡，也提供了 **p5.sound.js** 與 **p5.sound.min.js**，後者是壓縮版本，檔案比較小一些。

---

[1] Download | p5.js：p5js.org/download/

想使用 p5.sound 程式庫，HTML 頁面必須在包含 p5.js 原始碼後，也包含 p5.sound 的.js 原始碼，例如：

```
<!DOCTYPE html>
<html lang="zh-tw">
  <head>
    <script src="p5.js"></script>
    <script src="p5.sound.js"></script>
    <meta charset="utf-8" />
  </head>
  <body>
    <script src="sketch.js"></script>
  </body>
</html>
```

若使用瀏覽器開啟本機磁碟機的 HTML 頁面，基於**瀏覽器安全限制**，無法透過 JavaScript 取得音源輸入、聲音輸出設備、本機磁碟機上的檔案；如果想將草稿等檔案放到 Web 網站，除非來源是 localhost 本機網站，否則瀏覽器會要求 HTTPS，以及對應的使用權限，才能取得聲音輸入、輸出設備。

如果你使用 p5.js 官方 Web 編輯器，什麼事都不必須做，因為官方 Web 編輯器的網站支援 HTTPS，每個新開的草稿（Sketch），預設都會包含 p5.sound.min.js。架設網站需要一些技術性的能力，不在本書設定範圍，因此接下來的範例，**都是在 p5.js 官方編輯器進行**。

提示>>> p5.js 官方的〈Local server[2]〉建議了幾個簡易的網站架設方案，若你有相對應的技術能力，可以參考 一下。

p5.sound 的參考文件[3]可以從官方的〈Libraries[4]〉找到，在〈Libraries〉也可以看到，除了作為核心程式庫的 p5.sound，也有社群貢獻的各種程式庫，有興趣可以多做探索，作為創作時的利器。

聲音的來源之一是音源輸入設備，對許多人來說，音源輸入設備通常預設就是麥克風，想要取得音源輸入，可以建立 **`p5.AudioIn`** 實例，若不透過 `setSource`

---

2 Local server：github.com/processing/p5.js/wiki/Local-server

3 p5.sound 參考文件：p5js.org/reference/#/libraries/p5.sound

4 Libraries：p5js.org/libraries/

方法指定設備來源，預設就是取得麥克風，可以透過 getSources 取得輸入設備來源清單。

提示 >>> 有些瀏覽器 不允許取得麥克風，例如 Safari，本書都是使用 Chrome 進行測試。

建立 p5.AudioIn 實例後必須呼叫 **start** 方法，才能取得聲音，若呼叫 stop 方法會停止取得，聲音預設不會連接輸出設備（例如喇叭、耳機），必須呼叫 connect 方法才會連接，若呼叫 disconnect 方法會斷開與輸出設備的連接。

最基本的聲音資訊是音量，這可以透過 getLevel 方法，可取得 0 到 1 的數值，代表音量最小值與最大值，若想設定音量，可以透過 amp 方法。

想使用音量進行創作的方式之一，就是將聽覺變成視覺，最基本的方式是透過圖形大小來呈現音量大小。例如：

volume-circle B3yehsl9q.js

```
let mic;
function setup() {
  createCanvas(300, 300);
  mic = new p5.AudioIn(); // 取得麥古風
  mic.start();            // 開啟麥克風
}

function draw() {
  background(200, 30);          // 第二個參數是不透明度（alpha）

  const maxDimeter = 255;       // 最大直徑
  const gain = 2;               // 增益
  const level = mic.getLevel(); // 取得音量大小
  const diameter = map(level * gain, 0, 1, 50, maxDimeter);

  translate(width / 2, height / 2);
  fill(diameter, 255 - diameter, 0);  // 基於直徑計算顏色
  circle(0, 0, diameter);
}
```

這個範例將音量對應至圓的直徑，用圓的大小來呈現音量大小，為了令畫面豐富一些，基於直徑對圓填以不同的顏色，這邊也技巧性地運用了 background 的第二個不透明度參數，可以指定 0 到 255 的值，255 表示完全不透明，這邊只指定 30，每次重設背景時就會是半透明，這會令已繪製的圖案逐漸被覆蓋，因而呈現出漸變效果，例如：

圖 13.1　基本的音量視覺化

13.1.2 載入音樂檔案

聲音的來源可以是音樂檔案，p5.sound 的 **loadSound** 函式可以載入瀏覽器支援的檔案類型，建議在 preload 函式裡呼叫 loadSound 函式，以便確定載入成功後才呼叫 setup 函式。

呼叫 loadSound 函式時要傳入音樂檔案路徑，呼叫後會傳回 **p5.SoundFile** 實例，常用的方法有 play 方法開始播放、pause 方法暫停播放、stop 方法停止播放、jump 方法可以跳至指定時間、rate 可以指定播放速率（實現快轉或慢速播放）、setLoop 方法設定是否循環播放、setVolumn 方法設定音量為 0 到 1 間的值。

在取得資訊的部分，isPlaying 方法可得知是否正在播放、isPause 方法得知是否暫停、isLooping 方法得知是否循環播放、duration 方法以秒傳回該首音樂長度、currentTime 方法以秒傳回目前播放時間點。

跟方才談過的 p5.AudioIn 不同，p5.SoundFile 沒有 getLevel 方法，如果想取得音量，必須建立 **p5.Amplitude** 實例，預設使用目前程式碼裡可找到的聲音作為輸入，也可以透過 setInput 方法指定 p5.SoundFile 實例作為輸入，透過 p5.Amplitude 的 **getLevel** 方法就可以取得音量資訊。

提示 ››› p5.AudioIn 也需要 p5.Amplitude，只不過內部會自動建立實例並連接。

來看個簡單的例子，播放音樂檔案、擷取音量來建立波形，進行音樂播放過的音量視覺化：

volume-wave n0k-vlSHR.js

```
let song;
function preload() {
  // 載入音樂檔案，檔案出處 https://samplelib.com/sample-mp3.html
  song = loadSound('media/sample-15s.mp3');
}

let amp;
function setup() {
  createCanvas(300, 300);
  noFill();

  song.play();                 // 播放檔案
  song.setLoop(true);          // 循環播放
  amp = new p5.Amplitude(); // 取得音量的 Amplitude 實例
}

let history = [];              // 記錄音量歷程
function draw() {
  background(200);

  let vol = amp.getLevel(); // 取得音量
  history.push(vol);          // 記錄音量

  // 依音量歷程畫出漸層顏色的線
  strokeWeight(1);
  for(let i = 0; i < history.length; i++) {
    const c = map(i, 0, history.length, 0, 255);
    stroke(255 - c, 255, c);

    // 依音量歷程計算線的長度
    const leng = map(history[i], 0, 1, 0, height / 2);
    // 從畫布底部往上，依線的長度畫線
    line(i, height, i, height / 2 - leng);
  }

  // 依音量歷程畫出折線，也就是音量波形
  strokeWeight(5);
  stroke(255, 255, 255);
  beginShape()
  for(let i = 0; i < history.length; i++) {
    const h = map(history[i], 0, 1, 0, height / 2);
    vertex(i, height / 2 - h);
  }
```

```
  endShape();

  // 加個圓代表最近一次擷取的音量
  const h = map(vol, 0, 1, 0, height / 2);
  stroke(255, 255, 255);
  circle(history.length - 1, height / 2 - h, 10);

  // 只需要畫布範圍內的歷程資料
  if(history.length > width) {
    history.splice(0, 1);
  }
}
```

為了能建立波形，必須收集一定長度的音樂歷程，這就是範例裡 history 清單的作用，為了讓畫面豐富一些，範例裡也依音量歷程畫出了漸層顏色的線，並且加了個圓，代表最後一次擷取的音量，執行後的效果，會像是圓不斷地畫出新的波形：

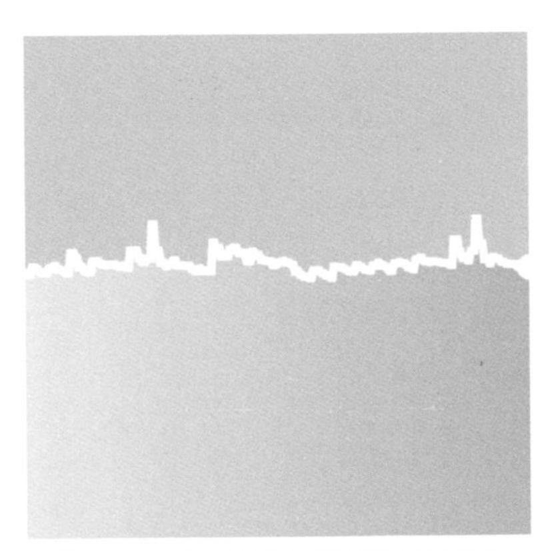

圖 13.2　基於波形的音量視覺化

聲音該如何視覺化是一種創意的展現，基於波形來作為音量視覺化，是將音量大小作為振幅，還有什麼概念能用來展現大小呢？或許用圓的直徑？

volume-ripple ZTIFS-_CG.js

```
let song;
function preload() {
  // 載入音樂檔案，檔案出處 https://samplelib.com/sample-mp3.html
  song = loadSound('media/sample-15s.mp3');
}

let amp;
function setup() {
```

```
  createCanvas(300, 300);
  noFill();

  song.play();              // 播放檔案
  song.setLoop(true);       // 循環播放
  amp = new p5.Amplitude(); // 取得音量的 Amplitude 實例
}

let history = [];           // 記錄音量歷程
function draw() {
  background(200);

  let vol = amp.getLevel(); // 取得音量
  history.push(vol);        // 記錄音量

  const drawingScale = 3;   // 繪圖的縮放大小

  translate(width / 2, height / 2);  // 移至畫布中心
  scale(drawingScale);               // 放大
  // 基於音樂歷程繪製同心圓漸層
  for(let i = history.length - 1; i >= 0; i--) {
    const c = map(history[i], 0, 1, 0, 255);
    stroke(255 - c, 255 - c, c);

    const d = history.length - i;
    circle(0, 0, d);
  }

  // 只需要繪圖範圍內的歷程資料
  if(history.length > (width / drawingScale) * 1.5) {
    history.splice(0, 1);
  }
}
```

這個範例會基於音樂歷程繪製同心圓漸層，執行後的效果像是漣漪不斷地擴大；drawingScale 可用來設定繪圖後要縮放多少，也用來控制音樂歷程的長度，drawingScale 越大，繪製後的同心圓就會越放大，在畫布大小固定下，可以看到的同心圓越少，相當於漣漪擴大的速度越快，來看個執行結果擷圖：

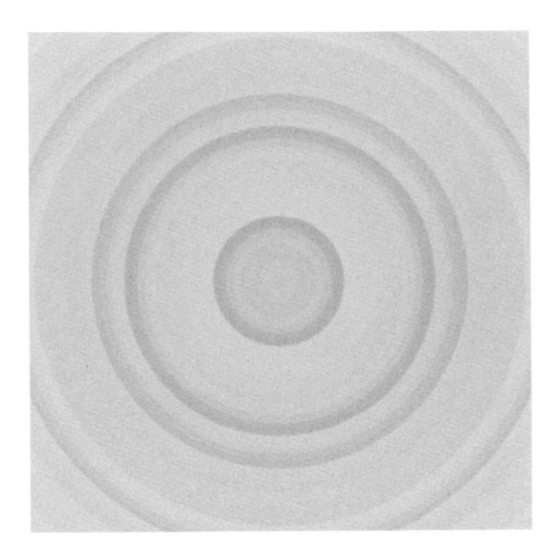

圖 13.3 基於同心圓的音量視覺化

聲音該如何視覺化是一種創意的展現，既然之前章節，談到了各種繪圖演算，有沒有可能拿來結合音量，展現更有深度的視覺化呢？

談到漣漪，是否還記得圖 8.18，曾經基於 Worley+Perlin 雜訊，繪製出漣漪效果呢？當時是基於 Perlin 取得波形，既然方才的音樂歷程就是波形，拿來運用會如何呢 ？

volume-ripples SNNFQSOYe.js

```
const drawingScale = 4;    // 繪圖的縮放大小

let song;
function preload() {
  // 載入音樂檔案，檔案出處 https://samplelib.com/sample-mp3.html
  song = loadSound('media/sample-15s.mp3');
}

let noises = [];    // 記錄繪圖範圍內雜訊值
let gridSize;       // 網格大小
let amp;
function setup() {
  createCanvas(300, 300);
  noStroke();

  gridSize = width / drawingScale / 3;
  // 使用 8.2.2 的 GridWorley 類別
  const gridWorley = new GridWorley(gridSize);
  // 產生繪圖範圍內雜訊值並記錄
  for (let x = 0; x < width / drawingScale; x++) {
    let row = [];
    for (let y = 0; y < height / drawingScale; y++) {
```

```
      row.push(gridWorley.noise(x, y));
    }
    noises.push(row);
  }

  song.play();              // 播放檔案
  song.setLoop(true);       // 循環播放
  amp = new p5.Amplitude(); // 取得音量的 Amplitude 實例
}

let history = [];           // 記錄音量歷程
function draw() {
  let vol = amp.getLevel(); // 取得音量
  history.push(vol);        // 記錄音量

  scale(drawingScale);      // 縮放繪圖
  for(let x = 0; x < noises.length; x++) {
    for(let y = 0; y < noises[0].length; y++) {
      // 雜訊值，也就是與核心的距離
      const nz = noises[x][y];
      // 距離會對應至音樂歷程的索引
      const i = floor(
         map(nz, 0, gridSize * 1.414, 0, history.length - 1)
      );

      // 取得音量值
      let v = history[history.length - i - 1];
      // 對應至顏色
      let c = map(v, 0, 1, 0, 255);
      fill(255 - c, 255 - c, c);
      square(x, y, 1);
    }
  }

  // 只需要網格範圍內的歷程資料
  if(history.length > gridSize * 1.414) {
    history.splice(0, 1);
  }
}

...8.2.2 的 GridWorley 類別實作...故略
```

由於繪圖範圍是固定的，可以事先計算出繪圖範圍內的 Worley 雜訊，以減少每次 `draw` 函式執行時需要的計算，雜訊值是與核心的距離，對應至音樂歷程的索引以便取得音量，最後依音量決定顏色畫個方塊，執行時因為音樂不斷播放，就會有動態的漣漪效果：

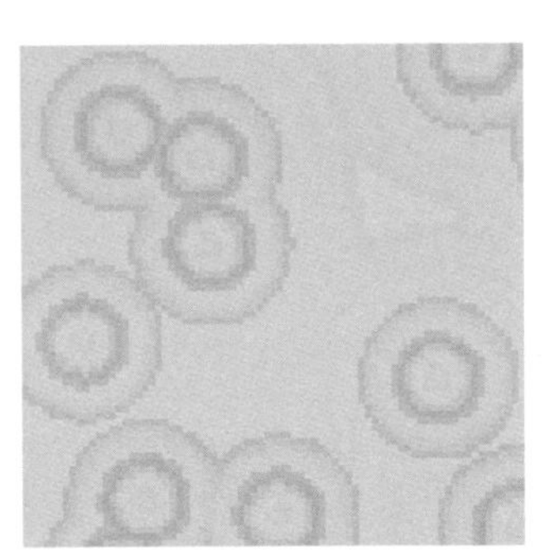

圖 13.4　漣漪效果的音量視覺化

13.1.3　頻率分析

音量大小只是聲音的一項資訊，人類聽到的聲音，是耳膜受到振動，轉換為神經可傳導的資訊，傳至大腦產生聽覺，錄音裝置是記錄振動資訊的裝置，播音設備是提供振動資訊後產生相同的振動。

振動的力道大小會會應至音量的大小，每秒受到振動次數稱為頻率（frequency），單位寫為赫茲（Hz）， 頻率低會讓人類覺得是低沉的音，頻率高會讓人類覺得是高亢的音。

現實世界裡，聲音往往由多個頻率組成，如果想知道聲音是由哪些頻率組成，可以透過 `p5.FFT` 實例來進行分析，FFT 這個名稱，代表它實現了 Fast Fourier Transform 演算，Fourier transform 中文常翻譯為傅立葉轉換，那麼何為傅立葉轉換？

傅立葉轉換

傅立葉（Joseph Fourier）是個數學／物理學家，他的研究指出，任何週期函數，都可以用簡單的正弦（sin）、餘弦（cos）疊加來表示。例如，若以下代表一秒內取得的波形：

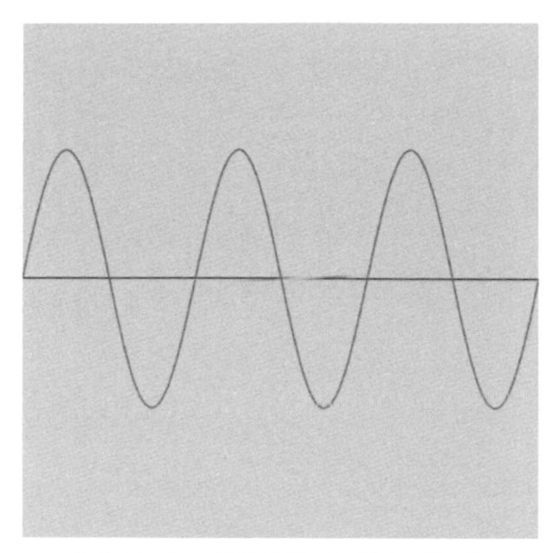

圖 13.5　頻率為 3 的正弦波

波形上下為一個週期，相當於振動一次，上圖在一秒內可看到有三個週期，也就是一秒振動 3 次，這是個頻率為 3 的正弦波。

在 8.2.3 時談過，將兩條 Perlin 雜訊構成的曲線疊加，可以得到變化更多樣化的曲線，如果在以上的正弦波，疊加一個頻率稍高、振幅稍低的正弦波，例如，疊加三倍頻率、振幅三分之一的正弦波，會產生以下的圖形：

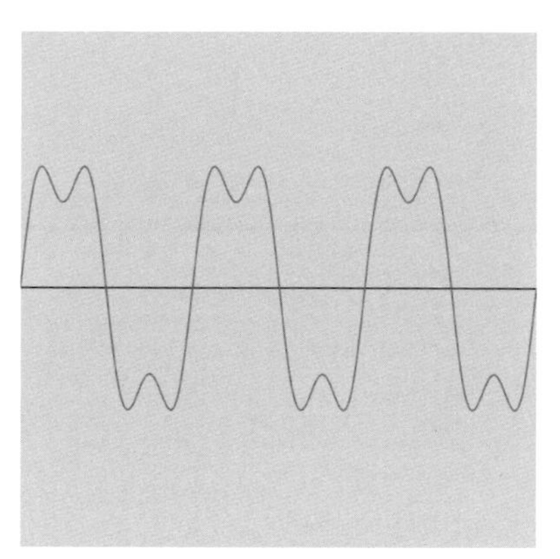

圖 13.6　弦波疊加弦波

傅立葉指出，任何週期函數，都可以用簡單的弦波疊加來表示，你可能會想方波也是週期函數，有可能用弦波表示嗎？可以喔！若方才的疊加過程重複施行，疊加 n 倍頻率、振幅 n 分之一的正弦波，n 為 1、3、5...疊加次數夠多，看來就會像是方波：

sin-waves eNBV3xI2y.js

```
let slider;
function setup() {
  createCanvas(300, 300);

  // 建立滑軌，最小值 1、最大值 100，目前值為 1
  slider = createSlider(1, 100, 1);
  // 放在畫布 (10, 10) 位置
  slider.position(10, 10);

  noFill();
  angleMode(DEGREES);
}

function draw() {
  background(200);

  const amplitude = height / 4; // 初始振幅
  const freq = 3;               // 初始頻率

  // 基準線
  stroke(0);
  line(0, height / 2, width, height / 2);

  translate(0, height / 2);
  stroke(255, 0, 0);
  // 取得滑軌值來指定疊加次數
  wave(amplitude, freq, slider.value());
}

// 指定起始振幅、頻率、疊加次數，畫出週期波
function wave(amplitude, freq, n) {
  beginShape();
  for(let t = 0; t <= width; t++) {
    let y = 0;
    for(let i = 0; i < n; i++) {
      const s = 1 + i * 2;
      const a = s * freq * 360 * t / width;
      y = y + sin(a) * amplitude / s;
    }
    vertex(t, -y);
  }
  endShape();
}
```

這個範例透過 createSlider 建立了滑軌，以便控制弦波疊加次數，可以左右拉動滑暫來觀看波形的變化，來擷取幾張繪圖結果看看，可以看到疊加的次數越多，波峰的起伏越細緻，波形會越來越像方波：

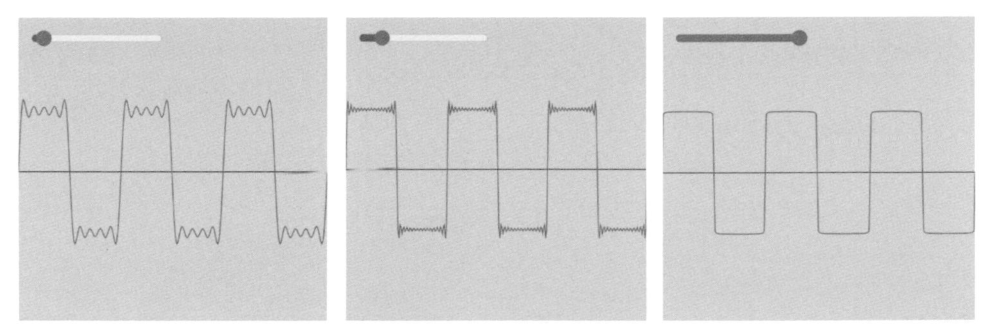

圖 13.7　多次疊加弦波

提示 ››› createSlider 實際上建立了 HTML 的 input 元素，position 方法預設使用 CSS 絕對定位（absolute）；就 p5.js 官方編輯器而言，就是以畫布左上角為定位的原點。

方才提到，現實世界裡，聲音往往是由多個頻率組成，將一定時間內擷取到的波視為週期波，若能試著找出它是由哪些弦波疊加而成，不就可以得知各自弦波的頻率嗎？ 這就是傅立葉轉換的作用。

使用 p5.FFT

p5.FFT 類別實現了快速傅立葉轉換，可以透過 p5.FFT 實例做些簡單的頻率分析，p5.FFT 實例預設使用目前程式碼裡可找到的聲音作為輸入，也可以透過 setInput 方法指定聲音來源。

想要取得組成聲音的各種頻率，可以透過 **analyze** 方法，它會取一小段時間（預設是 2048/44100 秒）的聲音進行分析，傳回一個清單，長度預設為 1024，也就是將人類聽覺範圍內的頻率，劃分為 1024 個區段，p5.sound 稱這些區段為 bins，清單的元素值是該頻率區段的振幅大小，為 0 到 255 間的值。

提示 ››› p5.sound 文件只說清單涵蓋人類聽覺範圍，然而沒有明確指定範圍的數字，根據我查看目前的原始碼實作，範圍是使用 40 到 20000Hz。

如果只需要簡單的視覺化，只要透過 `analyze` 方法傳回清單，根據索引與對應的元素值大小，畫出對應的圖案就可以了，例如，最常見的就是根據某頻率的大小畫出跳動的方塊：

frequencies LFAPTsD6N.js

```
let sound;

function preload() {
  sound = loadSound("media/canon.mp3");
}

let fft;
function setup() {
  createCanvas(300, 300);
  noStroke();

  sound.play();
  sound.setLoop(true);
  fft = new p5.FFT();  // 用來分析頻率
}

function draw() {
  background(100, 50);

  const w = 6;                      // 方塊寬度
  const spectrum = fft.analyze(); // 取得頻率清單
  for(let i = 0; i < spectrum.length; i += w) {
    const amplitude = spectrum[i];
    fill(255, 255 - amplitude, amplitude);
    // spectrum 長度對應至畫布寬度
    const x = map(i, 0, spectrum.length, 0, width);
    // 基準線在高度 0.75 處，方塊跳動最大可以是高度一半
    const y = height * 0.75 - map(amplitude, 0, 255, 0, height / 2);
    rect(x, y, w, w / 2);
  }
}
```

這邊直接將 spectrum 長度對應至畫布寬度，將人類聽覺範圍內的頻率分析視覺化，來看看執行後的視覺化效果：

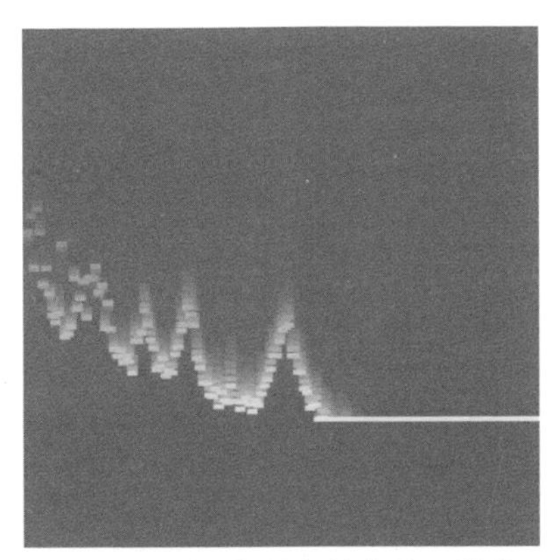

圖 13.8　聲音頻率基本的視覺化

上圖是將頻率資訊由左而右繪製，接下來試著結合先前章節談過的演算吧！將頻率資訊基於螺旋，例如使用 4.1.2 的阿基米德螺線由內而外繪製如何？如果還是覺得畫面單調，8.1.2 曾經談過，若點的散佈是基於螺線，繪製出來的 Voronoi 圖也有呈現有趣的螺線趨勢，能不能使用頻率為每個細胞填入不同的顏色呢？可以！只要使用 11.2.3 的 Delaunay 類別，建立 Vorono 圖：

frequency-spiral R01Gn-EpQ.js

```
let song;
function preload() {
  song = loadSound("media/sample-15s.mp3");
}

let cells;
function setup() {
  createCanvas(300, 300);

  song.play();
  song.setLoop(true);
  fft = new p5.FFT();  // 用來分析頻率

  // 阿基米德螺線
  const b = 2;                        // 控制臂長
  const d = 15;                       // 希望的等距
  const n = fft.analyze().length;  // 取得 bins 的長度
  const points = archimedes_spiral(b, d, n);
  const delaunay = new Delaunay(width, height);
```

```
  for(let p of points) {
    delaunay.addPoint(p);
  }
  // Voronoi 細胞
  cells = delaunay.verticesOfVoronoiCells();
}

function draw() {
  background(200);
  translate(width / 2, height / 2);

  const spectrum = fft.analyze(); // 取得頻率清單
  for(let i = 0; i < spectrum.length; i++) {
    const amplitude = spectrum[i];
    const cell = cells[i];
    // 繪製對應的細胞
    fill(amplitude, amplitude, 0);
    beginShape();
    for(let p of cell) {
      vertex(p.x, p.y);
    }
    endShape(CLOSE);
  }
}

// 傳回阿基米德螺線上的點清單，n 是想要的點數量
function archimedes_spiral(b, d, n) {
  let theta = 1;
  let r = b * theta;
  let points = [];
  for(let i = 0; i < n; i++) {
    points.push(createVector(r * cos(theta), r * sin(theta)));

    const thetaD = d / (b * theta); // 套用公式
    theta += thetaD;                // 更新 theta
    r = b * theta;                  // 更新 r
  }

  return points;
}

...11.2.3 的 Delaunay 類別實作...故略
```

這個範例基於 p5.FFT 實例的 bins 數量，作為螺線上的點數量，以便將各頻率區段對應至 Voronoi 細胞，這麼一來就可以用振幅值來為細胞上色，來看看一個執行的結果：

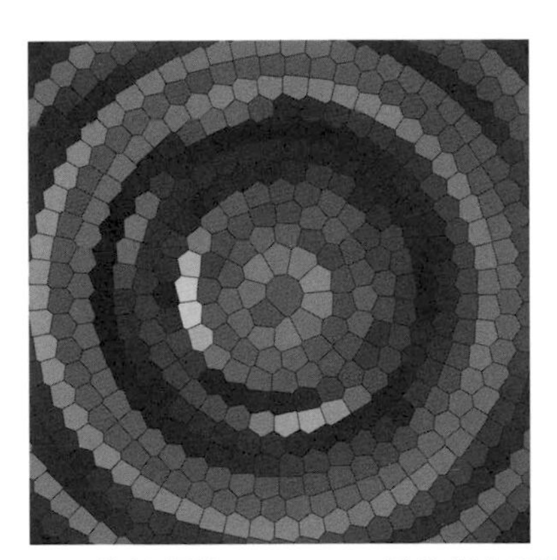

圖 13.9　基於螺線、Voronoi 圖的頻率視覺化

13.1.4　音效製作

振動可以製造聲音，如果想透過 p5.sound 製造振動，可以使用 **p5.Oscillator**，在建構 p5.Oscillator 實例時，可以指定頻率與振動型態，預設使用正弦波（設定值'sine'），聽覺上較為柔和，可以使用三角波（設定值'triangle'）、鋸齒波（設定值'sawtooth'）或方波（設定值'square'），這些波形由於有不連續的成份，聽來會有較尖銳、刺耳或破音感，後續也可以分別透過 freq、setType 方法來設定頻率、振動型態。

建構 p5.Oscillator 實例後，使用 start 方法可以開始振動，stop 方法可以停止振動，可指定多久時停止振動，音量大小可以透過 amp 方法設定，必須指定 0 到 1 的值，amp 方法若指定兩個參數，例如 amp(0, 0.5)，表示音量逐漸降至 0 要耗時 0.5 秒，amp 方法若指定三個參數，amp(0, 0.5, 1)，表示音量逐漸降至 0 耗時 0.5 秒要在 1 秒後發生（也就是聲音持續 1 秒，然後 0.5 秒後沒聲音）。

雖然使用 p5.Oscillator 產生隨意頻率的聲音，是件簡單的事情，然而要產生適當的音效，需要更多有關聲音甚至是音樂的知識。

例如，若想模擬 88 鍵鋼琴，要先知道第 49 鍵的琴音頻率標準為 440 Hz，常作為調音標準音，記為 A4，也稱 A440。

A4 是什麼意思呢？在唱音階時不是會有 Do、Re、Mi、Fa、Sol、La、Si 嗎？這些音階對應的音名為 C、D、E、F、G、A、B，從 Do 往高音唱，會遇到下個高音的 Do，音名也就會是從 C 到 C，類似地，從 Re 往高音唱，也會遇上相同的音名，這時如何在音名上區別？

2 個連續相同音名但不同頻率組成的音程，稱為一個八度（octave），鋼琴第一個鍵音名是 A，到第 49 鍵跨了 4 個八度，為了區別，第一個鍵記為 A0，第 49 鍵就記為 A4。

鋼琴連續兩個音名相同的聲音，頻率會是 2 倍關係，也就是說，A3 頻率會是 220Hz，A2 頻率會是 110Hz，依此類推，A0 就是 27.5Hz；一個八度會被分成 12 份，每份之間的倍數關係是 2 的 12 次方根，每個切分為一個半音，這就是**十二平均律**。

鋼琴上連續兩個琴鍵（包含黑鍵）相差都是半音，既然知道第 49 鍵的 A4 是 440Hz，根據十二平均律，88 個琴鍵對應的頻率，就可以使用以下的公式來計算：

$$freq(n) = \left(\sqrt[12]{2}\right)^{n-49} \times 440$$

圖 13.10 琴鍵的頻率計算

在上面這個公式裡，n 從 1 開始，代表第 n 個琴鍵，2 的 12 次方根大概是 1.0594630943593。

有了以上的認識，想做個數位鋼琴應該就不難了，只不過這邊要讓事情更有趣一些，在 12.2.1 不是實現過圓與牆的碰撞嗎？如果有 88 個圓，每個圓代表一個琴鍵，與牆發生碰撞時發出對應的音，會組成什麼音樂呢？

為了令每個圓有各自對應的音效，圓會有各自的 `p5.Oscillator` 實例，初始時音量都是 0，碰到牆反彈後設定音量為 1/44，這是因為 `p5.Oscillator` 實例製造出來的音量會疊加，各圓的音量太大的話，88 個圓疊加後會超大聲，因此僅設定音量為 1/44，來看看 12.2.1 的範例怎麼加入音效：

crazy-waltz Nzoa-6lhk.js

```
const minR = 5;         // 圓最小半徑
const maxR = 15;        // 圓最大半徑

let circleKeys = [];  // 用來收集 88 個圓形琴鍵
function setup() {
  createCanvas(300, 300);
  noStroke();

  const A0 = pow(1.0594630943593, -48) * 440; // 第  1 個琴鍵頻率
  const C8 = pow(1.0594630943593, 39) * 440;  // 第 88 個琴鍵頻率

  // 頻率越低，球越大，因此取頻率平方根反比作為邊界
  const begin = 1 / sqrt(C8);
  const end = 1 / sqrt(A0);

  // 建立 88 個圓形琴鍵
  for(let n = 1; n <= 88; n++) {
    // 計算琴鍵頻率
    const freq = pow(1.0594630943593, n - 49) * 440;
    // 琴鍵的 Oscillator
    const oscillator = new p5.Oscillator(freq);
    oscillator.amp(0);    // 一開始沒有聲音
    oscillator.start();  // 啟動 Oscillator

    // 頻率越低，球越大
    const r = map(1 / sqrt(freq), begin, end, minR, maxR);
    // 隨機顏色
    const color = [random(255), random(255), random(255)];

    const body = new Body(
      createVector(width / 2, height / 2), // 初始位置
      p5.Vector.random2D(),                // 初始速度
      PI * r * r                           // 質量
    );

    // 圓形琴鍵封裝了 Oscillator、半徑、顏色、Body 實例
    circleKeys.push({oscillator, r, color, body});
  }
}

function draw() {
  background(200, 50);

  for(let circleKey of circleKeys) {
    let body = circleKey.body;
    let r = circleKey.r;

    body.updateCoordinate();
    // 檢查是否超過邊界
```

```
      let play = checkEdges(body, r);
      if(play) {
        let oscillator = circleKey.oscillator;
        // 設定音量，每個 Oscillator 會疊加
        // 取 1 / 44 就好，不然會超大聲
        oscillator.amp(1 / 44);
        oscillator.amp(0, 0.5);  // 0.5 秒內音量減至 0
        // 增加亮度，看來像是閃一下
        fill(circleKey.color[0] * 2,
             circleKey.color[1] * 2,
             circleKey.color[2] * 2);
      }
      else {
          fill(circleKey.color);
      }
      circle(body.coordinate.x, body.coordinate.y, 2 * r);
    }
  }

  // 檢查是否超過邊界
  function checkEdges(body, r) {
    // 用複製品更新一下座標，看看會不會超出邊界
    let copiedBody = body.copy();
    copiedBody.updateCoordinate();

    const {x, y} = copiedBody.coordinate;
    const velocity = copiedBody.velocity.copy();

    // 記錄是否反彈
    let bounced = false;
    if(x + r >= width || x - r <= 0) {  // 超出左或右邊界
      body.applyForce(  // 套用力（反作用力）
        new Force(body.mass, createVector(-2 * body.velocity.x, 0))
      );
      bounced = true;
    }

    if(y + r >= height || y - r <= 0) { // 超出左或右邊界
      body.applyForce(  // 套用力（反作用力）
        new Force(body.mass, createVector(0, -2 * body.velocity.y))
      );
      bounced = true;
    }

    return bounced;
  }

  ... 12.2.1 的 Body 與 Force 類別實作...故略
```

如果是真正的球碰撞，越大顆的球聲音會低沉，因此這邊也讓低頻的圓較大，高頻的圓較小；為了確定是否發生反彈，`checkEdge` 函式做了些修改，在反彈發生時會傳回 `true`，這個範例除了視覺效果外，還有圓反彈時搭配的音效，意外地不難聽呢！

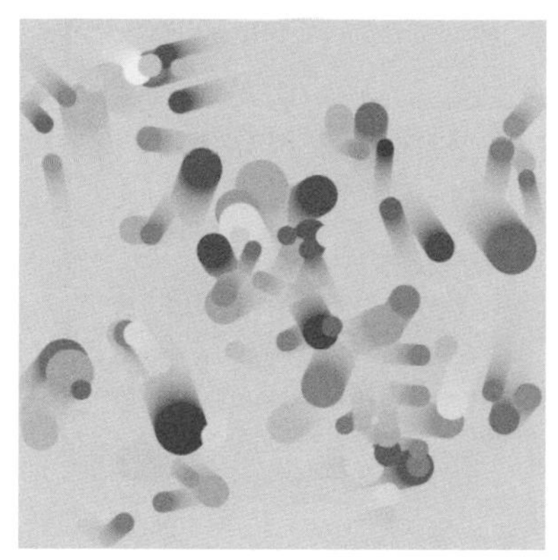

圖 13.11　瘋狂「圓」舞曲

提示 »» 若圓與圓間會發生碰撞反彈，會形成什麼樂曲呢？聽聽看〈Crazy waltz[5]〉吧！

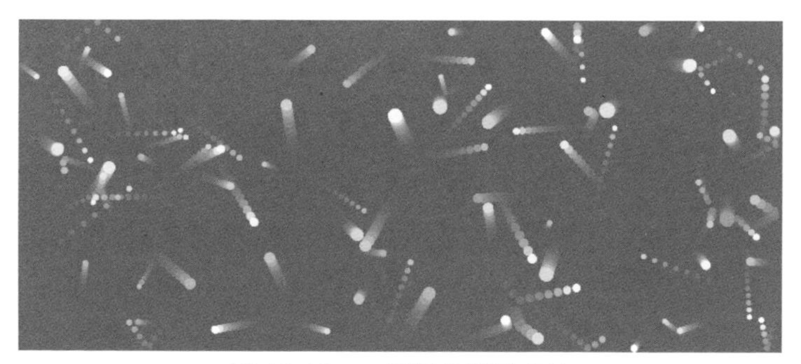

圖 13.12　四個圓的彈性碰撞

有聽過圓周率之歌嗎？如果圓周率裡的數字 0 播放 C4 音階（第 44 鍵），數字 1 播放 D4，數字 2 播放 E4，依此類推，聽起來會是什麼感覺呢？在 4.1.2 曾經畫過旋轉的圓周率，來修改一下當時的範例，讓它唱出圓周率之歌吧！

---

5 Crazy waltz：openprocessing.org/sketch/1653021

pi-song naZLARA-A.js

```
// 圓周率文字
const PI_TXT =
'3.1415926535897932384626433832795028841971693993751058209749445923078164062862089986280348253421170679821480865132823066470938446095505822317253594081284811174502841027019385211055596446229489549303819644288109756659334461284756482337867831652712019091456485669234';

function setup() {
  createCanvas(300, 300);
  strokeWeight(5);
  textSize(20);
  frameRate(2); // 一秒三個數字
}

// 角度會是 0 到 179 的整數
// 也用來指出目前播放進度
let a = 0;
function draw() {
  background(220);
  translate(width / 2, height / 2);

  rotate(-radians(a)); // 旋轉座標系統，視覺上會讓螺線旋轉

  const b = 5;
  const d = 15;
  let theta = 5;
  let r = b * theta;
  let i = 0;
  while(i < PI_TXT.length) {
    // 繪製文字
    if(i === a) { // 如果索引與目前播放進度相同
      // 隨機顏色
      fill([random(255), random(255), random(255)]);
      // 放大文字
      textSize(30);
      // 只播放數字部分
      if(PI_TXT[i] !== '.') {
        // 第 44 鍵的 C4 為 0
        const n = Number(PI_TXT[i]) + 44;
        // 計算頻率
        const freq = pow(1.0594630943593, n - 49) * 440;
        // 琴鍵的 Oscillator
        const oscillator = new p5.Oscillator(freq);
        oscillator.start();
        oscillator.amp(0.25);
        oscillator.amp(0, 1);
        oscillator.stop(2);    // 兩秒後停止 Oscillator
```

```
      }
    }
    else {
      fill(0);
      textSize(20);
    }
    characeter(PI_TXT[i], r * cos(theta), r * sin(theta), theta);

    const thetaD = d / (b * theta);
    theta += thetaD;
    r = b * thcta;
    i++;
  }

  a = (a + 1) % 180; // 轉一圈就重來
}

// 指定文字、座標與旋轉角度來繪製文字
function characeter(c, x, y, a) {
  push();
  translate(x, y);
  rotate(a + HALF_PI);
  text(c, 0, 0);
  pop();
}
```

範例主要的修改部分以粗體字表示了，執行時在視覺效果上，播放中的數字會變大並使用隨機顏色繪製，聽覺上就由你自行體會了：

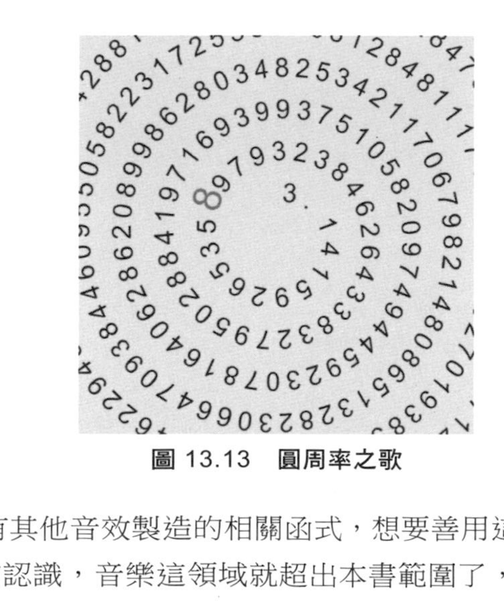

圖 13.13　圓周率之歌

p5.sound 還有其他音效製造的相關函式，想要善用這些函式，也得對聲音甚至音樂有更多的認識，音樂這領域就超出本書範圍了，有興趣的話，可基於

以上討論過的內容，進一步地參考 p5.js 官方網站上有關 p5.sound 的文件說明與相關範例。

13.2 影像處理

p5.js 可以將影像繪製至畫布，影像來源可以是攝影機或者影片，影像可視為連續的圖片播放，只要結合第 5 章的圖片處理，就可以進行各種創作。

13.2.1 使用攝影機

影像來源之一是攝影機，在 13.1.1 談過**瀏覽器安全限制**，同樣地，若想將草稿等檔案放到 Web 網站，除了 localhost 以外，瀏覽器會要求 HTTPS，以及對應的使用權限，才能取得影像輸入設備。

p5.js 提供的 **`createCapture`** 函式若指定 **`VIDEO`** 引數會開啟攝影機，預設會顯示在畫布之後，`createCapture` 函式會傳回 `p5.MediaElement` 實例，如果不想直接顯示攝影機捕捉到的影像，可以透過 **`hide`** 方法將影像隱藏起來。

提示 >>> `createCapture` 函式在底層會建立 HTML5 的 `video` 標籤，若指定 `AUDIO` 會取得收音設備（麥克風），然而就聲音處理而言，p5.sound 的功能更多，13.1 就直接介紹 p5.sound 了。

`createCapture` 函式傳回的 `p5.MediaElement` 實例，可以作為 `image` 函式的引數，將當時捕捉的畫面繪製在畫布，p5.js 有個 `filter` 函式，可以對畫布套用濾鏡， 函式的 API 說明文件[6]裡 ，第一個範例就是簡單的示範：

```
let capture;

function setup() {
  createCanvas(100, 100);
  capture = createCapture(VIDEO);
  capture.hide();
}

function draw() {
```

[6] `createCapture` 函式：p5js.org/reference/#/p5/createCapture

```
  image(capture, 0, 0, width, width * capture.height / capture.width);
  filter(INVERT);
}
```

如果想對捕捉的畫面做更多處理，必須取得像素資料，createCapture 函式傳回的 p5.MediaElement 實例，被 createCapture 函式額外附加了一些特性，在官方文件裡提及的有 **loadedmetadata** 以及 **get** 方法。

loadedmetadata 在可以取得攝影機影像時會是 true，get 方法模仿了 p5.Image 的 get 方法，可以指定 x、y 座標取得像素資料，或者指定 x、y 座標與寬高，取得目前畫面指定範圍的圖片，傳回 p5.Image 實例，建議後續針對此 p5.Image 實例進行處理，會比直接處理 createCapture 函式傳回的 p5.MediaElement 實例來得方便且快速。

提示»» 不若 p5.sound 是基於 p5.js 的架構封裝了 Web Audio API，createCapture 函式是在底層建立 video 標籤，不能在 preload 裡撰寫 createCapture，以確定呼叫 setup、draw 前影像已經備妥。

既然可以取得 p5.Image 實例，那麼就來試著結合第 5 章的內容，例如，在 5.2.2 談過圖片半色調處理，若試著將攝影機捕捉到的畫面，降低解析度後變成半色調，捕捉到的畫面就像是某種模糊處理：

halftone-webcam LWxoqu5_z.js

```
let capture;
function setup() {
  createCanvas(320, 240);
  capture = createCapture(VIDEO); // 開啟攝影機
  capture.hide();                 // 隱藏攝影畫面
}

const resolution = 0.15; // 圖片解析度
function draw() {
  // 如果攝影機已備妥
  if(capture.loadedmetadata) {
    // 取得 p5.Image 實例
    const img = capture.get(0, 0, capture.width, capture.height);

    // 縮小尺寸
    img.resize(width * resolution, height * resolution);
    // 轉灰階
    img.filter(GRAY);
    // 半色調處理
    const g = halftone(img, width, height, 1 / resolution);
```

```
    image(g, 0, 0);
  }
}
```

```
...5.2.2 的 halftone 函式...故略
```

攝影機畫面的尺寸可以透過 `width`、`height` 特性取得，來看看執行時的效果：

圖 13.14 攝影機影像半色調處理

既然方才談到了馬賽克，還記得在 11.1.2 時，曾經實現了個類似馬克賽拼接的網格 Voronoi 嗎？如果每個網格的細胞核作為取樣點，取得攝影機影像對應位置的顏色來繪製細胞，就真的是將攝影畫面馬賽克了：

voronoi-webcam 85IMO3j9G.js

```
const resolution = 0.1; // 解析度

let cells;                // Voronoi 細胞
let pts;                  // Voronoi 細胞核
let capture;
function setup() {
  createCanvas(320, 240);

  // 建立網格 Voronoi
  const gridVoronoi = new GridVoronoi(1 / resolution);
  cells = gridVoronoi.cells();
  pts = gridVoronoi.points.flat();

  capture = createCapture(VIDEO); // 開啟攝影機
  capture.hide();                 // 隱藏攝影畫面
}
```

```
function draw() {
  if(capture.loadedmetadata) {
    // 取得 p5.Image 實例
    const img = capture.get(0, 0, capture.width, capture.height);
    for(let i = 0; i < cells.length; i++) {
      // 基於細胞核座標取得顏色
      const p = pts[i];
      const c = img.get(
        floor(p.x * capture.width / width),
        floor(p.y * capture.height / height)
      );
      fill(c);
      // 畫出細胞
      beginShape();
      for(let v of cells[i]) {
        vertex(v.x, v.y);
      }
      endShape(CLOSE);
    }
  }
}

...11.1.2 的 GridVoronoi 類別實作...故略
```

在這個範例的 for 迴圈，是使用 img.get(...)，雖然直接透過 capture.get(...)也可以，不過如方才提及的，透過 p5.Image 實例進行處理，會比直接處理 createCapture 函式傳回的 p5.MediaElement 實例來得快速(若改為 capture.get(...)，你可能會覺得畫面不流暢），來看看執行結果：

圖 13.15　攝影機影像馬賽克拼接處理

13.2.2 載入影片檔案

影片檔案是影像的另一個來源，p5.js 的 **createVideo** 函式可以指定影片檔案路徑，載入瀏覽器支援的影片格式，影片預設會顯示在畫布之後，createVideo 函式會傳回 p5.MediaElement 實例，如果不想直接顯示影片，可以透過 **hide** 方法將影片隱藏起來。

提示 >>> createVideo 函式在底層會建立 HTML5 的 video 標籤，p5.js 本身也有個 createAudio 函式，可以載入音樂檔案，底層會建立 HTML5 的 audio 標籤，然而就聲音處理而言，p5.sound 的功能更多，13.1 就直接介紹 p5.sound 了。

createVideo 函式傳回 p5.MediaElement 實例，可以透過 play、loop、stop、speed 等方法來控制影片的播放、循環、停止、速度等；createVideo 函式傳回 p5.MediaElement 實例，可以作為 image 函式的引數，將當時播放的畫面繪製在畫布。

如果想對捕捉的畫面做更多處理，必須取得像素資料，與 createCapture 類似地，createVideo 函式傳回的 p5.MediaElement 實例，被 createVideo 函式額外附加了一些特性，像是 **loadedmetadata** 以及 **get** 方法。

loadedmetadata 在可以取得影片時會是 true，get 方法模仿了 p5.Image 的 get 方法，可以指定 x、y 座標取得像素資料，或者指定 x、y 座標與寬高，取得目前畫面指定範圍的圖片，傳回 p5.Image 實例，建議後續針對此 p5.Image 實例進行處理，會比直接處理 createVideo 函式傳回的 p5.MediaElement 實例來得方便且快速。

提示 >>> 不若 p5.sound 是基於 p5.js 的架構封裝了 Web Audio API，createVideo 函式是在底層建立 video 標籤，不能在 preload 裡撰寫 createVideo，以確定呼叫 setup、draw 前影像已經備妥。

既然可以取得 p5.Image 實例，那麼就來試著結合第 10 章的內容，例如，在 10.2.2 談過 Marching square，也曾對圖片尋找輪廓，實作出圖 10.29 的成果，來試著對影片畫面尋找輪廓如何？

video-contour Fbs_ImXFw.js

```
const resolution = 0.15;    // 解析度
const thresholdStep = 50;   // 閥值步進

let video;
function setup() {
  createCanvas(640, 360);
  video = createVideo('media/hexapod.mp4');  // 取得影片
  video.size(width, height);                 // 設定大小
  video.hide();                              // 隱藏影片畫面
  video.loop();                              // 循環播放
  noFill();
}

function draw() {
  if(video.loadedmetadata) {
    background(200);

    scale(1 / resolution);  // 縮放繪圖結果

    // 取得影像
    const img = video.get(0, 0, video.width, video.height);
    img.resize(video.width * resolution, video.height * resolution);

    // 使用圖片作為來源資料
    const values = img2Values(img);

    // 基於不同閥值畫出等值線
    let threshold = 100;
    while(threshold < 255) {
      stroke(threshold, 255 - threshold, 0);
      contours(values, threshold).forEach(pts => {
        beginShape();
        for(let p of pts) {
          vertex(p.x, p.y);
        }
        endShape();
      });
      threshold += thresholdStep;
    }
  }
}

...10.2.2 的 img2Values、contours 等函式...故略
```

影片畫面的尺寸可以透過 `width`、`height` 特性取得，因為影片會連續播放，設定適當的解析度，可以降低計算輪廓時的負擔，處理後的影像看來會比較流暢，來看看執行時的效果：

圖 13.16 影片播放時的輪廓處理

總之，無論影像來源是投攝機或者是影片檔案，若能取得像素資料，就能做些有趣的處理，本書之前各章的內容，就得以有套用的可能性，怎麼套用就是各自創意的發揮了。

既然談到創意發揮，你可能看過將影片檔案轉成 ASCII 文字播放吧！這是怎麼做到的呢？其實那也是一種半色調應用，只是藉由複雜度各不相同的 ASCII 文字，在僅有雙色顯示的限制條件下，也能呈現出灰階的感覺。

在早期沒有圖形介面時的電腦，想在文字模式顯示圖片或影像就會用這種方式，在圖形介面早就普及的現在，這種顯示影像的方式被作為一種文字藝術，稱為 ASCII Art。

程式方面要實現 ASCII 文字藝術並不困難，最主要的，是將 ASCII 可見字元按複雜度排列一下：

```
// ASCII Art 字元
const ASCII =
'$@B%8&WM#*oahkbdpqwmZO0QLCJUYXzcvunxrjft/\|()1{}[]?-_+~<>i!lI;:,"^`\'. ';
const UNIT = 257 / ASCII.length;

// 根據灰階值取得 ASCII Art 字元
function ascii(gray) {
  return ASCII[int(gray / UNIT)]
}
```

可以看到，排列 ASCII 文字藝術字元時，左邊的字元複雜度比較高，右邊的字元複雜度比較低，實際上也不一定要用 ASCII 字元，想用中文字元也可以，只要依字元的複雜度排列，並對應灰階值就可以了。

就上面的 ASCII 字元而言，共有 70 個字元，可以將 0 到 255 共 256 個灰階值，對應至 0 到 69 的值，為了讓產生的圖的雜訊更少一些，可以稍微偏移一些，讓灰階值高的部分，盡量對應至右邊字元，因此以上 `UNIT` 在計算時才使用 257 這個數字。

顯示 ASCII 字元時，建議使用等寬字型，以便讓每個字元佔據相同大小的空間，如果想令畫面飽滿一些，可以設定文字粗體。例如：

video-ascii 25_bJfG22.js

```
const resolution = 0.1; // 解析度

let video;
function setup() {
  createCanvas(640, 360);
  video = createVideo('media/hexapod.mp4');  // 取得影片
  video.size(width, height);                 // 設定大小
  video.hide();                              // 隱藏影片畫面
  video.loop();                              // 循環播放
}

function draw() {
  if(video.loadedmetadata) {
    const img = video.get(0, 0, video.width, video.height);
    img.resize(video.width * resolution, video.height * resolution);
    image(ascii_art(img, width , height), 0, 0);
  }
}

// ASCII 文字圖片
function ascii_art(img, w, h) {
  const sx = w / img.width;      // x 方向圖片縮放比
  const sy = h / img.height;     // y 方向圖片縮放比
  let g = createGraphics(w, h); // 建立繪圖物件 p5.Graphics
  g.background(255);             // 設定背景
  g.textFont('Courier New');     // 設定等寬字型
  g.textStyle(BOLD);             // 設定粗體
  g.textSize(sx);                // 設定文字大小

  for(let y = 0; y < img.height; y++) {
    for(let x = 0; x < img.width; x++) {
      const level = img.get(x, y)[0];        // 取得灰階值
```

```
      g.text(ascii(level), x * sx, y * sy); // 繪製文字
    }
  }
  return g;
}
```

...方才的 ascii 函式實作...故略

通常這種 ASCII 文字藝術，解析度不會設得太大，呈現一種朦朧或復古感，來看看執行時的效果：

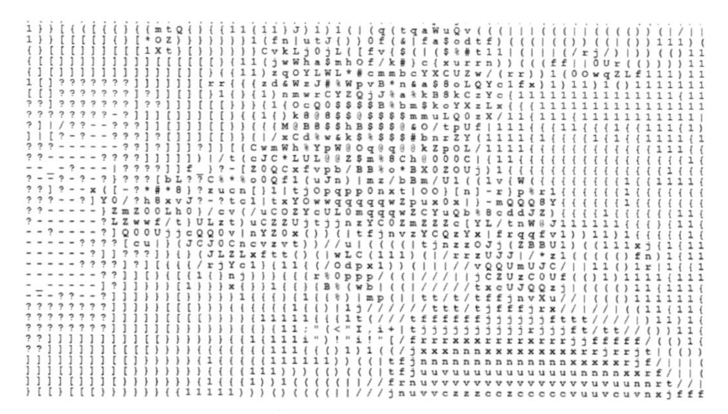

圖 13.17　影片播放時的 ASCII 文字藝術

作為一本介紹 p5.js 以及演算創作的書，終究會有篇幅用盡的時候，然而，可作為創作來源的知識，以及作為創作方向的想像力是無窮盡的，除了 p5.js 官方的範例[7]之外，也可以參考 OpenProcessing[8]這類供創作者分享作品的網站，從中尋找、探索更多創作的可能性！

[7] p5.js 官方範例：p5js.org/examples/

[8] OpenProcessing：openprocessing.org

p5.js 演算創作

作　　者：林信良
企劃編輯：江佳慧
文字編輯：江雅鈴
設計裝幀：張寶莉
發 行 人：廖文良

發 行 所：碁峰資訊股份有限公司
地　　址：台北市南港區三重路 66 號 7 樓之 6
電　　話：(02)2788-2408
傳　　真：(02)8192-4433
網　　站：www.gotop.com.tw
書　　號：ACL067700
版　　次：2023 年 03 月初版
建議售價：NT$560

國家圖書館出版品預行編目資料

p5.js 演算創作 / 林信良著. -- 初版. -- 臺北市：碁峰資訊, 2023.03
面；　公分
ISBN 978-626-324-435-1(平裝)
1.CST：Java Script(電腦程式語言)　2.CST：網頁設計　3.CST：電腦繪圖
312.32J36　　112001634

讀者服務

- 感謝您購買碁峰圖書，如果您對本書的內容或表達上有不清楚的地方或其他建議，請至碁峰網站：「聯絡我們」\「圖書問題」留下您所購買之書籍及問題。(請註明購買書籍之書號及書名，以及問題頁數，以便能儘快為您處理)
http://www.gotop.com.tw

- 售後服務僅限書籍本身內容，若是軟、硬體問題，請您直接與軟體廠商聯絡。

- 若於購買書籍後發現有破損、缺頁、裝訂錯誤之問題，請直接將書寄回更換，並註明您的姓名、連絡電話及地址，將有專人與您連絡補寄商品。